高等学校"十二五"规划教材

模拟电子技术实验
与课程设计

（含"实验报告书"）

王　斌　编

西北工业大学出版社

【内容简介】 本书是在 2006 年第 1 版的基础上修订而成的,适合电类不同专业、不同层次读者的实验教学之用。

全书分为三部分。第一部分介绍了电子技术实验的基本要求以及实际应用的一些基本技能。第二部分为基础实验和提高设计性实验,以满足不同专业和层次的教学需要。该部分涵盖了模拟电子技术基础的全部实验内容,除了介绍每一种实验电路的测试原理,还立足于工程实际应用,介绍了该类电路的设计方法,使本书具有一定的工程实用性。第三部分简要介绍了计算机辅助设计与仿真软件 Multisim 10 的使用。本书附录部分介绍了一些电子元器件的基础知识。本书配有实验报告书。

本书可作为高等学校电子、通信、自动化、测控类等专业实验课及课程设计的教材,也可用作模拟电子技术理论课程学习的参考书。

图书在版编目(CIP)数据

模拟电子技术实验与课程设计/王斌编 . —西安:西北工业大学出版社,2014.3
ISBN 978 - 7 - 5612 - 3941 - 4

Ⅰ.①模… Ⅱ.①王… Ⅲ.①模拟电路—电子技术—实验—高等学校—教材 ②模拟电路—电子技术—课程设计—高等学校—教材 Ⅳ.①TN710 - 33

中国版本图书馆 CIP 数据核字(2014)第 053988 号

出版发行:西北工业大学出版社
通信地址:西安市友谊西路 127 号　　邮编:710072
电　　话:(029)88493844　88491757
网　　址:www.nwpup.com
印 刷 者:陕西宝石兰印务有限责任公司
开　　本:787 mm×1 092 mm　　1/16
印　　张:9.5
字　　数:164 千字
版　　次:2014 年 3 月第 1 版　　2014 年 3 月第 1 次印刷
定　　价:22.00 元　(含实验报告书)

模拟电子技术实验与课程设计

实验报告书

班　　级_____

姓　　名_____

学　　号_____

实验组别_____

西北工业大学出版社

目　　录

实验报告要求

实验报告的内容应符合实验指导书的要求,包括以下内容:

(1)实验目的。

(2)实验的主要工作原理及原理图。

(3)为实现实验要求所采用的主要测试方法与所用仪器、元器件等(仪器名称、型号等)。

(4)测试结果(包括必要的计算、所测数据、曲线和波形等)。

(5)结论(包括实验结果分析、理论分析及产生误差的原因分析)。

(6)体会、思考题。

模拟电子技术实验报告 (1)

实验日期_____评分_____指导教师签字_____

模拟电子技术实验报告(2)

实验日期_____评分_____指导教师签字_____

模拟电子技术实验报告(3)

实验日期_____评分_____指导教师签字_____

模拟电子技术实验报告(4)

实验日期_____ 评分_____ 指导教师签字_____

模拟电子技术实验报告(5)

实验日期_____ 评分_____指导教师签字_____

模拟电子技术实验报告(6)

实验日期_____评分_____指导教师签字_____

模拟电子技术实验报告(7)

实验日期_____评分_____指导教师签字_____

模拟电子技术实验报告(8)

实验日期_____评分_____指导教师签字_____

模拟电子技术实验报告(9)

实验日期_____评分_____指导教师签字_____

模拟电子技术实验报告(10)

实验日期_____ 评分_____ 指导教师签字_____

模拟电子技术实验报告(11)

实验日期_____评分_____指导教师签字_____

前　言

为了适应当前教育教学改革的需要,培养应用型技能人才,根据电子、自动化、测控技术与仪器等专业的实际需要,编写了这本设计性实验教材。通过使用这本教材,希望能达到这样一个目的:学生能够在实践中加深对理论知识的理解、掌握,同时学会将理论知识应用于实际中。

全书分为三部分。第一部分介绍了电子技术实验的基本要求以及实际应用的一些基本技能。为适应职业技能培训的需要,还编写了与实际工作紧密联系的内容,如:电子设备的组装、检验和调试,这些内容有助于学生一走上工作岗位能够尽快满足工作需要。第二部分为基础实验和提高设计性实验。在这一部分按模拟电子技术的基本要求,将两类性质的实验有机地结合起来,一方面便于学生按照由易到难的规律对本部分内容有很好的掌握,另一方面也考虑到不同专业的需要。对电子类专业学生,要求在进行基础实验后能根据所学的理论知识自己设计实验电路并完成测试;对非电类专业学生只要求完成基础实验即可。这样安排的目的是希望学生能将理论知识和实验技能有机地结合起来,在理论的指导下进行实验,在实验中进一步加深对理论的理解和掌握,并初步了解将理论知识转化到实践的具体方法。第三部分为计算机辅助设计与仿真软件简介,主要介绍了 Multisim 10 在模拟电子技术实验及课程设计中的应用。

为了便于大家能够充分准备好每一次实验,在每一个实验后面都列出了应阅读的一些参考书的章节,相信这些内容对提高实验技能、增强理论学习效果是很有帮助的。

本书可作为高等学校电子、通信、自动化、测控类等专业实验课及课程设计的教材,也可用作模拟电子技术理论课程学习的参考书。本书配有"模拟电子技术实验与课程设计实验报告书"。

由于水平有限,本书还有许多不尽如人意的地方,恳请各位教师和学生在使用过程中提出宝贵的意见和建议。

编　者

2013 年 12 月

目　　录

第一部分　模拟电子技术实验(训)基础知识

1.1　电子技术实验基本要求

任何理论来源于实践又必须应用于实践,这样才能服务于人。这一点在电子技术课程上表现得尤为明显。只有通过实验,才能学会如何将所学知识用于实际,并进一步加深对概念和理论的理解和掌握。也只有这样,才能培养学生理论联系实际、严谨求实的工作作风,为以后的实际工作需要打下良好的基础。因此,同学们从现在起就要重视实验,认真做好每次实验。

那么,学习模拟电子技术实验课程,要达到什么目的呢?

第一,要熟练掌握和使用常用的电子仪器仪表。如万用表(包括指针式、数字式)、示波器、毫伏级电压表、稳压电源、信号源等,要尽可能地弄清这些仪器仪表的基本工作原理、使用条件,明确各功能键或旋钮的作用。

第二,要能正确地按照实验原理电路组装实际电路,并能自己检验和排除电路故障。一般来说,实验电路的故障有以下几种:

(1) 电路组装错误,实际电路与电路原理图不符。这就要求在组装电路时要认真细心,装完后要认真对照电路图严格检查,检查无误后才可通电进行实验。否则,就不可能得到预期的结果,甚至可能烧毁电路或元器件。

(2)元器件选择有误或元器件失效。要解决这类故障,就要求大家弄清所用器件的基本性能、结构、各引脚的功能等,对一些常用器件(如二极管、三极管、电容等)应学会性能辨别方法,这在以后的工作中也是很有用的。

(3)电路接触不良。此类故障比较隐蔽,但检查起来并不复杂,只需用万用表的电阻挡测量连接点两侧的电阻就可查出。有时还可以检查某些测试点上的对地电压,看其是否和理论分析吻合。

第三,要学会和掌握基本的实验技能和技巧,学会一些物理量的测量方法。

第四,初步学会电路设计的一般方法,能够将所学理论知识用于实际。

学习的最终目的是要用所学知识解决实际问题,因此,我们"学"的着眼点就应放在"用"上。对任何一个基本理论,既要弄清它的原理,又要学会它是如何被用于实践的,进而用它解决自己所遇到的实际问题。

要达到以上学习目的,要求大家在学习中做到以下几点:

(1)一定要提前预习和准备。由于实验课时有限,要求大家提前做好实验电路设计,弄清实验原理,拟好实验步骤,画好实验数据表格,并对有关参数给出理论计算值,以便与实验测量数据进行对比分析。

(2)认真听讲,勤于思考。每次实验课开始时,老师都要对本次实验的原理、电路以及实验中要注意的问题进行讲解和说明。这时,同学们一定要认真听讲,积极思考,并与自己设计的实验电路、依据的原理、将要进行的步骤对照比较,以判断自己所准备内容的优劣或者是否有误。

(3)实验中要认真仔细,严谨求实。

(4)对仪器仪表要在弄清原理和使用方法的基础上正确使用,注意爱护实验设备和其他公物。

(5)认真完成实验报告,学会撰写实验报告,对实验数据进行分析处理。对一些电路的设计方法,一些物理量的测试方法要认真进行总结,得出规律性的结论,只有这样实验技能技巧才能得到提高。

为使同学们能够写出比较规范的实验报告,这里选取了一位同学的报告,进行适当的修改后作为范例(该实验报告内容也可以作为教学内容用)以供参考。

实验报告范例

基础实验——两级阻容耦合放大器及负反馈研究

实验日期:＊＊＊年＊＊月＊＊日　　　实验班级:＊＊＊　　实验人:＊＊＊

一、实验目的

(1)了解多级放大器的电压放大倍数、输入电阻、输出电阻以及频率特性的估算和测量方法。

(2)掌握负反馈对放大器电压放大倍数、输入电阻、输出电阻以及增益的影响。

二、实验电路及原理

实验电路如图1-1所示,T_1,T_2通过C_2组成两级阻容耦合放大电路,R_f构成负反馈回路。

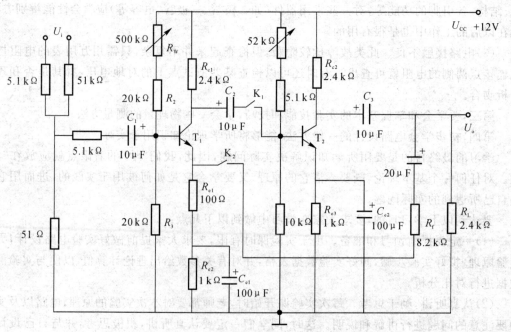

图1-1　有负反馈的多级放大电路

根据放大电路的理论,基本多级耦合放大电路(无反馈、开路时)的输入电阻、输出电阻的计算式分别为

$$R_i = r_{be} // r_{b1} // r_{b2} \quad R_o = R_{c2}$$

其放大倍数为

$$A_U = \frac{U_o}{U_i} = A_{U1} A_{U2}$$

通频带:多级耦合放大电路的通频带受各级放大器的频带限制,并且总比每一级的频带窄。其定义为:在输入信号大小不变的情况下,只改变信号频率,当放大电路的增益降为中频增益 0.707 倍的时候,所对应的频率就为截止频率。这样的频率在低频区和高频区各有一个,这两个频率之间的频率区域就为通频带。

加入负反馈后,增益为

$$\dot{A}_{Uf} = \frac{\dot{A}_U}{1 + \dot{A}_U \dot{F}}$$

$(1 + \dot{A}_U \dot{F})$ 越大,反馈越强,当 $(1 + \dot{A}_U \dot{F}) \gg 1$ 时,放大器的增益仅与反馈网络有关,与其他参数无关,因而,增益得到稳定。

截止频率为

$$f_{Hf} = \left| 1 + \dot{A}_U \dot{F} \right| f_H$$

$$f_{Lf} = \left| \frac{1}{1 + \dot{A}_U \dot{F}} \right| f_L$$

可见,加入负反馈后通频带变宽。

因此,加入负反馈后,放大器的放大倍数减小,但提高了放大器的增益稳定性;能够扩展放大器的通频带;同时,还可以改变放大器的输入、输出阻抗(这由反馈的类型而定)。

三、实验步骤及测试方法

按照如图 1-1 所示的实验电路图接好电路(先不接负反馈回路),检查后加电源,调各级的静态工作点。第一级基极电位 $U_{B1} \approx 3V$,发射极 $U_{E1} \approx 2.2V$,集电极 $U_{C1} \approx 8V$(用示波器观察输入、输出波形,调静态工作点使输入达到最大时,第二级输出不失真)。对第二级采用同样的方法调试。

调好静态工作点后,对电路加 1kHz,5 ~ 15mV 的正弦波,通过示波器观察各级放大器的输出有无失真,相位关系是否正确。否则要检查电路,调节输入信号使其大小合适,调好后按以下实验步骤进行。

1. 两级阻容耦合放大器输入电阻、输出电阻的测量

由于放大器工作于低频小信号状态,因此,可以将该放大器近似地当作线性电路处理。在测量交流参数(输入电阻、输出电阻)时,采用如图 1-2 的等效电路,利用戴维南定理测量。

利用如图 1-2(a) 所示的电路测量输入电阻,则有

$$R_i = \frac{U_i}{U_S - U_i} R_S$$

式中,R_S 为取样电阻,U_i 为放大器输入端的电压,U_S 为信号源的输出电压。

利用如图 1-2(b) 所示电路测量输出电阻,设负载开路时,放大电路输出电压为 U';加上负载后,负载两端的电压为 U_o,则有

$$R_o = \frac{U'_o - U_o}{U_o} R_L$$

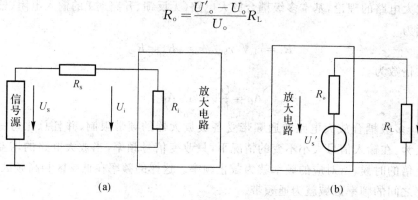

图1-2　输入、输出阻抗测量原理电路

（a）输入阻抗测量；　（b）输出阻抗测量

以上两项测量时,都要用示波器监测输出,只有在输出不失真的情况下才可进行测试。将按照上述方法测量的各物理量数据记入表1-1中。

表　1-1

		U_S/V	U_i/V	U_o/V	R_i 或 R_o/Ω	
					理论值	测量值
R_i 的测量	无反馈					
	有反馈					
R_o 的测量	无反馈					
	有反馈					

2. 放大倍数测量

按原电路图接好电路,调节信号源,将 1kHz,10mV 的正弦波信号加到电路的输入端,用示波器观察各级的输出波形,在各输出波形不失真的情况下,用毫伏级电压表测量每一级的输出电压,结果记录在表1-2中。

表　1-2

	U_i/V	U_{o1}/V	U_{o2}/V	A_{U1}		A_{U2}		A_U	
				理论值	测量值	理论值	测量值	理论值	测量值
无反馈									
有反馈									

3. 通频带测量

保持信号源的输出幅度大小不变,而仅仅改变信号的频率,用毫伏级电压表观测放大电路的输入、输出。根据通频带的定义,测出当增益降为 $0.707A_U$,实际上也就是放大器输出为 $0.707U_{o2}$ 时,所对应的输入信号的频率。这样的频率有两个,较大的为上限截止频率 f_H,较小的为下限截止频率 f_L,$\Delta f = f_H - f_L$ 被称为通频带。结果记录在表1-3中。

表 1-3

	$0.707U_{o2}$	f_H	f_L	Δf
无反馈				
有反馈				

4. 接入负反馈回路

接入负反馈回路,按照上面 1,2,3 的步骤和方法重新测量输入、输出电阻,放大倍数,通频带。表格形式与上面的各项相同。

四、数据分析及结论

由表 1-1 可以看出,加入电压串联负反馈提高了放大器的输入电阻,而减少了放大器的输出电阻;同时减小了放大倍数,而扩展了通频带。

五、体会

通过本次实验,进一步学会了放大电路基本参数的测量方法,对负反馈改善放大电路的性能有了更深的认识。

六、思考题(略)

1.2 电子电路的设计方法简介

电子技术是一门与实践紧密联系的课程,因此在学习中,应重点关心的是如何用电子学理论知识指导实际应用,设计出满足要求的电路来。为此,大家应该初步了解电子电路的设计基本方法,有了这些知识作铺垫,在以后的工作中随着专业经验的积累,电路设计的技能技巧将会不断提高。

本节就电路设计的一般方法进行简单的介绍。

一、确定总体方案

总体方案是整个电路设计的开端,它是根据设计课题要求,用若干个框图揭示出整个电路各部分之间信号的联系和各自的功能,后面的设计总是围绕这个方案所确定的目标而进行的。总体方案的拟订应在确定设计课题后,对课题进行深入分析,了解相关的理论、技术资料,将学习和工作中收集的类似电路与设计要求对照后比较分析,明确哪些电路或设计思想可以借鉴,哪些环节还需要改造或创新设计,在此基础上形成一个初步的方案。这样得到的方案可能不止一个,这就需要对方案进行筛选,筛选考虑的因素有三点:其一,该方案完成后,其技术指标能否满足设计要求;其二,性价比如何,我们总是希望在满足同样技术要求的情况下,生产成本越低越好;其三,生产安装、检修是否简单等。

二、单元电路的设计

在总体方案确定后,按照各部分单元电路功能要求,对每一单元单独设计。这时的设计不仅要对电路的形式作出选择,还要对电路参数进行计算确定,器件的型号、规格也要选择。这里,知识和工作经验的积累显得尤为重要,在进行这部分设计时,要熟悉典型电路,应多查阅资料,分析与设计相关电路的特点、性能、指标,以它们为参考,设计出满足设计课题要求的电路来。若设计起来有困难,可选用与设计课题要求相近的电路,并对电路有些参数作适当调整,使其完全满足设计要求。

在设计过程中,可以借助计算机辅助设计,随时进行仿真测试,以提高设计速度和正确性。工程上常用的辅助设计软件很多,如 Protel DXP,AutoCAD,EWB 等,为适应以后工作的需要,建议同学们能熟练掌握一两种电路设计常用软件的使用。

三、总体电路图

在单元电路设计完成后,应画出总体电路图,以便他人全面了解电路的工作原理和信号之间的相互关系,这也为后面的电路板设计以及生产、安装、维修提供技术依据。

画总体电路图时,要尽可能地将各单元画在同一张图纸上,同时注意整体布局紧凑、均匀,不要有些部分电路图过密,而有些过疏,这样看起来不够美观。画图时,一般自左向右或自上而下根据信号流向画起。

在画信号连线时,要用水平线或竖直线,一般不用斜线。在连线交叉的地方。若信号相连,则在交叉点上用黑点标出。若在一张图上,电路复杂,连线太多并且要画的连线距离过远时,该线可以不画出,仅在两个连接点引出的短线上用同一符号标示出。若画的是总线,要在总线两端用相同符号标出同一信号的连接。

以上粗略介绍了电路设计的一般方法,而电路设计中遇到的问题是多种多样的,在此无法细列,相信随着大家知识和经验的积累,对电路设计方法会有更多的认识。

✿ 推荐阅读书目及章节

[1]　毕满清. 电子技术实验与课程设计. 2 版. 北京:机械工业出版社,2001. 第四章.
[2]　谢自美. 电子线路设计·实验·测试. 3 版. 武汉:华中科技大学出版社,2006.

1.3　电子电路的安装和调试

电路设计完成后,需要组装成实际电路以测试其性能,以检验设计的合理性。在电路组装时应具有一定的技能技巧和调试方法,否则,电路设计得再好,也有可能达不到设想的效果。同时,这也为后面生产安装、调试工艺的制订提供了依据。

一、安装

安装实际电路的载体通常有两种形式:一是在 PCB 板上焊接,二是在实验板(如:面包板、专用实验平台)上插接电路。对在 PCB 板上焊接元件测试的方法,将在电子工艺实习中予以介绍,这里着重介绍在实验板上组装和调试电路的方法。

在实验板上插接或用导线连接元件时,对照电路图,应按信号和电流的流向,依次连接各部分元件。连接时为防止遗漏或出错,应抓住电路节点和关键元件,看信号流经的这个节点上连接了几条支路,将这几条支路连接完,然后过渡到其他节点,连接时应先串后并。

必须注意,连接时三极管类型和引脚不要接错,普通二极管、稳压二极管、电解电容的正负极性不要接反。否则,信号不能通过或损坏元件。在使用集成电路时,首先要明确各个引脚的功能和引脚排列,这样可以防止接错。对导线、电阻、电容、电感等元器件在插接前应保证其性能良好,参数正确。在不能确定时,最好随时用万用表进行测试检查。

在用导线连接时,导线不要过长,布线排列要整齐,不要杂乱无章,犹如一团乱麻,那样容易产生自激和信号之间的相互干扰,更不便于自己对电路的检查。导线线芯除信号输入和输出测试点部分外,其余部分尽量不要外露,防止导线之间短接。

电路连接完成后,要对照电路图认真检查,确保电路连接正确。

二、调试

在电路连接和检查完毕后,下面一道工序就是调试。调试就是借助于仪器仪表对电路进行调整和测量,使各项指标符合设计要求,同时也是判断设计是否成功的重要依据。因此,调试在电路设计中是很重要的一个环节。

调试的步骤和方法根据具体电路不同而异,但一般按下述步骤进行。

1. 通电观察

在不加测试信号或测试信号为零时,接上额定工作电压,主要是判断电路有无短路、冒烟、异常气味等,元件有无发烫等异常现象。在没有上述异常时,电源输出电流、电路各部分静态工作点是否合适,这些需要用仪器仪表测量。

2. 分块调试

在完成通电观察后,根据电路各部分功能不同,按信号的流向分功能块逐一进行调试。这时的调试分静态、动态调试,各功能块不加测试信号,仅加电源,调节电路参数,使各部分静态工作点合适。然后加测试信号,用示波器等仪器观测输出信号是否正常。若不正常就要进行参数调整或故障检查,直到正常为止,然后进行下一模块的调试,同时将上一模块的输出信号作为下一模块的测试信号。

例如,在进行黑白电视机组装时,安装完成后,需要按功能块逐一调试。首先,调试电源,将电源部分与其他模块断开,通电,观察电源部分工作有无异常,特别是调整管是不是异常烫手。若正常,则测量电源输出是否达到额定值;若没有达到,则调整采样电位器,使输出达到正常;若还不能达到正常,则是电路存在故障,这时要通过测量各三极管静态工作点来找出故障点。电源调试好后,依次向各部分供电,然后依次检查和调试图像通道、伴音、行场分离、场扫描、行扫描等,详细方法在此不一一说明。

3. 统调

分块调试完毕后,将整个电路连成一个完整的系统,给一个测试信号,观测有无正常输出结果,或是调整个别环节,使输出达到最佳。

三、测量结果分析

在前面设计时,所依据的参数、公式等有许多还是理论性的或经验性的,最终的实际电路是否满足设计指标,满足的程度如何,这些都需要通过实际测试数据来说明。因此,掌握一定的测试理论和测试方法是平时实验课的重要教学目的之一。

❈ 推荐阅读书目及章节

[1]　毕满清. 电子技术实验与课程设计. 2版. 北京:机械工业出版社,2001. 第三章,第四章.

第二部分　基础实验和提高设计性实验

2.1　实验一　常用仪器仪表的使用

无论是做电子学实验还是以后从事电子类的实际生产工作，都离不开电子仪器仪表，因此对一些常用的仪器仪表必须熟练地掌握其性能和使用方法。本次实验要求大家在前面学习的基础上进一步学会熟练应用基本仪器仪表，了解一些仪器仪表的工作原理，为后续实验和以后的工作需要打下基础。

有关仪器仪表的工作原理，大家已经在电路实验课上学习了，这里只简要地介绍这些仪器一般性的使用方法。

一、信号源

信号源主要为实验电路提供所需的电信号。实验室常用的是函数信号发生器，它可以提供三种基本信号：正弦波、三角波、脉冲波。其频率、幅度均可调节，这是一个信号源最基本的功能。有些信号源还可对信号的对称度、脉宽（或占空比）、直流电平、输出功率等进行调节。关于函数信号发生器的工作原理，可以参阅有关参考文献。

在使用信号源时，一般情况下，打开电源后首先应选择频段（Frequency Range）；然后进行频率细调（Frequency）；接着选择波形（Wave 或 Function）；最后选择信号的幅度大小（Amplitude），如果所需信号很小，就要用到衰减（Attenuation）按键，可以对信号衰减 20dB（原来信号的 1/10）、40dB（原来信号的 1/100）、60dB（原来信号的 1/1 000）。

信号由同轴电缆输出，红夹子接主信号，黑夹子接地线。

对其他功能的使用，要看说明书进行操作。

二、毫伏级电压表

晶体管毫伏级电压表是专门用来测量交流电有效值的一种仪表（切记：对其他波形的信号如脉冲波、三角波等均不能直接测量）。它的输入阻抗很高，因而灵敏度很高，测量精度也很高。同时，它的测量信号频率范围很宽，可以达到几兆赫。

毫伏级电压表表头刻度盘如图 2-1 所示。在使用时首先要调零，打开电源后，将同轴电缆的红夹子与黑夹子相接，量程选 1V 或 100mV，然后看指针是否指在零位。若不是，就要用螺丝刀进行调节，使指针归零。

读数时，要根据量程确定指针所指的刻度线。凡是量程以"1"开头的，读数时看第一条刻度线；量程以"3"开头的，看第二条刻度线。单位的选取参看量程。

使用时，红夹子接被测信号，黑夹子接地。但要注意：有些毫伏级电压表（特别是双通道双指针毫伏级电压表）上有接地控制开关，当它处在"共地"时，两个通道的黑夹子均与仪表内部电路的"地"相接;"不共地"时,两个通道的黑夹子与内部电路的"地"不同时相接。在使用时,应根据需要正确进行选择。

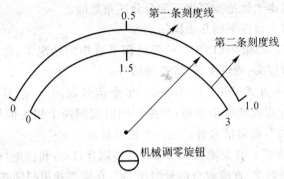

图 2-1　交流毫伏级电压表表头刻度盘

三、直流稳压电源

实验室常用的稳压电源是双路可跟踪直流稳压电源,它可以同时提供两路电压、电流的输出(MASTER,SLAVE),这两路之间可以以独立、串联、并联(关联或跟踪)的方式工作。每一路都有两个旋钮,一个是用来调节输出电流(CURRENT)的;另一个是用来调节输出电压(VOLTAGE)的;还有三个输出接线端子"+""−""GND",当需要正电源的时候,"负极"端子与"地"端子相接作为参考电位,正极为一极;当需要负电源时,"正极"端子与"地"相接作为参考电位,负极为一极。两路的"地"在仪器内部是相接的。直流电源接线示意图如图 2-2所示。

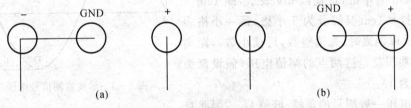

图 2-2　直流电源接线示意图
(a)正电源;　(b)负电源

使用时,电源不要急于接入电路,应先调好电源输出值,然后关掉电源,接着再将电源接入实验电路,待电路连接完,经检查无误后再打开电源。

四、示波器

示波器常用来观察测量信号。目前,实验室常用的示波器有两种:模拟示波器和数字示波器。这两种示波器的结构原理和使用方法都有较大的差异,现在分别介绍这两种仪器的使用方法。

1.模拟示波器

虽然这种仪器在电路实验课上已经用过,而且也知道了它的工作原理,但是由于这种仪器的操作旋钮、按键、开关较多,有相当一部分同学对它的使用还很不熟练。因此,要再次练习它的使用,希望同学们能够结合示波器的工作原理尽快掌握它的操作,为后续实验扫清障碍。

模拟示波器的结构从大的方面看,由三部分组成:垂直偏转系统、触发扫描系统、水平偏转系统。它的操作面板基本上就是按照这三部分分区布置的。

模拟示波器使用时大致按下面几步操作:

(1)在辉度(INTEN)和聚焦(FOCUS)都已调至适中的情况下,将被观测信号输入示波器。注意:黑夹子接地,探头(或红夹子)接被测信号。

(2)选择通道和显示方式(VERT Mode)。单个信号观测时,信号加在哪个通道端子上(CH1 或 CH2),显示方式就选哪个通道;如果要同时观测两个相关信号,拨动开关就选双踪(DUAL);ADD 是"相加",两路信号合成为一个信号显示。

(3)选择信号耦合方式。有交流耦合(AC)、直接耦合(DC)和接地(GND)3 种。在观察纯交流信号时用 AC;在观察交、直流混合信号时用 DC;在需要找出扫描基线时用 GND。

(4)选择触发源(SOURCE)。在内触发时,用被测信号作为触发源;外测时,用 EXT。

(5)选择触发方式(TRIG MODE)。一般用自动(AUTO),常态(NORM)很少用。

(6)调触发电平(LEVEL)。当图像在屏幕上滚动时,调节该选钮,使扫描信号与被测信号同步,从而得到清晰稳定的波形。

(7)调节灵敏度、扫描速度(包括粗调、细调),使波形在屏幕上大小、疏密适中(上下 5 格左右,水平方向 1~2 个周期),波形处在屏幕中央。

通过以上几步的操作,应该能得到稳定合适的波形。现在介绍有关物理量的测量。

(1)电压的测量。在灵敏度得到校正的基础上,对波形可以测电压。如图 2-3 所示,要测波形上某两点的电压,只需要测出这两点在垂直方向上的距离(以 cm 为单位,现代以 div 表示,即 1cm=1div。示波器上 1cm 又被分为 5 小格,每一小格表示0.2cm。读取距离时,先读整数,后读小数),距离与灵敏度的乘积就是这两点的幅值电压(假设探头的衰减系数为 1)。

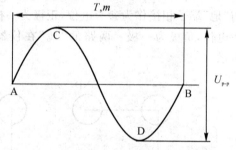

图 2-3 示波器测信号电压与周期

对正弦电压一般测量的是峰-峰值 $U_{p\text{-}p}$,因此有

$$U_{p\text{-}p} = n \times S_u$$

式中,n 表示峰与谷(C,D) 之间的距离,S_u 表示灵敏度。

它与有效值的关系为

$$U = \frac{U_{p\text{-}p}}{2\sqrt{2}}$$

(2)时间的测量。在扫描速度得到校正后,要测波形上某两点之间所对应的扫描时间,只需测出这两点在水平方向上所占的距离,距离与扫描速度的乘积就是这两点间的扫描时间。

对于正弦信号,一般测的是信号的周期 T,则

$$T = m \times S_t$$

式中,m 表示波形上同相位点 A,B 之间的距离(见图 2-3),S_t 表示扫描速度。

(3)相位差的测量。对两个同频率的相关信号,利用测时间就可以测出它们的相位差,如图2-4所示。由于信号在一个周期内变化360°,因此,很容易算出单位时间变化的角度。这两

列波超前或滞后的时间如果为 Δt，那么，相位差

$$\Delta\varphi = \frac{360°}{T} \times \Delta t$$

由于在测量 T，$\Delta\varphi$ 时，扫描速度相同，所以上式可以简化为

$$\Delta\varphi = \frac{m}{n} \times 360°$$

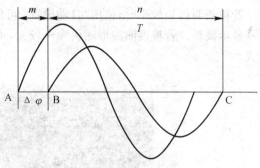

图 2-4　相位差测量

式中，m 表示示波器上两信号波形同相位点 A，B 之间的距离；n 表示信号波形在一个周期所占的距离，即 B，C 之间的距离。

在测量相位差时，要注意示波器的调节方法：

首先，通过双踪方式调出这两列波，扫描速度置到"校正"；再将两通道信号耦合方式均置"地"，得到两条扫描基线，分别调节两通道垂直位置旋钮，使这两条基线重合到屏幕中央水平刻度尺上；然后，信号耦合方式置"交流"，这时就可以测量了。

2. 数字示波器

从大的方面看，数字示波器面板的结构由五部分组成：垂直偏转控制、水平偏转控制、触发控制、菜单及运行控制按钮、屏幕显示控制等，如图 2-5 所示。其工作原理此处不作介绍，仅仅以普源（RIGOL）数字示波器为例，简要介绍此类示波器一般的操作方法。

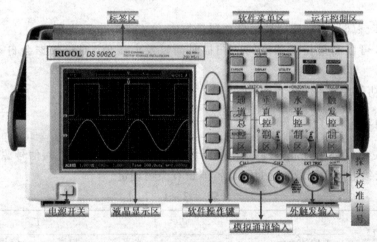

图 2-5　DS 5062C 示波器面板

（1）打开示波器电源开关。

（2）通过探头将信号送入示波器 CH1 或 CH2 通道。

（3）按下 CH1 MENU 按钮，显示 CH1 菜单，屏幕底部显示 CH1 字符。或按下 CH2 MENU 按钮，显示 CH2 菜单，屏幕底部显示 CH2 字符。

注意：如果连续按最上面的功能控制键，可改变信号的耦合方式，耦合方式标志显示在屏幕的左下方。

（4）按下"自动设置"按钮 ，屏幕显示波形，如图 2-6 所示。

若被观测信号较小时,使用"自动设置"可能无法显示信号,此时可调节"伏／格"按钮,使屏幕显示波形。若被观测波形随机噪声较大,可按 ACQUIRE(采集)按钮,选择平均值采集方式。

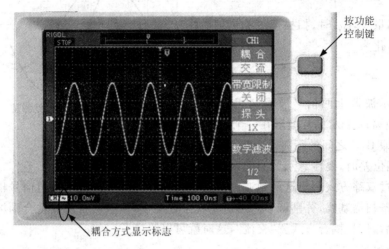

图 2-6　MENU 按钮操作

(5) 按下 MEASURE(测量)按钮,显示测量菜单。

(6) 按屏幕显示控制按钮,选择衰减系数为×1,选择测量类型、信号源及类型,按返回屏幕按钮。

(7) 重复步骤(6),使示波器显示自动测量数值。

按动游标,可以测量任意两点间的扫描时间以及电压值,测量数据会自动显示在屏幕下方。

其他测量功能在此不一一介绍。

五、实验内容

(1) 根据表 2-1 要求,由信号源给出所需的正弦信号(其中电压 U 指信号源输出电压的有效值,可用毫伏级电压表测量),通过示波器测量有关物理量。

表　　2-1

输出频率 kHz	$\dfrac{U}{mV}$	$U_{p\text{-}p}$				T			
		垂直方向距离	灵敏度	$U_{p\text{-}p}$	U	水平方向距离	扫描速度	信号周期	频率
1	2 000								
5	8								

(2) 在实验箱上搭接一个如图 2-7 所示的 RC 电路,由信号源给出不同频率的正弦波,信号的大小为 200 mV。用毫伏级电压表测量不同频率下的输出电压;用示波器测量输出／输入信号的相位差。将测量数据填入表 2-2 中,在实验报告中根据测量结果绘制输出频率特性曲线。

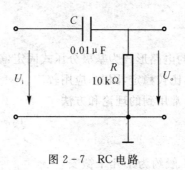

图 2-7　RC 电路

表　2-2

测试量 ＼ 频率/kHz	0.5		1		5		10		50		100	
U_o												
$\Delta\varphi$	m		m		m		m		m		m	
	n		n		n		n		n		n	

（3）试用万用表测量和判断所给三极管、二极管的引脚（极性）名称，半导体管的材料，三极管的电流放大倍数 β。

六、实验报告

（1）归纳说明用示波器测量电压和时间的方法和操作步骤。

（2）分别说明如何用指针万用表、数字万用表测量和判断三极管、二极管的性能和参数（可参考附录 3）。

✱ **推荐阅读书目及章节**

[1]　张永瑞,刘振起,等. 电子测量技术基础. 西安:西安电子科技大学出版社,2002. 第三章.

[2]　王斌. 电路实验. 西安:西北工业大学出版社,2003. 第二部分.

2.2　实验二　单级低频放大电路的设计和测试

单级放大器是放大器的基本单元,学会这种放大器的分析方法、设计方法以及参数的测试、电路的调整方法对分析和设计其他放大器具有很重要的意义。本次实验,将通过对单级低频放大电路的设计和测试,要求能根据一定的技术指标,初步掌握如何设计出符合要求的放大电路,同时,学会放大器的放大倍数、输入/输出阻抗、通频带的测试;还要学会静态工作点的调整与电路的检查方法,了解负载、工作点对输出的影响。

一、基本分析和测试理论

单级低频放大电路最常见的电路形式为基极分压式固定偏置电路,如图 2-8 所示。这种电路的工作点受温度影响较小,比较稳定,因此,应用较广。

在分析和测试这种电路时,常用到的理论和方法详述如下。

1. 静态工作点

由于静态基极电流很小,一般约为十几个微安,它相比于集电极电流以及偏置电流可以认为

$$I_{BQ} \approx 0$$

因此,有下面各关系式:

$$U_{BQ} = \frac{U_{CC}}{R_{b1} + R_{b2}} R_{b2}$$

$$U_{EQ} \approx U_{BQ} - 0.7 \quad (\text{对硅管而言})$$

$$I_{CQ} \approx I_{EQ} = \frac{U_{EQ}}{R_E}, \quad I_{BQ} \approx \frac{I_{CQ}}{\beta}$$

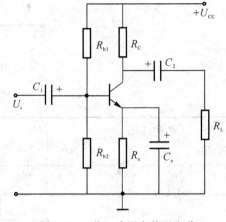

图 2-8 分压式固定偏置电路

$$U_{CQ} \approx U_{CC} - I_{CQ} R_c$$

以上各式是在进行理论分析计算时常用的,但在电路设计和调试时,由于参数离散性等因素的影响,R_{b1} 通常用一个固定电阻和一个电位器代替,利用上面各式不便于确定 Q 点的位置。一般来说,Q 点要根据电路的用途和工作信号的大小等因素来确定。下面来讨论为获得最大动态电压输出,如何从输出特性曲线和直流负载线方程来确定静态工作点。

静态时,直流负载线方程为

$$U_{CE} = U_{CC} - I_c(R_c + R_e)$$

当 $U_{CE} = 0$ 时,有

$$I_c = I_{max} = \frac{U_{CC}}{R_c + R_e}$$

当 $I_c = 0$ 时,有

$$U_{CE} = U_{CC}$$

而放大电路在作电压放大时,要获得最大动态输出,静态工作点 Q 就应处在放大区的中央,这一点大致也就在直流负载线的中间。

在图 2-9 中,设三极管的饱和压降为 U_{CES}(该值一般小于 1V,在理论计算时通常在 $0.3 \sim 0.8V$ 之间取值),截止时压降为

$$U_{CEQ} = \frac{1}{2}(U_{CES} + U_{CEO})$$

由于 $U_{CEO} \approx U_{CC}$,则上式可写为

$$U_{CEQ} = \frac{1}{2}(U_{CES} + U_{CC}) \approx \frac{1}{2}U_{CC} + (0.2 \sim 0.4)$$

当然,此时三极管处于导通状态,$U_{BEQ} \approx 0.7V$。因此,在调试电压放大电路静态工作点时,可以调整电路参数,使 U_{BEQ},U_{CEQ} 达到上述所分析的范围内。

I_{CQ} 可用下式估算:

$$I_{CQ} = \frac{U_{CC} - U_{CEQ}}{R_c + R_e}$$

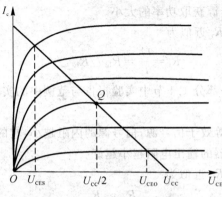

图 2 - 9　三极管直流负载线

由此,可以计算出三极管的三极电位,即静态工作点为

$$U_{EQ} = I_{EQ}R_e \approx I_{CQ}R_e$$

$$U_{CQ} = U_{EQ} + U_{CEQ}$$

$$U_{BQ} = U_{EQ} + 0.7 \quad (硅管)$$

依据上述各式所计算的数值,可大致调出静态工作点。当然,这点是否合适,是否还要调整,就要看输入信号的情况。当输入信号很小时,工作点可以再低些,这样可以减小电路功耗。如果静态工作点正好处在放大区中央,在增大输入信号时,正负半周应同时出现失真(通过示波器观察)。

一般地,在实际工作中,调整和测量放大电路静态工作点时,为方便起见,只需要测出放大管 3 个极的对地电压(电位)即可,因为知道这 3 点电位,Q 点也就知道了。

2.电压放大倍数 A_U

电压放大倍数定义为放大电路的输出电压(指有效值或最大值或峰峰值)与输入电压之比,即

$$\dot{A}_U = \frac{\dot{U}_o}{\dot{U}_i}$$

对如图 2 - 8 所示电路,进行理论分析可得

$$A_U = -\beta \frac{R_c /\!/ R_L}{r_{be}}$$

当负载开路时,放大倍数为

$$A_U = -\beta \frac{R_c}{r_{be}}$$

显然,此时的增益大于带负载时的增益。

测量放大倍数 A_U 时,在调好静态工作点的基础上,给放大电路输入合适的信号(对单级放大器来说,通常用 1kHz,10mV 左右的信号),用示波器观察放大器的输出、输入波形,在输出没有失真的情况下,用毫伏级电压表分别测量电路输出、输入信号的大小,由定义式可以算出 A_U。

3. 输入电阻 R_i

对信号源而言,放大电路就是它的负载,负载的大小就以放大器的输入电阻 R_i 表示。R_i 的大小影响着放大器从信号源获取功率的大小。

如图 2-8 所示电路的 R_i 近似为

$$R_i = \frac{\dot{U}_i}{\dot{I}_i} = R_{b1}//R_{b2}//r_{be}$$

输入电阻的测量方法见第一部分 1.1 节中实验报告与范例中的实验步骤及测量方法。

4. 输出电阻 R_o

对负载而言,放大器就等效于信号源,信号源的内阻越小,它的带负载能力就越强,因此在一般情况下,总是希望放大器的输出电阻越小越好。

如图 2-8 所示电路的 R_o 近似为

$$R_o \approx R_c$$

输出电阻的测量方法见第一部分 1.1 节。

5. 通频带 BW

放大电路对所放大的信号都有一定的频率限制,其增益 A_U 是频率 f 的函数。对低频小信号的阻容耦合放大器,其幅频特性变化曲线如图 2-10 所示。在中频区,增益最大且基本不变;在低频区和高频区增益下降。为了表征放大器对信号频率的要求,人们规定:当增益值下降到中频区增益 A_U 的 0.707 时所对应的

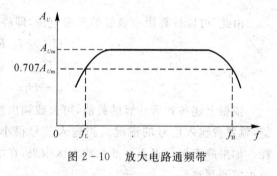

图 2-10 放大电路通频带

频率称为截止频率。这样的频率有两个,其中较小的一个称为下限截止频率 f_L,较大的称为上限截止频率 f_H。把它们二者之差称为通频带,用 BW 表示,即

$$BW = f_H - f_L$$

在对如图 2-8 所示的放大器进行理论分析时,截止频率常用下式计算:

$$f_L = \frac{1}{2\pi(R_S + r_{be})C_1}$$

在测量通频带时,按照定义进行测量:在测量放大倍数的基础上,计算出 $0.707U_o$ 的值;调节信号源的输出频率,在保证其输出信号大小始终不变的前提下,使频率从中频区(一般选 1kHz 的正弦波)向低频区变化,用毫伏级电压表监测放大器的输出,当输出等于 $0.707U_o$ 时,信号源的输出频率就为 f_L;然后,使信号源频率从中频区向高频区变化,当输出等于 $0.707U_o$ 时,信号源的输出频率就为 f_H。

二、单级放大器的设计

通过对单级放大器的设计可以加深对放大器工作原理的理解,为了说明其设计的一般方法,现以设计课题为例来说明。

设计要求:设计一个工作点稳定的单级放大器。已知放大器的外接负载电阻为 $R_L = 2.4k\Omega$,输入信号不大于 $20mV$,信号源内阻约为 500Ω,要求放大器的增益大于 80,通频带为 $100Hz \sim 10kHz$。

1. 选择电路形式

电压放大器的形式很多,从组态来看有共射组态、共集组态和共基组态,这3种组态的特性各异,它们的比较见表2-3。

表2-3 三极管放大电路3种组态比较

组态	电压增益 A_U	电流增益 A_I	输入阻抗	输出阻抗
共射	>1	>1	中	中偏高
共集(射极跟随器)	≈ 1	>1	高	低
共基	>1	≈ 1	低	中偏高

共射极电路的输入阻抗在上千欧范围内,而射极跟随器的输入阻抗在 $50 \sim 100\text{k}\Omega$ 范围内,从射极看进去的共基电路的输入阻抗只有几十欧。共射电路和射极跟随器的输入阻抗主要受偏置电路影响。

射极跟随器的输出电阻一般只有几到几十欧;而共射电路的输出电阻受集电极电阻影响,一般都可以达到几千欧;共基极电路从集电极看进去的输出电阻也很大,它也受集电极电阻影响,很容易达到几千欧。

鉴于以上特点,射极跟随器通常用在输入级和输出级以及缓冲级;共射极放大器用在中间级或输入级,用于信号放大;共基极放大器常用在高频和宽频带电路以及恒流源电路中。

了解这些组态特性及其用途,对设计电路是非常有用的,可以根据需要合理地选择不同的组态。

就每种组态来讲,电路的结构形式又有许多种,这里无法一一列举,只就常见的共射组态电路予以讨论。

如图2-11所示是简单的固定偏流放大电路,这种放大器的静态工作点受温度的影响较大,极容易出现工作点漂移,对较大信号无法正常工作。因此,这种电路通常用于温度变化不大、输入信号很小(几毫伏以下)的场合,如磁带放音机的前级放大。

为了克服上述电路的缺点,对偏置电路采用固定分压的形式,如图2-12所示。静态时,由于基极电流远小于流过 R_{b2} 的电流,可以认为

$$U_i \approx \frac{R_{b2}}{R_{b1} + R_{b2}} U_{CC}$$

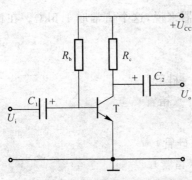

图2-11 固定偏流放大电路

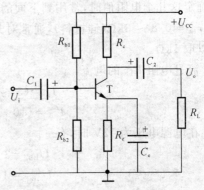

图2-12 固定偏置放大电路

同时,为了抑制温度对工作点的影响,还在发射极接一个电阻 R_e,通过该电阻的反馈来自动调节 U_{BE} 的大小,使 U_{BE} 基本保持不变。为了增大放大倍数,减小输入阻抗,在射极电阻上并联一个旁路电容。当然,如果要进一步增大输入阻抗,可以在 R_e、C_e 并联网络之外串联一个电阻,从而达到要求,当然这样会使放大倍数减小。

根据以上的分析以及设计要求,采用如图 2-12 所示的电路。

2. 确定晶体管的类型

不同规格的晶体管有不同的适用场合,要根据电路的工作频率、极限参数等来确定,一般可以查晶体管手册或根据经验来确定。

在这个设计题目中,用 3DG6A,它的直流放大系数 β 通常在 $50 \sim 150$ 之间,最高工作频率可达 150MHz 以上,最大功耗 P_{cm} 为 100mW,$U_{CEO} \geqslant 30\text{V}$,$U_{CBO} \geqslant 40\text{V}$。因此,它完全能够满足电路要求。

3. 确定电源电压

电源电压的大小既要能保证放大器正常工作,满足输出要求,又不要太高。U_{CC} 太高,对元件的耐压要求高,同时,增加电路功耗,电源利用率低。一般地,依据经验,U_{CC} 按下式确定,即

$$U_{CC} \geqslant 1.5(2U_{om} + U_{CES}) + U_E$$

式中,U_{om} 是输入信号的最大值;U_{CES} 是晶体管的反向饱和压降,一般取 1V 计算;U_E 是发射极电位,该值可以根据电路结构设定。

U_{CC} 的最后取值一般尽可能取以下数值:$3,4.5,5,6,9,12,15,18,24,30\text{V}$ 等,这样,容易得到与其相匹配的电源。

在电路设计完以后,还要验算电源电压取得是否合适,如不合适就要调整。验算时,可采用下式,即

$$U_{CC} = U_{om} + U_{CES} + I_{CQ}(R_c + R_e)$$

式中,$U_{CES} = 1\text{V}$。

在本设计中,$U_{om} \geqslant 20\text{mV} \times 80 = 1.6\text{V}$,$U_E$ 取 2.5V。这样算来,有

$$U_{CC} = 1.5 \times (2 \times 1.6 + 1) + 2.5 = 8.8\text{V}$$

可见,U_{CC} 只要稍大于 8.8V 即可,在这里取 $U_{CC} = 12\text{V}$。

4. 确定 R_c,R_e,R_{b1},R_{b2} 的值

在确定这几个电阻值时,常用到下面的经验值。

(1) $r_{be} = 0.8 \sim 3\text{k}\Omega$(硅材料),通常对共射放大器来说,这个值常取 $1.5\text{k}\Omega$。在粗略估算时也可以取 $1\text{k}\Omega$。

(2) 流过电阻 R_{b1} 的电流

$$I_1 = (5 \sim 10)I_{BQ} \quad \text{(硅管)}$$
$$I'_1 = (10 \sim 20)I'_{BQ} \quad \text{(锗管)}$$

(3) 在电源电压为 12V 时,有

$$U_{BQ} = 3 \sim 5\text{V} \quad \text{(硅管)}$$
$$U'_{BQ} = 1 \sim 3\text{V} \quad \text{(锗管)}$$

或者用 $U_{BQ} = (0.2 \sim 0.4)U_{CC}$,$U_E = (0.2 \sim 0.3)U_{CC}$ 确定。

（4）集电极静态电流

$$I_{CQ} = 0.5\,\text{mA} + I_{cm}$$

式中，I_{cm} 是由输入引起的集电极交流电流最大值，有

$$I_{cm} = \beta I_{bm} = \beta \frac{U_{im}}{r_{be}}$$

或者，当放大电路为输入级时，有

$$I_{CQ} = 0.2 \sim 2\,\text{mA} \quad （硅管）$$
$$I'_{CQ} = 0.1 \sim 1\,\text{mA} \quad （锗管）$$

当为中间级时，$I_{CQ} = 1 \sim 3\,\text{mA}$。

由上面各关系式可以确定出各参数。

首先，确定 R_{b1}，R_{b2} 的值。在本设计中，有

$$I_{cm} = \beta \frac{U_{im}}{r_{be}} = 70 \times \frac{20\,\text{mV}}{1\,\text{k}\Omega} = 1.4\,\text{mA}$$

$$I_{CQ} = 0.5\,\text{mA} + I_{cm} = 0.5\,\text{mA} + 1.4\,\text{mA} \approx 2\,\text{mA}$$

$$I_{BQ} = \frac{I_{CQ}}{\beta} = \frac{2\,\text{mA}}{70} = 28\,\mu\text{A}$$

这里取 $I_1 = 7 I_{BQ}$，则 $I_1 = 7 \times 28\,\mu\text{A} = 196\,\mu\text{A}$，取 $V_{BQ} = 2.4\,\text{V}$，结合理论分析式，即

$$U_B \approx \frac{R_{b2}}{R_{b1} + R_{b2}} U_{CC}$$

可以算出

$$R_{b1} = 47\,\text{k}\Omega, \quad R_{b2} = 12.2\,\text{k}\Omega \approx 12\,\text{k}\Omega$$

上面所计算的参数是在近似条件下或参考了经验值后得出的，这和实际值是有一定偏差的，为了能够修正这些偏差，便于调节静态工作点，在这里 R_{b1} 用一个电位器和一个固定电阻代替，电位器选 $100\,\text{k}\Omega$ 的实芯电位器，固定电阻选 $20\,\text{k}\Omega/0.25\text{W}$。

再确定 R_e 的值：

由于

$$U_{EQ} = U_{BQ} - 0.7 = 2.4 - 0.7 = 1.7\,\text{V}$$
$$I_{EQ} \approx I_{CQ}$$

得

$$R_e = \frac{U_{EQ}}{I_{EQ}} = \frac{1.7\,\text{V}}{2\,\text{mA}} = 0.85\,\text{k}\Omega$$

R_e 取标准值，$R_e = 0.82\,\text{k}\Omega$。

最后确定 R_c 的值。

由上述理论分析可知，在有负载时，有

$$A_U = -\beta \frac{R_c // R_L}{r_{be}}$$

在本设计中，要求 $A_U \geqslant 80$，这里取 $A_U = 80$，利用上式可得

$$R_c = 2.18\,\text{k}\Omega$$

取标称值 $2.2\,\text{k}\Omega$。

如果在发射极旁路电容之外还存在电阻 R'_e，那么放大倍数 A_U 就为

$$A_U = -\beta \frac{R_c // R_L}{r_{be} + (1+\beta) R'_e}$$

利用上式也可以计算出 R_c。特别是当 $(1+\beta)R'_e$ 远远大于 r_{be} 的时候，上式可以进一步简化为

$$A_U = -\beta\frac{R_c//R_L}{(1+\beta)R'_e} \approx -\frac{R_c//R_L}{R'_e}$$

这样计算 R_c 更为方便。

5. 确定电容 C_1，C_2，C_e 的值

这3个电容对电路的低频特性影响较大，特别是 C_e。为了便于对下限频率的分析和控制，一般 C_e 取值很大，多数情况下在 $50 \sim 100\mu\text{F}$ 之间取值。在进行频率特性分析时，可以认为它的容抗为0，同时取 $C_2 = C_1$，这样，问题得到简化，在设计时只需考虑 C_1 对下限频率的影响。

根据前面的理论分析，有

$$f_L = \frac{1}{2\pi(R_S + r_{be})C_1}$$

由上式算出 C_1，按经验对其再增大 $3 \sim 10$ 倍，即

$$C_1 = (3 \sim 10)\frac{1}{2\pi(R_S + r_{be})f_L}$$

通常 C_1 的取值在 $1 \sim 50\mu\text{F}$ 之间。对于本次设计，按照上述分析，经过计算后，C_1 取 $3.3\mu\text{F}$。

另外，有时为了能满足高频要求（一般是电路所要求的上限频率较低），还需要在负载上并联一个合适的电容。这个电容的容量一般是在皮法数量级。下面，讲解如何确定这个电容的大小。

放大器的高频特性决定于三极管的极间电容，但当上限截止频率与下限截止频率相差不是很大（$BW \leqslant 50\text{kHz}$）时，由于极间电容的容抗很大，所以可以不考虑它们的影响。这时为满足高频要求，在负载上并联的电容 C_o 应满足关系式

$$f_H = \frac{1}{2\pi(R_c//R_L)C_o}$$

当然，如果电路要求的上限频率很高时，只需选择特征频率 $f_T \geqslant f_H$ 的晶体管，而不必考虑别的因素。

6. 重新核算

在参数计算时，采用了许多经验值或经验公式，对一些元器件都认为是理想元器件，这样计算出的参数可能与理论值有较大的出入。因此，只有在初步设计的基础上依据理论分析，对一些元器件参数稍微做出调整，使其与理论相符。只有经过这样处理的设计才能够和实际基本相符，这也就体现了以理论指导实践的科学规律。

首先，计算静态工作点，有

$$U_{BQ} = \frac{R_{b2}}{R_{b1} + R_{b2}}U_{CC} = \frac{12}{47 + 12} \times 12 \approx 2.4\text{V}$$

$$U_{EQ} = U_{BQ} - 0.7 = 2.4 - 0.7 = 1.7\text{V}$$

$$I_{EQ} = \frac{U_{EQ}}{R_e} = \frac{1.74\text{V}}{0.82\text{k}\Omega} \approx 2.0\text{mA}$$

$$U_{CEQ} = U_{CC} - I_{CQ}(R_c + R_e) = 12 - 2.0 \times (2.2 + 0.85) = 5.9\text{V}$$

可以看出 $U_{CEQ} \approx \frac{1}{2}U_{CC}$，这说明工作点基本合适。

现在计算放大倍数：

由公式 $A_U = -\beta \dfrac{R_C /\!/ R_L}{r_{be}}$，有

$$A_u = \left| -\beta \dfrac{R_C /\!/ R_L}{r_{be}} \right| = 70 \times \dfrac{2.2 /\!/ 2.4}{1} = 80.3$$

这说明电路的增益符合要求。对通频带这里不作计算。

7. 计算机仿真

前面的设计还只是理论设计，这样的设计正确与否，只有通过实践的检验才能知道。以前人们在设计完成后，按照电路图连接实际电路来检验，根据实际测试结果再对设计做进一步的修改，再检验、再修改，直到满足设计要求为止。现在，随着计算机技术的发展，可以利用计算机进行模拟仿真测试，根据仿真测试结果对设计做出修改，最后才进行实际检验，这样可以极大地缩短设计周期，减小设计难度。因此，应该掌握这一仿真技术。

下面，用 Multisim10 软件对上面所做的设计进行仿真，仿真电路如图 2-13 所示。输入信号的设置如图 2-14 所示。通过对电位器的参数调整，发现当其调为"100kΩ,86%"，也就是 86kΩ 左右时，集-射极间静态电压 $U_{CE} = 6.05\text{V}$，$U_{BE} = 0.639\text{V}$（用虚拟直流电压表测量），此时静态工作点基本上处在放大区中央，电路可以正常工作。然后，将虚拟信号源设置为"交流、1kHz,7mV$_p$"。取出虚拟示波器，A 通道接放大电路的输出，B 通道接信号源输出"+"，公共端接地。取出两块虚拟电压表，置交流挡，分别接放大电路输出、输入端。打开虚拟开关开始仿真，结果如图 2-13 所示。

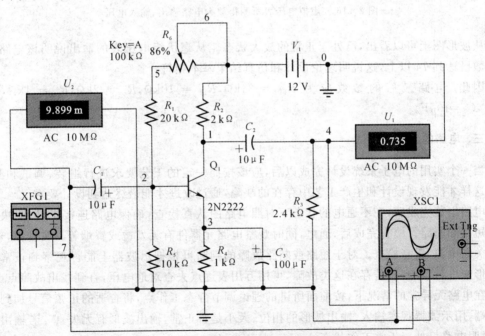

图 2-13　单级放大电路仿真电路图

利用虚拟直流电压表测量基极和集电极、发射极静态对地电压，其电压分别为 2.631V，8.038V，1.992V。这说明电路已处于放大状态。

从虚拟示波器上得到的输入、输出信号波形和虚拟毫伏级电压表上得到的输入、输出电压分别如图 2-15 及图 2-16 所示。

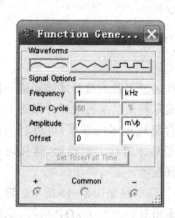

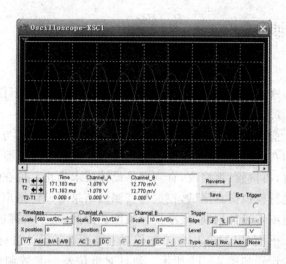

图 2-14　虚拟信号源的参数设置　　　图 2-15　虚拟示波器所显示的输入、输出信号波形

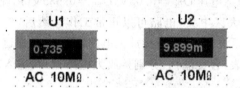

图 2-16　虚拟电压表所测得放大电路输出、输入电压

从波形图上可以看出,已处于正常的放大状态。从毫伏级电压表的输出说明该电路的放大倍数已达到 74 以上,这说明理论设计和仿真结果基本相符。

因此,电路最后的参数应为 $R_{b1} = 34\text{k}\Omega, R_{b2} = 10\text{k}\Omega, R_c = 2\text{k}\Omega, R_e = 1\text{k}\Omega, C_1 = 10\mu\text{F}, C_2 = 10\mu\text{F}$。

三、电路的组装和调试

当一个实用的电子系统设计完成以后,应该按照一定的工艺要求进行组装、调试和测试,只有这样才能发现设计和生产工艺中存在的缺陷,通过改进才能最终达到设计要求。

电路组装完成后,在不通电的状态下对照电路图认真检查,确保电路连接正确,坚决防止出现短路和断路。检查完成后,通电,同时观察电路元器件有无发烫或冒烟等异常现象,若有,立即关断电源,重新检查。对于短路或断路故障的判断可根据示波器上能否观察到正常的输出波形来进行,经判断若存在这类故障,可用万用表逐点去查对地电压,直到找出故障点。

在电路无异常的情况下,按前面所讲的理论调节静态工作点,将合适的正弦信号加到电路输入端,用示波器观察输入、输出波形的相位、大小是否正常,输出波形有无失真。若输出都正常,说明电路已处于正常工作状态。

按上述步骤调试完后,再去测电路的各个参量。

四、实验内容

1.基础实验

实验电路如图 2-17 所示。

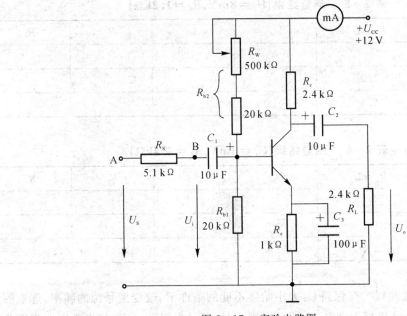

图 2-17　实验电路图

实验步骤：

(1) 静态工作点测量。直流电源电压调为 12V，暂不接入电路。将 R_w 调至最大，电路输入端 A 对地短接。然后接入直流电源，调节 R_w，使 $U_{CE} \approx 6V$。用示波器观察电路有无自激振荡，若有应予排除。

用万用表直流电压挡测量三极管 3 个引脚对地电压 U_B,U_C,U_E，并用万用表测量此时的 R_{b2}（注意测量方法）。将测量值记入表 2-4。

表 2-4　静态工作点测量数据

测量值				计算值		
U_B	U_C	U_E	R_{b2}	U_{BE}	U_{CE}	I_C

(2) 电压放大倍数 A_U、输入电阻 R_i、输出电阻 R_o 的测量。电路输入端 A 对地断开，由信号源接入频率为 1kHz 的正弦信号 U_s，调节信号源的输出幅值调节旋钮，使得 B 点对地交流电压 u_i 为 8mV（用毫伏级电压表监测）。

用示波器观察放大器的输出、输入信号波形有无失真，电路对输入信号有无放大，并判断输出、输入信号的相位关系。

分别用毫伏级电压表测量放大器输出端开路，接不同 R_c 和不同负载 R_L 时的输出电压 U_o 以及信号源输出 U_s，将测量结果填入表 2-5 及表 2-6 中。

表 2 - 5　　测量结果 $(U_i = 8\,\text{mV}, R_c = 1.2\,\text{k}\Omega)$

U_S	$R_L/\text{k}\Omega$	U_o	A_U	R_i	R_o
	∞				
	1.2				
	2.4				

表 2 - 6　　测量结果 $(U_i = 8\,\text{mV}, R_c = 2.4\,\text{k}\Omega)$

U_S	$R_L/\text{k}\Omega$	U_o	A_U	R_i	R_o
	∞				
	1.2				
	2.4				

（3）测量幅频特性曲线。在保持 U_i 大小始终不变的条件下，改变信号源的频率，逐点测量放大器的输出电压，将结果填入表 2 - 7 中。在测量时，可以先粗测一次，找出输出电压变化较大的频率范围，以便于合理选取测试频率点。

表 2 - 7　　测量结果 $(U_i = 8\,\text{mV}, R_L = 2.4\,\text{k}\Omega)$

f/kHz								
U_o								
A_U								

2. 设计性实验

对电类各专业按实际情况选做下面的设计题目。实验前先作出设计电路图，并最好能用计算机进行仿真分析。

（1）设计题目 1。设计一个单管放大电路。已知：工作信号 $U_i \leqslant 15\,\text{mV}$，电源电压 $U_c = +12\text{V}$，三极管给定 3DG6（$\beta \geqslant 50$），负载阻抗约为 $2.4\,\text{k}\Omega$。要求放大倍数 $A_U \geqslant 80$，工作点稳定。

（2）设计题目 2。设计一个稳定偏置的共射极放大器，使其小信号电压增益大于 50，工作输入信号的最大值为 $20\,\text{mV}$，放大器允许的工作频率在 $100\text{Hz} \sim 200\text{kHz}$ 之间。已知：信号源内阻为 $R_s = 500\Omega$，工作电源为 $U_{cc} = +9\text{V}$，负载在 $1 \sim 3\text{k}\Omega$ 之间。现有的晶体管为 3DG6J，该放大管的电流放大倍数 $\beta = 70$，特征频率 $f_T \geqslant 150\text{MHz}$。

（3）设计题目 3。设计一个共集放大器（射极跟随器），其工作信号大小为 1V，供其工作的等效信号源的内阻为 $2\text{k}\Omega$，最大输出功率为 1W。该放大器由阻抗为 $5\text{k}\Omega$ 的负载提供信号供其工作，为了使该负载获得最大功率，请设计合适的电路。已知：工作电源为 12V，所给三极管为 3DG12C，其最大允许功耗约为 $700\,\text{mW}$，集电极最大允许电流为 $300\,\text{mA}$，$\beta \geqslant 30$。

以上各题目均要求测试静态工作点、放大倍数、通频带、输入／输出阻抗，并研究静态工作点对输出的影响。

五、实验报告

(1) 完整写出电路设计及分析验证过程,并画出电路图。如有仿真结果,请将结果附在报告中。

(2) 说明电路的测试原理,写出调试与测试的方法和步骤。

(3) 将测试结果与理论值比较,并对其进行分析。总结静态工作点对放大器放大倍数、输入 / 输出电阻的影响规律,并根据幅频特性曲线解释输出与频率之间的变化规律。

六、思考题

(1) 有同学在测量输入阻抗时发现,取样电阻选用不同的阻值时,测得的结果也不同,而且相差较大。请你也动手做一做,并分析其中的原因。

(2) 如何测量 R_{b2} 的值?

(3) 在测量电压放大倍数 A_U、输入电阻 R_i、输出电阻 R_o 时,信号频率为什么选 1kHz,而不是 100kHz 或更高?

❋ 推荐阅读书目及其章节

[1] 华中理工大学电子学教研室,陈大钦,杨华. 模拟电子技术基础.2 版.北京:高等教育出版社,2000.第四章第四节,第五节,第七节.

[2] 李万臣,谢红. 模拟电子技术基础实验与课程设计. 哈尔滨:哈尔滨工程大学出版社,2001. 第二篇第一章第一节.

[3] Donald A Neamen. 电子电路分析与设计. 赵桂钦,卜艳萍,译. 北京:电子工业出版社,2003. 第三章第四节、第四章第四节、第七章第三节.

2.3　实验三　差分放大器的测试

差动放大电路是集成电路最基本的单元电路,它几乎在所有的模拟集成电路和许多数字集成电路中都有广泛的应用,这都是因为这种电路具有放大差模信号、抑制共模干扰信号、抑制零点漂移的特性。为进一步加深对差动放大电路原理的理解,在本次实验中将要学会差动放大器的调试方法,掌握差动放大器电压放大倍数和共模抑制比的测量方法。

一、实验原理及电路

差动放大电路结构原理图如图 2-18 所示。由图可知,由于电路结构对称,静态时两管的集电极电流相等,管压降相等,输出电压 $\Delta U_o = 0$。这种电路,对于零点漂移具有很强的抑制作用。

由于晶体管制造时存在的参数离散性,要做到电路元器件的参数完全对称是不可能的,为此,常采用如图 2-19 所示典型的差动放大电路。图中 R_p 为调零电位器。R_e 对共模信号起负反馈作用,以增强零点漂移的抑制能力,而对差模信号无影响。R_e 越大抑制零点漂移的能力越大,但这样会使电路的工作点降低,放大器的增益下降。为了克服上述矛盾,电路中引入了负电源 $-U_{EE}$ 来补偿 R_e 上的电压降。

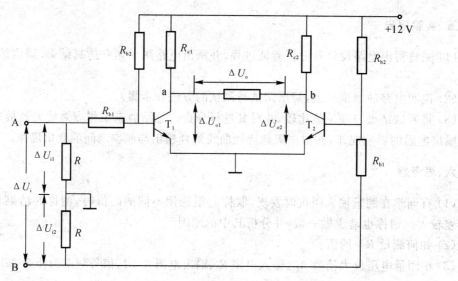

图 2-18　差动式放大器

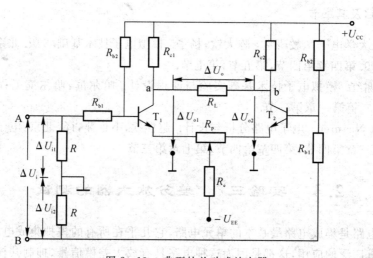

图 2-19　典型的差动式放大器

对如图 2-19 所示的电路,差模电压放大倍数为

$$A_{d(双端)} = \frac{\Delta U_{o1} - \Delta U_{o2}}{\Delta U_{i1} - \Delta U_{i2}} = \frac{\Delta U_{o1} - \Delta U_{o2}}{\Delta U_i} = \frac{\beta R'_L}{R_b + r_{be} + \frac{1}{2}(1+\beta)R_p}$$

式中

$$R'_L = \frac{R_c R_L}{2R_c + R_L}$$

$$A_{d(双端)} = -\frac{1}{2} \frac{\beta R'_L}{R_b + r_{be} + \frac{1}{2}(1+\beta)R_p}$$

共模电压放大倍数为

$$A_{c(双端)} = \frac{\Delta U_{o1} - \Delta U_{o2}}{\Delta U_i}$$

$$A_{c(双端)} \approx -\frac{R'_L}{2R_e}$$

如果电路完全对称,对于双端输出差动放大器,则 $\Delta U_{o1} = \Delta U_{o2}$,$A_{c(双端)} = 0$,$K_{CMR(双端)} = \frac{A_d}{A_c} \to \infty$。就是说,完全对称的双端输出差动放大器将全部抑制掉共模电压。对于上述所分析的单端输出差动放大器,共模抑制比为

$$K_{CMR(双端)} \approx \frac{\beta R_e}{R_b + r_{be} + \frac{1}{2}\beta R_p}$$

可见,即便是单端输出,只要 R_e 很大,对共模信号的抑制也很强。在实际应用中,多采用晶体管恒流源来代替 R_e。如图 2-20 所示,该电路为双端输入形式。

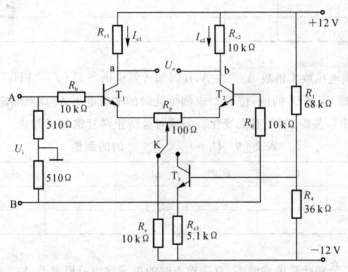

图 2-20 差动放大器实验电路

二、实验器件 5G921S 介绍

5G921S 是一种集成双差动对管,其引脚排列图如图 2-21 所示。由于制作这几个三极管的材料、工艺、制造和使用环境相同,所以,容易做到 4 个管子的参数基本相同。使用时,1,8 引脚应接地。

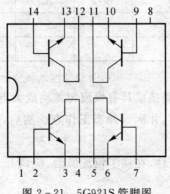

图 2-21 5G921S 管脚图

三、实验内容

(1) 在实验电路图 2-20 中,T_1,T_2,T_3 采用 5G921S,保证两差放管对称。

(2) 调整静态工作点。通电后,开关 K 拨向左边,电路接成具有典型差动放大电路形式。将 T_1,T_2 的两输入端 A,B 对地短接,将万用表接入两差动对管集电极 a,b 之间,调节 R_p 使 $\Delta U_0 = 0$。测量 I_{c1},I_{c2} 以及电路各点的静态电压,填入表 2-8 并与估算值相比较。

表 2-8   测量值与估算值的比较

测量参数	I_{c1}/mA	I_{c2}/mA	U_{o1}/V	U_{o2}/V	U_{b1}/V	U_{b2}/V	U_{e1}/V	U_{e2}/V	U_{re}/V
实测值									
估算值									
相对误差									

(3) 测量差模电压放大倍数 A_d。在 A,B 间加入差模信号 U_i($f = 1kHz$),大小约为 0.5V,以输出无失真为准,记录 U_i 的值,按表 2-9 测量此时的输出电压 ΔU_o(双端输出)、U_{o1}(单端输出)、U_{o2}(单端输出),并观察 U_e 有无变化。测量时应防止两管饱和或截止。

表 2-9 $U_i = $ _____ 时的测量

输入方式	U_{o1}	U_{o2}	ΔU_o	A_{d1}	A_{d2}	A_d
单端输入						
双端输入						

根据表 2-9,分别计算单端输入、双端输入时的单端输出差模增益 A_{d1},A_{d2} 以及双端输出的差模增益 A_d。

(4) 测量共模电压放大倍数。在 A,B 间加入共模信号 $U_i = 1V$,即将两输入端 A,B 短接,信号源正极接 A 端,负极接地,分别测量单端输出、双端输出时的 U_{o1},U_{o2},ΔU_o,并计算 A_{c1},A_{c2},A_c,$K_{CMR(双端)}$。测量结果填入表 2-10。

表 2-10 $U_i = $ _____ 时的测量值

输入方式	U_{o1}	U_{o2}	ΔU_o	A_{c1}	A_{c2}	A_c	$K_{CMR(双端)}$
单端输入							
双端输入							

(5) 将开关 K 拨向右边,电路接成具有恒流源差动放大电路形式。同上面步骤(2)一样,先调节 R_p,使两管输出达到平衡,并测量静态工作点。然后,按输入接差模、共模信号两种不同情况重复上面的测量。

为了使以上测量具有可比较性,在接了恒流源后,应调节 R_{e3},使 T_3 的集电极电流等于 R_e 存在时流过的电流。

四、实验报告

(1) 将实验数据列成表格,并求出测量值与计算值的误差。

(2) 根据实验中观察到的现象,分析差动放大器对零点漂移的抑制能力。

(3) 比较不同电路的测量结果。

五、思考题

(1) 差动放大器中 R_e 和恒流源起什么作用?提高 R_e 受到什么限制?

(2) 可用什么方法来提高差动放大器的共模输入电阻?举例说明。

(3) 本实验中采用的差模、共模信号是如何实现单端输入、双端输入?试画出这两种输入的电路连接示意图。

(4) 为什么实验前要对电路进行调零?

六、设计作业

设计题目:试设计一个差动放大电路,要求单端输出的差模增益大于 100,共模抑制比大于 10 000,输出电阻小于 $7k\Omega$,工作电源为 $\pm 12V$。

❋ 推荐阅读书目及其章节

[1] 华中理工大学电子学教研室,陈大钦,杨华. 模拟电子技术基础.2版.北京:高等教育出版社,2000.第四章第四节,第五节,第七节.

[2] 李万臣,谢红. 模拟电子技术基础实验与课程设计. 哈尔滨:哈尔滨工程大学出版社,2001. 第二篇第一章第一节.

[3] Donald A Neamen. 电子电路分析与设计. 赵桂钦,卜艳萍,译.北京:电子工业出版社,2003. 第三章第四节,第四章第四节,第七章第三节.

2.4　实验四　分立元件的低频功率放大器的设计和测试

功率放大器是一种特殊的放大器,它以放大输出功率为主,虽然现在在许多场合都用集成功率放大器,但是,分立元件的功率放大器是它的基础,学会分析和设计分立元件的功率放大器对集成功率放大器的设计和应用有极大的帮助。本次实验,将要学习在基本理论指导下如何设计一个功率放大器,并掌握它的性能指标测试方法。

一、功率放大器的基本参数以及测试方法

功率放大器在设计和使用时主要考虑以下几个参数。

1.最大不失真输出功率

在功率放大器的设计和应用上,这是一个十分重要的参数。在设计时,必须考虑功率放大器的输出能否满足负载的功率要求。在应用时,必须考虑负载所消耗的功率要小于放大器所能提供的最大功率。否则,有可能因电路发热而损坏放大器或负载。

其定义为在允许的非线性失真范围内和频率特性要求下,放大器所能输出的最大功率。

计算公式为

$$P_{\text{omax}} = \frac{U_{\text{omax}}^2}{R_{\text{L}}}$$

功率放大器的最大输出功率与放大器的工作电源电压和额定负载有关。

在测试时，一般加中低频（例如，1kHz）信号作为测试信号，在一定的电源电压和负载下，逐渐加大输入信号的幅度，直到输出刚好不出现失真为止（通过示波器观察），电路此时的输出电压就为最大不失真输出电压，此时的输出功率就为最大不失真输出功率。

2. 直流电源功耗

（1）动态功耗。在一定的电源电压和额定负载下，功率放大器输出最大功率时，直流电源所付出的功耗，即

$$P_{\text{E}} = U_{\text{CC}} I_{\text{DC}}$$

式中，I_{DC} 为在功放电路输出最大功率时，直流电源所供给的平均电流，可用电流表直接测量。

（2）静态功耗。在一定的电源电压下，当输入信号为零时，直流电源对电路所供给的功率，其测量和计算方法与动态功耗的相同。

在设计电路时，总是希望静态功耗越小越好，这样电源消耗就会减少。

3. 电路效率

功率放大器在输出最大功率时，输出功率与电源功耗的比值称为其效率，常用百分数表示，即

$$\eta = \frac{P_{\text{omax}}}{P_{\text{E}}} \times 100\%$$

对功率放大器人们总是希望电路效率越高越好，这样可以节约电能。

4. 频率响应（通频带）

其定义方法与电压放大器的通频带的定义相同。在只改变输入信号的频率，而不改变输入幅度大小时，当输出电压下降到中低频信号输出的 0.707 倍时，所对应的频率称为截止频率。其通频带为

$$BW = f_{\text{H}} - f_{\text{L}}$$

测量方法与电压放大器通频带的测量方法相同。

5. 输入阻抗

输入阻抗一般要求越小越好，这样对前一级放大器的负担就越小。其测量方法与电压放大器的测量方法一样。

6. 非线性失真系数

在输入为一正弦信号时，由于电路内部因素的影响，输出信号中除了基波外，还包含许多谐波分量，这些分量都属于非线性量，其大小影响输出的失真程度，常用非线性失真系数这个物理量来说明它们对输出的影响。

其定义为被测输出电压信号中，各次谐波电压 U_i 总有效值与基波电压有效值 U_1 之比，即

$$\gamma = \frac{\sqrt{U_2^2 + U_3^2 + \cdots + U_i^2}}{U_1} \times 100\%$$

对这个参数一般要通过失真度测量仪来测量，但是也可以通过示波器定性地观察失真情况。

总之,对功率放大器总是希望在负载一定时,输出功率要尽可能大,输出信号的失真要尽可能小,效率要尽可能高。这就是人们在设计和应用功率放大器时遵循的一个大原则。

二、功率放大器常见形式及其分析

放大器按输出级晶体管导通角大小(输出为正弦信号)分为 4 种基本类型:甲类、乙类、甲乙类、丙类。当导通角 $\theta = 2\pi$ 时,称为甲类放大器;当 $\theta = \pi$ 时,称为乙类放大器;当 $\pi < \theta < 2\pi$ 时,称为甲乙类放大器;当 $\theta < \pi$ 时,称为丙类放大器。对低频功率放大器,其输出级通常都工作在乙类或甲乙类状态,并且大多都接成互补推挽形式。根据它与负载之间的耦合方式分为 OCL,OTL 和 BTL 以及变压器耦合等 4 种形式。其中,OCL 和 OTL 应用最为广泛,因为这两种电路结构简单,效率较高,频率响应好。但是,这两种电路要求负载阻抗与功放电路输出阻抗不能相差太大,否则,输出功率会降低。变压器耦合的推挽功率放大电路,其缺点在于效率较低,体积大,价格高,对低频响应差。但是,通过变压器的阻抗变换很容易实现输出与负载之间的阻抗匹配,所以,这种电路通常用在一些特殊的场合。

1. 电路形式

下面给出的分别是常见的 OCL 和 OTL 电路。如图 2-22(a) 所示的 OCL 电路中 T_1 为前置放大级,多数情况下这一级由差动放大器和推动级组成。T_2,T_3 组成推挽输出级,它们工作在乙类放大状态。如果有大功率输出和大的电压增益要求,这一级的 T_2,T_3 还可以由复合管组成。T_4,R_2,R_3 组成输出偏置电路,用来克服电路的交越失真。

由图 2-22(a) 可以求出:

$$U_{CE4} = \frac{R_2 + R_3}{R_3} U_{BE4}$$

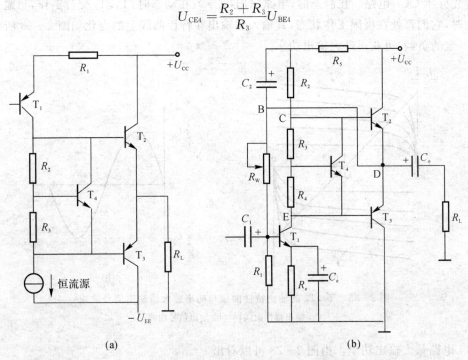

(a)   (b)

图 2-22 功放电路

(a)OCL 功放电路; (b)OTL 功放电路

而 T_4 的 U_{BE4} 基本上为一定值($0.6 \sim 0.7V$),只要适当调节 R_2,R_3 的比值,就可以改变推挽输出级的偏置电压,所以这一部分电路也被称为 U_{BE4} 倍增电路。当对偏置电压要求不高时,这部分电路还常用串联的两个二极管来代替,利用二极管导通电压提供偏置。

图 2-22(b) 所示为单电源互补对称电路(OTL 电路),各三极管所起的作用与 OCL 中的相同,所不同的是少了一组电源,由单电源供电,通过电容输出。与 OCL 电路一样,都有由 R_5,C_2 组成的自举电路,该电路的作用使得输入信号为负半周时,A 点电位随输出信号的增大自动升高,以保证在输入信号达到负向最大值时,T_2 工作在接近饱和状态,输入信号达到正向最大值时,T_3 也工作在饱和状态,这样就可以在负载上得到足够的电压变化量,使其输出电压幅值达到:

$$U_{om} = \frac{U_{CC}}{2}$$

OTL 与 OCL 相比,各有优缺点。例如,OTL 电路中的输出电容对电路性能有以下几方面的影响:① 对放大器的低频特性影响较大。低频时,该电容的容抗增大,当它与低阻抗负载串联后,使放大器低频输出降低。② 在开、关负载的瞬间,由于输出电容器的充放电,会使负载及输出晶体管受到相当大的浪涌电流冲击。③ 在频率很低时,低阻负载对电源不对称,对应于输出信号正、负半周,与负载串联的电容器容量不等,使得流过负载输出电流正、负幅度不同,产生失真。由于以上原因,在高档音响电路中已很少使用 OTL 电路,大多采用 OCL。但 OCL 电路需要正、负对称电源才能工作。

2. 电路参数分析

首先分析 OCL 电路。在静态时,电路输出 $U_o = 0$;在动态时,T_2,T_3 交替工作,当输入信号足够大时,它们都处在极限工作状态,其输入和输出在特性曲线上的变化如图 2-23 所示。此时,对一定的负载,可获得最大输出功率。

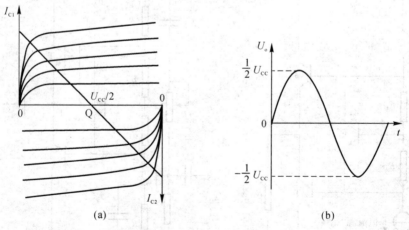

图 2-23 T_2,T_3 的输出特性曲线与功率放大器输出信号曲线
(a) 输出特性曲线; (b) 输出信号曲线

(1) 电路最大输出功率。由图 2-23 可以看出

$$P_o = U_o I_o = \frac{U_{om}}{\sqrt{2}} I_o = I_L^2 R_L$$

$$P_{om} = \frac{U_o^2}{R_L} = \frac{1}{2}\frac{(U_{CC} - U_{CES})^2}{R_L}$$

在理想情况下，$U_{CES} = 0$，上式可以写为

$$P_{om} = \frac{1}{2}\frac{U_{CC}^2}{R_L}$$

（2）电源提供的最大功率。在输出最大功率时，电源所提供的功率为

$$P_u = U_{CC}\frac{1}{2\pi}\int_0^\pi I_{cm}\sin\omega t\, \mathrm{d}(\omega t) = \frac{2U_{CC}I_{cm}}{\pi}$$

由于

$$I_{cm} = \frac{U_{om}}{R_L}$$

在极限情况下，$U_{om} \approx U_{CC}$，因此，电源最大输出功率就为

$$P_u = \frac{2U_{CC}^2}{\pi R_L}$$

（3）三极管的最大管耗 P_{Tm}。为了使功率放大电路能够安全工作，每个三极管的管耗 P_T 必须小于其最大管耗 P_{Tm}，否则，三极管就会被烧坏。下面，分析这个问题。对每个三极管均在半个周期内工作，其管耗为

$$P_T = \frac{1}{2\pi}\int_0^{\frac{T}{2}} u_{ce} i_c\, \mathrm{d}t = \frac{1}{2\pi}\int_0^\pi (U_{CC} - u_o)\frac{u_o}{R_L}\mathrm{d}(\omega t)$$

由图 2-23 已经知道 $u_o = U_{om}\sin\omega t$，将 u_o 代入上式得到

$$P_T = \frac{1}{R_L}\left(\frac{U_{CC}U_{om}}{\pi} - \frac{U_{om}^2}{4}\right)$$

可以看出，P_T 是最大输出 U_{om} 的函数。为得到 P_T 的最大值，对上式取导数并令导数为 0，因此有

$$\frac{\mathrm{d}P_T}{\mathrm{d}U_{om}} = \frac{1}{R_L}\left(\frac{U_{CC}}{\pi} - \frac{U_{om}}{2}\right) = 0$$

解上式得到

$$U_{om} = \frac{2U_{CC}}{\pi} \approx 0.6U_{CC}$$

这说明，当 $U_{om} \approx 0.6U_{CC}$ 时，功率输出管的管耗达到最大，即

$$P_{Tm} = \frac{1}{\pi^2}\frac{U_{CC}^2}{R_L} \approx 0.2P_{om}$$

因此，要使功率放大器最大输出为 P_{om}，所用的功率放大管额定最大功耗 $P_{cm} \geqslant 0.2P_{om}$。

另外，对两个功率输出管，当其中一个处在极限工作状态时，另一个的集射电压 $U_{CE} = 2U_{CC}$。所以，在选择三极管时还要考虑集、射极之间的反向击穿电压 $U_{CEO} > 2U_{CC}$。

结合前面的分析，在极限工作时，有

$$I_{cm} = \frac{U_{om}}{R_L} = \frac{U_{CC}}{R_L}$$

因此，选择三极管时还要考虑功放管的最大集电极电流

$$I_{cm} \geqslant \frac{U_{CC}}{R_L}$$

上述几个关系式就是分析和设计 OCL 功放电路时的理论依据。

对图 2-22(b) 所示的 OTL 电路,上面的分析过程和方法也完全适用。但是,由于它是单电源工作,在静态时,$U_D = \frac{1}{2}U_{CC}$,在动态时,其输出变化曲线如图 2-24 所示。由图 2-24 可以看出:u_o 的变化范围在 $0 \sim U_{CC}$ 之间,所以,在上面以 OCL 电路推导的各参数关系式中,要用 $\frac{1}{2}U_{CC}$ 代替 U_{CC}。

为了保证使输出放大管能在极限状态下工作,特别是当输出电压达到峰值时,要求 T_2,T_3 都要充分导通,为此,在输出与电源之间加了一个自举电路。在这个电路中,由于时间常数 $\tau = R_5 C_1$ 取得很大,所以,电容两端的电压基本不变,这样使得 A 点电位能够随着 D 点电位自动变化($U_A = U_D + U_{C1}$),从而保证当输出电压为最大值(包括正向和负向)时,对 T_2,T_3 总有足够的发射结电压 U_{BE},使它们轮流充分导通。

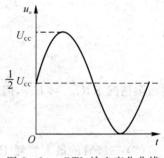

图 2-24　OTL 输出变化曲线

三、设计举例

1. 设计要求

设计一个由分立元件组成的音频功率放大器,用来推动 8Ω 的喇叭工作,要求输出的平均功率不小于 1W,信号的频率范围为 $1 \sim 15$kHz,功放级输入信号的大小约为 20mV。电源电压给定 $U_{CC} = 9$V,要求输出没有明显失真。

2. 设计过程

(1)确定电路形式。由于只有一个电源,这里采用 OTL 电路,如图 2-25 所示。前面信号放大部分不作设计,并且假设经过放大,加到功放推动级的信号不大于 2V。下面,只就推动级、推挽输出级予以设计。

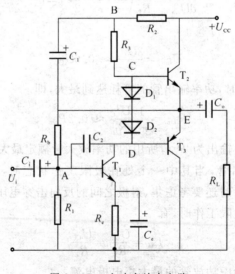

图 2-25　小功率放大电路

(2) 确定功率管。前面已介绍了在选择功率管时主要要考虑 3 个参数：$U_{(BR)CEO}$，I_{CM}，P_{CM}。通过上面对 OTL 电路的分析可以看出，这 3 个参数应满足以下关系：

$$U_{(BR)CEO} > U_{CC}$$
$$I_{CM} > I_{CQ} + I_{cm}$$

式中，$I_{cm} = \frac{1}{2} \frac{U_{CC}}{R_L}$，$I_{CQ}$ 一般在几毫安到二十几毫安之间。

$$P_{CM} > 0.2 P_{om}$$

依据上述这 3 个式子，代入已知条件可以得到

$$U_{(BR)CEO} > 9V$$
$$I_{CM} > 0.53A \quad （其中 I_{CQ} 取 10\,mA）$$
$$P_{CM} > 0.2 \times 0.5W = 0.1W$$

查晶体管手册，T_2 选 3DG12B，其极限参数为

$$U_{(BR)CEO} \geqslant 45V, \quad I_{CM} \geqslant 300\,mA, \quad P_{CM} \geqslant 0.7W$$

T_3 选 3CG13A，其极限参数为

$$U_{(BR)CEO} \geqslant 15V, \quad I_{CM} \geqslant 300\,mA, \quad P_{CM} \geqslant 0.7W$$

在选取时，两管的 β 参数要基本一致。

(3) 确定输出偏置电路 R_2，R_3。要使输出级工作在甲乙类工作状态，就必须保证每个管在其将要导通之前发射结电压 $U_{BE} > 0.7V$，所以这里取 $U_{CD} \approx 1.4V$。由于在静态时，$U_E = \frac{1}{2}U_{CC}$，因此，$U_C = \frac{1}{2}U_{CC} + 0.7V = (4.5 + 0.7)V = 5.2V$。设静态时，流过 T_1 集电极的电流 I_{C1} 为 3 mA，则

$$R_2 + R_3 = \frac{U_{CC} - 5.2}{3} \approx 1.3k\Omega$$

由于 C_1，R_2 组成自举电路，为使 C_1 两端电压基本保持不变($U_{c1} = \frac{U_{CC}}{2} - I_{c1}R_2$)，$R_2$ 应比 R_3 小一些，所以这里取 $R_2 = 680\Omega$，$R_3 = 560\Omega$。

输出管 T_2，T_3 之间的二极管采用 IN4148，这是一种硅材料的高速开关二极管。

(4) 确定推动级电路 R_1，R_b，R_e，C_1，C_e。这一级电路的设计可以参照实验二的内容进行，具体设计过程如下(注意静态时，$U_E = \frac{1}{2}U_{CC}$，它相当于单级放大电路中的电源)：

基极电位取

$$U_A = \frac{U_{CC}}{2} \times (0.2 \sim 0.3) \approx 1V$$

基极电流取

$$I_{BQ1} = \frac{I_{c1}}{\beta} = \frac{3\,mA}{70} \approx 40\mu A$$

流过 R_b，R_1 的电流 $I_b = (5 \sim 10)I_{BQ1} = 200\mu A = 0.2\,mA$。所以

$$R_1 = \frac{1V}{0.2\,mA} = 5k\Omega$$

取标称值 $5.1k\Omega$。

因为

$$U_A = \frac{R_1}{R_b + R_1} \times \frac{U_{CC}}{2} = 1V$$

由此,可以计算出 $R_b = 17.5k\Omega$,为便于调节电路静态工作点,使 E 点电位在静态时为电源电压的一半,R_b 用 $22k\Omega$ 的电位器来代替,则

$$R_e = \frac{U_e}{2mA} = \frac{(1-0.7)V}{2mA} = 150\Omega$$

电路中几个电容的确定:

放大级输入耦合电容、旁路电容和电路的输出耦合电容的取值可以参考前面电压放大电路的设计,这里不妨取 $C_i = 10\mu F$,$C_e = 100\mu F$,$C_o = 100\mu F$。

自举电路中电容的取值要结合这个电路的作用来确定,为了保证这个电容两端的电压基本不变,达到 A 点电位"自举"的目的,就必须有 $R_5 C_1 \gg \frac{T}{2}$,T 为输入信号的最大周期。根据题目要求,$f_{min} = 100Hz$,即 $T_{max} = 0.01s$,则有

$$R_5 C_1 \gg 0.5 \times 10^{-2}$$

$$C_1 \gg \frac{0.5 \times 10^{-2}}{R_5} = \frac{0.5 \times 10^{-2}}{200}F = 25\mu F$$

这里不妨取 $C_1 = 100\mu F$,耐压为 25V 的铝电解电容。

为消除电路可能出现的自激,在 T_1 的基极与集电极之间加一个小瓷片电容,容量取 150pF。

(5)重新核算(略)。最后确定的各元件参数为 $C_i = 10\mu F$,$C_1 = 100\mu F$,$C_e = 100\mu F$,$C_o = 47\mu F$,电位器 $R_b = 27k\Omega$,$R_1 = 5.1k\Omega$,$R_2 = 680\Omega$,$R_3 = 560\Omega$,$R_e = 1k\Omega$,D_1 和 D_2 IN4148,Q_1 3DG6B,Q_2 3DG12B(Q2N3904),Q_3 3CG13B(Q2N3906)。

四、电路安装和调试

1. 安装要求

该电路元件较多,电路较复杂,接线时要认真仔细,注意不要接错。电路用到 3 只三极管,这些三极管的型号不同,注意不要接错位置,否则,有可能烧毁器件。

2. 调试要求

调节静态工作点是本次实验成败的关键。安装完成后,要认真检查,在确保连接无误后再通电调试。首先要调试各级静态工作点,对推动放大级,将信号源的输出调为零,用直流电压表测量 E 点电压,调节 R_b 使该点电压为 $U_{CC}/2$。为便于调节输出管 T_2 的集电极静态电流,可以在二极管串联支路中接入一个 200Ω 的电位器,调节该电位器,使 $U_{CD} \approx 1.4V$(静态工作点合适时,输出推挽管 T_2 的集电极电流在 $5 \sim 10mA$ 范围内)。E 点电位和 T_2 的集电极静态电流要反复调节,因为它们相互影响。在调试过程中,一定注意两输出管的温度,若过烫,应立即断电检查。

五、实验内容

1. 基础实验

以如图 2-26 所示电路及参数进行测试,并研究自举电路在其中(OTL 电路)所起的作用(分断开、接上自举电容两种情况测量)。

测试内容及步骤如下：

(1) 按图 2-26 连接电路，连接完成后应认真检查，防止错误连接。

(2) 连接无误后，将输入对地短接，接通电源并观察电流表示数，若示数在几个毫安以下则属正常。同时，用示波器观察输出有无自激，用手触摸输出级三极管，若温度很高或输出有自激，则立即断开电源进行检查。

(3) 在第二步检查的基础上，调节 R_{w1}，使 A 点的直流电压 $U_A = \frac{1}{2}U_{CC}$。

(4) 调整输出级静态电流，使其达到最小，以降低静态功耗。

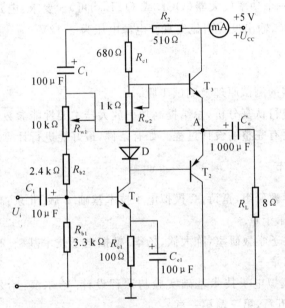

图 2-26　功率放大器实验电路

先使 $R_{w2}=0$，在输入端接入 1kHz 的正弦信号 U_i，逐渐加大 U_i 的幅值，当输出出现严重的交越失真时（用示波器观察，输出波形没有截止或饱和失真），逐渐增大 R_{w2}，当交越失真刚好消失时为止。然后将输入端对地短接，此时直流毫安级电流表的读数即为输出级的静态电流，也为功率放大器的静态电流 I_S，由此可求出该放大器的静态功耗 $P_S = U_{CC}I_S$。

(5) 测量最大输出功率 P_{om} 及效率。在保持 R_{w1}，R_{w2} 不变的条件下，在输入端接入 1kHz 的正弦信号 U_i，逐渐加大 U_i 的幅值，使输出电压达到最大不失真为止（用示波器观察）。用交流毫伏级电压表分别测量 U_{im}，U_{om}，读出直流毫安级电流表的示数 I_{dm}，根据前述理论分析分别计算电压放大倍数 A_U、电源最大动态功耗 P_E、放大器最大输出功率 P_{om} 及效率 η。

将负载 R_L 换成 4Ω/5W，重复上述测试。

(6) 频率特性测试。方法同 2.2 节中实验二单级低频放大电路的设计和测试。

取 $U_i \leqslant U_{im}$，在保持 U_i 大小始终不变的条件下，改变信号源的频率，逐点测量放大器的输出电压，将结果填入表 2-11 中。在测量时，可以先粗测一次，找出输出电压变化较大的频率范围，以便于合理选取测试频率点。

表 2-11　$u_i =$ _____，$R_L = 8\Omega$ 时的测量结果

f/kHz									
U_o									
A_U									

（7）将 R_2 短路，C_2 开路（即电路无自举），按步骤（5）测量当达到最大不失真输出时 A_U，P_E，P_{om}，η，将结果与步骤（5）所得数据进行比较分析，研究自举电路的作用。

2. 设计实验

用分立元件设计一个功率放大器（OCL 或 OTL 均可）。要求：电路最大功率输出 $P_{om} \geqslant$ 2W，$R_L = 8\Omega$，$A_{Uf} \geqslant 30$，输出没有明显失真。电源电压为 $\pm 12\text{V}$。

六、实验报告

（1）详细写出电路的测试原理及测试步骤。

（2）对实验数据进行认真分析，总结提高功率放大器主要性能参数的方法。

（3）对设计题目要有完整的设计过程。如有条件，最好能进行计算机仿真，以优化设计。

❊ 推荐阅读书目及章节

[1]　清华大学电子学教研组，童诗白. 模拟电子技术基础. 2 版. 北京：高等教育出版社，1995. 第三章第二节，第十章.

[2]　华中理工大学电子学教研室，陈大钦，杨华. 模拟电子技术基础. 2 版. 北京：高等教育出版社，2000. 第六章.

[3]　李万臣，谢红. 模拟电子技术基础实验与课程设计. 哈尔滨：哈尔滨工程大学出版社，2001. 第二篇第五章，第三篇第三章.

2.5　实验五　集成功率放大器的应用

现在许多电子设备上，集成功率放大器的应用越来越广泛。这是由于由它们组成的电路结构简单，所用元件数目少，安装和调试非常方便，可靠性高。它们在使用时所考虑的参数及其测试方法与实验四所介绍的完全相同。本次实验通过对几个典型的集成功率放大器的使用练习，学会这类集成电路的使用及调试方法。

一、集成功率放大器 LM386

1. 电路结构及特点

集成功率放大器的内部电路一般由输入级、中间级、推动级、输出级、偏置电路以及保护电路等组成，其中输入级通常都是由差动放大级构成的，用来增大输入阻抗，抑制共模信号的影响。中间级和推动级主要用于对信号的放大和电平的配合。LM386 的内部电路如图 2-27 所示，其外形如图 2-28 所示，各引脚功能见表 2-12。

T_0，T_1 为反相输入放大级，T_2，T_3 为放大级的恒流源负载，T_4，T_5 为同相输入级，T_6 为推动

级,T_7,T_8,T_9 为推挽输出级,其中 T_8,T_9 组成复合管。D_1,D_2 组成输出偏置。在引脚1,8之间接电容以改变交流反馈的深度,不接时,电路电压增益约为20dB;接上电容时,增益约为200dB。若在1,8之间接阻容网络时,通过改变电阻阻值可以对增益在 $20 \sim 200$dB 之间任意调节。

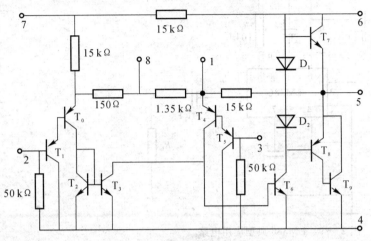

图 2-27　LM386 电路原理图

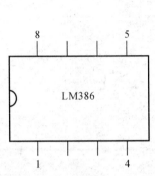

图 2-28　LM386 引脚图

表 2-12　LM386 引脚名称及功能

引脚号	功　能	引脚号	功　能
1	反馈端	5	输出
2	反相输入端	6	正电源
3	同相输入端	7	旁路端
4	电源地	8	反馈端

2. 基本参数

工作电压范围:$+4$V $\sim +12$V(对 LM386 N-4 为 $5 \sim 18$V),典型工作电压 $+6$V;静态功耗电流 4mA;电压增益 $20 \sim 200$dB;引脚1,8开路时,带宽为300kHz;输入阻抗为50kΩ,最大音频功率输出为0.5W。

正常情况下,在线各引脚直流工作电压以及不在线时各引脚对地电阻见表 2-13(测试条件为 $U_{CC} = 9$V)。

表 2-13　工作电压及对地电阻

引　脚		1	2	3	4	5	6	7	8
对地直流电压 /V		1.17	0	—	0	4.4	9	4.5	1.17
电阻	黑表笔接引脚4	∞	120kΩ	120kΩ	0	∞	∞	∞	∞
	红表笔接引脚4	25MΩ	120kΩ	120kΩ	0	24MΩ	25MΩ	24MΩ	24MΩ

3. 典型应用电路

LM386 典型应用电路如图 2-29 所示,C_1 为电源退耦滤波,改变该值用以消除自激。R_f,C_2 构成交流负反馈网络,用以调节电压增益大小。C_4 为旁路电容,用来滤除躁声,工作稳定后,引脚7电压值约等于电源电压的一半。增大这个电容的容值,可以减缓直流基准电压上升、下降的速度,有效抑制噪声。C_3 为输出耦合电容,一般取 $4.7 \sim 10\mu$F。减小该电容值,可使噪声能量冲击的幅度变小,宽度变窄,但是如果太低还会使截止频率($f_C = \dfrac{1}{2\pi R_L C_3}$)提高。

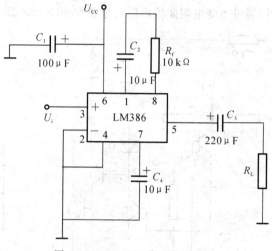

图 2-29　LM386 典型应用电路

二、集成功放 LA4112(或 LA4100 ~ LA4102)

这几种功放主要用在音响设备中,它们的电路结构很相似,都是既可以用双电源工作(OCL 形式),也可以用单电源工作(OTL 形式)。下面,介绍 LA4112(2.7W 音频功率放大器)的典型电路。

1. LA4112 集成电路外形

LA4112 集成电路由外形及引脚如图 2-30 所示。

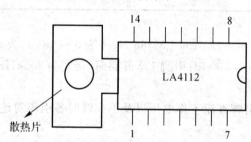

图 2-30　LA4112 集成电路外形及引脚

2. 引脚名称及功能

LA4112 电路引脚的名称及功能见表 2-14。

表 2-14　引脚名称及功能

引脚号	功　能	引脚号	功　能	引脚号	功　能
1	输出端	6	反馈端	11	空脚
2	空脚	7	空脚	12	退耦
3	接地端	8	反馈	13	自举
4	消振	9	输入端	14	电源 U_{cc}
5	消振	10	退耦		

本对于证实神经和肌层变性是必要的。

2.呼吸试验　氢呼吸试验可用于证实糖类消化不良或吸收不良是否为气体和腹胀的原因。这种技术依赖于肠腔内的细菌在对摄入的底物进行代谢期间产生氢的能力和人体组织不能利用相似的代谢途径。呼出气体标本通常在摄入一种推测不被吸收或消化的糖的水溶液之前和之后各 2h 取得。适当憋气接着立即呼气可将氢浓度变异从 28% 下降到 10%。乳糖摄入 120min 内呼气中的氢增加超过 20PPM 能将活检证实的乳糖酶缺乏同乳糖酶正常区别开来,敏感性 90%。

乳糖摄入后氢排泄与糖类消化不良的症状相关性良好。如果为检测复合糖像淀粉的消化不良,氢测定可能必须延长到 10h。即使是乳糖,一些人已经提出延长 5～7h 以增加试验的敏感性和特异性。蔗糖不耐受的儿童通过使用蔗糖氢呼吸试验检测蔗糖酶－异麦芽糖酶缺陷。一些患者可使用氢呼吸试验检测果糖或山梨醇吸收不良,但这些试验的正常值尚未确定。

氢呼吸试验也被用于检测小肠细菌过度生长。空腹或在底物摄入 30min 内早期呼气中氢升高支持过度生长。怀疑细菌过度生长时氢呼吸实验最常使用的糖是葡萄糖,其诊断敏感性和特异性为 60%～90%。其他人已经提出使用乳果糖或稻米饭作为底物,但一个研究报道这些方法检出细菌过度生长的敏感性为 17%～33%。在那些产氢细菌很少的患者可出现阴性的呼吸试验结果,而摄入的糖类快速运输到结肠的人将发生假阳性结果。其他中心使用 ^{14}C－或 ^{13}C－标记底物来测量呼气中 ^{14}C－二氧化碳或 ^{13}C－二氧化碳排出量,但这些分析需要特殊的设备。已经注意到葡萄糖氢呼吸试验对细菌过度生长的检出敏感性要高于 ^{14}C－木糖呼吸试验。当诊断可疑时,其金标准仍然是十二指肠或空肠分泌物定量培养,细菌计数≥10^5CFU/ml 可诊断细菌过度生长。

最后,在那些怀疑慢性小肠假性梗阻患者,氢呼吸试验已经被用于口－盲通过时间测定。测量从摄入乳果糖到呼气中氢增加的通过时间,代表结肠细菌代谢的开始。这种方法有显著的局限性:首先,它常常难以确定乳果糖到达结肠后氢产生增加跟着发生的时间;其次,乳果糖本身加速小肠通过;最后,在那些有小肠细菌过度生长的患者可得到错误的结果。

3.肛门排气分析　在某些研究机构,对肛门排气进行分析以获得与过度肠胃气胀有关的过程的了解。检验项目包括计算 24h 内肛门排气的次数以确定是否排气次数增加(正常＜20次/d)。然后对排出的气体进行分析,富含氮,提示吞气症;或富含像二氧化碳、氢和甲烷的气体,提示结肠产生增加。这样的细查已被用于指导伴有严重肠胃气胀患者的治疗。

四、治疗

腹胀患者的处理依赖产生症状的原因。结构异常像机械性梗阻可能需要外科手术。胃食管反流导致过度嗳气患者使用抑酸药可使嗳气减轻。由其他原因引起的腹胀,可使用包括饮食调节、非药物和药物疗法。

(一)饮食和非药物治疗

在某些患者,饮食措施可减少气体和腹胀。在那些乳糖酶缺乏患者剔除乳糖可使症状改善。主诉有气味的和(或)过量气体排泄的患者通常从剔除产气食物的饮食疗法获得益处。极端产气的食物包括豆类、抱子甘蓝、洋葱、芹菜、胡萝卜、葡萄干(无核)、香蕉、干梅子果汁、查、麦芽精和圈饼;中度产气的食物包括马铃薯、茄子、柑橘类水果、苹果、面粉糕饼和面包;低产气的食物包括肉、鸡、鱼、蛋、一些蔬菜(莴苣、西红柿、酪梨、花茎甘蓝、菜花和芦笋)、一些水果(樱桃、葡萄和哈密瓜)、米、玉米、坚果和巧克力。

一周剔除产气饮食后,患者症状通常缓解。有秩序的再引入其他食物有助于患者知道辨别不愉快的膳食成分,并避免进食它们,以预防肠胃气胀的发生。

在某些情况下,食物本身经过加工可减少它们产生气体的自然倾向。浸泡豇豆和中美番薯豆 12h 和煮 30min 可清除大部分不能吸收的低聚糖,使棉子糖的含量从 0.71%～6.86%减少为 0.04%～0.40%,野芝麻四糖含量从 2.38%～4.14%减少为 0.12%～0.72%。

保加利亚酸乳内存在细菌—半乳糖苷酶,食用后产生的氢仅为奶的 1/3。含有嗜酸乳酸杆菌,双歧杆菌属,保加利亚嗜乳酸杆菌发酵奶产品乳糖酶含量增加,在那些乳糖不耐受患者可使腹胀减轻。蔗糖酶—异麦芽糖酶缺陷儿童也可通过剔除蔗糖的饮食调节得到益处。

生活方式改变和其他非药物治疗可供个人选择。很多过度嗳气的病例产生于吞气症,可通过终止咀嚼口香糖和吸烟而得到控制。对于那些排过量臭气的人建议使用气体吸收内衣,最具有特征的装置包括不透气的内衬木炭垫子的聚酯薄膜短裤,据报道,这种装置可吸收 90%以上的令人不愉快的气体。

(二)药物治疗

1.酶制剂 酶制剂可促进内源性酶消化不完全的食物残渣分解。最具有特征的外源性酶是 β—半乳糖苷酶(乳糖酶)制剂,可用于乳糖耐受不良者。在成人,在摄入乳糖后补充乳糖酶可减少氢排泄和腹胀、绞痛和肠胃气胀。同样,在乳糖不耐儿童,服用乳糖后给予乳糖酶片剂可使氢气产生从 60PPM 减少到 7PPM。

庶糖酶—异麦芽糖酶缺陷儿童可给予 sacrosi—dase(该酶来自酿酒酵母,每毫克蛋白含有 6000IU 蔗糖酶活力),服用后氢气产生减少,腹胀和绞痛减轻。在健康人给予高热量高脂肪的饮食后服用有包膜的胰酶可使腹胀减轻,气体产生减少。

2.降低表面张力的吸附剂和药物 一些有去泡沫作用或直接吸附过量气体的药物可减轻膨胀。二甲硅油促进厚泡沫层破裂和液体流动。活性炭可吸附气体和气体产生的异味。有研究表明食用产气膳食后活性炭可减轻肠胃气胀和呼吸氢的产生。另一个对照研究中,在美国和印度的各自人群中服用乳果糖后再服用活性炭均能使腹胀、绞痛和氢气产生减少。

铋化合物也有助于减少肠胃气量和气味。三钾二枸橼酸铋、碱式水杨酸铋和次硝酸铋在试管内抑制含浓缩乳糖粪便的发酵。长期服用碱式水杨酸铋治疗肠胃气胀患者的研究观察到棉子糖发酵减少。况且,自那些用碱式水杨酸铋治疗 3～7d 的人取得的粪便匀浆显示硫化氢释放减少,提示这种药可减轻肛门排气的臭味。

3.抗生素 小肠细菌过度生长可使用抗生素治疗。四环素和甲硝唑可减少细菌过度生长症状。在那些有系统性硬化病患者,环丙沙星控制症状优于甲氧苄氨嘧啶。有人报道,阿莫西林—克拉维酸和头孢西丁对 90%以上的与小肠细菌过度生长有关的菌株有效。晚近,研究人员把目光集中到非吸收性、杀菌而不进入体循环的抗生素上。在不同的研究中,rifamaxin 使氢排泄减少和症状减轻超过活性炭和金霉素。利福昔明亦可减轻气体症状。

有人提出将抗生素治疗作为 IBS 的基本治疗方法。内源性菌丛在 IBS 的重要性越来越受到人们的重视。有人报道,在服用乳果糖后伴有阳性氢呼吸试验结果的 IBS 患者的对照研究中,在给予 10d 新霉素治疗后 50%的患者观察到疗效,而安慰剂仅 17%。

4.促动力药物治疗　促进胃肠运动的药物理论上应当使那些继发于胃肠动力障碍的腹胀症状减轻或缓解。除了减少恶心和呕吐外,甲氧氯普胺可使那些伴有糖尿病性胃轻瘫患者腹胀减轻。同样,外周多巴胺受体拮抗药多潘立酮可使伴有胃排空延迟的帕金森病患者腹胀以及恶心和胃灼热缓解。已经退出市场的 $5-HT_4$ 受体激动药西沙必利使那些胃食管反流患者嗳气减少,使功能性消化不良患者腹胀减轻。

其他促动力药可能选择性地作用于小肠和结肠。对那些肝硬化伴细菌过度生长患者,西沙必利可加速口-盲通过,不利于细菌在肠道定居。对硬皮病伴小肠假性梗阻和细菌过度生长患者,生长抑素类似物奥曲肽可使口服葡萄糖后呼气中的氢减少。对那些慢性假性肠梗阻患者联合使用胃动素受体激动药红霉素和奥曲肽 20~33 周可使症状减轻。对那些便秘为主的 IBS,已经退出市场的 $5-HT_4$ 激动药替加色罗加速小肠和升结肠通过。对便秘型 IBS 使用替加色罗后腹胀减轻。

(三)益生菌和替代治疗

益生菌治疗的目的是通过摄入无害菌株来替代致病的结肠细菌。干酪乳酸杆菌 GG 株可减轻腹胀、腹泻和与抗生素治疗 Hp 感染有关的味觉障碍。有人使用植物乳杆菌(L plantarum)治疗 4 周,腹胀没有明显改善但肠胃气胀显著减轻。

其他替代治疗亦可用于气体和腹胀。催眠疗法可减轻腹胀和肠胃气胀,改善 IBS 患者生活质量,已经用于顽固性嗳气的治疗。在一个开放性试验,一小组 IBS 患者接受针灸治疗减轻腹胀和改善全身健康状况。耳部膏药治疗加足三里穴位针灸治疗使手术后肠梗阻患者恢复正常蠕动的速度快于对照组。

(张晓玲)

第六节　便秘

便秘是指大便次数减少,一般每周少于 3 次,伴排便困难、粪便干结或不尽感,是临床上常见的症状,多长期持续存在,症状扰人,影响生活质量。

一、流行病学

随着饮食结构的改变、精神心理和社会因素的影响,便秘发病率逐渐上升,严重影响人们的生活质量。西方国家人口的 2%~28% 患便秘。我国北京、天津和西安地区对 60 岁以上老年人的调查显示,慢性便秘患病率为 15%~20%。而北京地区对 18~70 岁成年人进行的一项随机、分层、分级调查表明,慢性便秘的发病率为 6.07%,女性是男性的 4 倍以上,且精神因素是高危因子之一。

二、病因病理

(一)病因

1.功能性便秘

(1)进食量少或食物缺乏纤维素或水分不足,对结肠运动的刺激减少。

(2)因工作紧张、生活节奏过快、工作性质和时间变化、精神因素等打乱了正常的排便习惯。

(3)结肠运动功能紊乱所致,常见于肠易激综合征,系由结肠及乙状结肠痉挛引起,部分患者可表现为便秘与腹泻交替。

(4)腹肌及盆腔肌张力不足,排便推动力不足,难于将粪便排出体外。

(5)滥用泻药,形成药物依赖,造成便秘。

(6)老年体弱、活动过少、肠痉挛导致排便困难,或由于结肠冗长所致。

2.继发性便秘

(1)直肠与肛门病变引起肛门括约肌痉挛,排便疼痛造成惧怕排便,如痔疮、肛裂、肛周脓肿和溃疡、直肠炎等。

(2)结肠机械性梗阻,如结肠良、恶性肿瘤,Crohn病,先天性巨结肠症,各种原因引起的肠粘连、肠扭转、肠套叠等。

(3)代谢及内分泌疾病,如妊娠、糖尿病、甲状腺功能低下、甲状腺功能亢进、低钾血症、高钙血症、嗜铬细胞瘤、垂体功能减退、卟啉症、重金属中毒(如铅、汞、砷)等。

(4)神经系统疾病及肌病,如系统性硬化症、肌营养不良、脑卒中、帕金森病、多发性硬化、皮肌炎、假性肠梗阻、脊髓损伤、自主神经病变等。

(5)应用吗啡类药、抗胆碱能药、钙通道阻滞药、神经阻滞药、镇静药、抗抑郁药以及含钙、铝的制酸药等。

(二)病理生理

健康人排便习惯多为每天1~2次或1~2d排便1次,粪便多为成形或软便(如Bristol 4、5型),少数健康人的排便可每天3次,或3d 1次。粪便呈半成形或呈腊肠样硬便(如Bristol 6、3型)。正常排便需要肠内容物以正常速度通过各段,及时抵达直肠,并能刺激直肠肛门,引起排便反射,排便时盆底肌群协调活动,完成排便。以上任一个环节障碍,均可引起便秘。

1.慢传输型便秘 慢传输型便秘最常见于年轻女性,在青春期前后发生,其特征为排便次数减少(每周排便少于1次),少便意,粪质坚硬,因而排便困难;肛直肠指检时无粪便或触及坚硬粪便,而肛门外括约肌的缩肛和用力排便功能正常;全胃肠或结肠传输时间延长;缺乏出口梗阻型的证据,如气囊排出试验和肛门直肠测压正常。非手术治疗方法如增加膳食纤维摄入与渗透性通便药无效。慢传输型便秘是由于结肠运动功能障碍所致。

糖尿病、硬皮病合并的便秘及药物引起的便秘,多是慢传输型。

2.出口梗阻型便秘 出口梗阻型便秘是由于腹部、肛门直肠及骨盆底部的肌肉不协调导致粪便排出障碍。很多出口梗阻型便秘患者也合并存在慢传输型便秘。出口梗阻型便秘可能是获得性的,在儿童期为了避免大而硬粪便排出时产生的不适,或者肛裂或痔疮发作时产生的疼痛,逐渐学会在排便时肛门括约肌出现不适当收缩。一些出口梗阻型便秘患者的直肠内压力不够,不能排出粪便,临床上主要表现为用力排便时盆底不能下降。

出口梗阻型便秘很少与结构异常(比如直肠套叠、巨直肠或会阴过度下降)有关。在老年患者中尤其常见,其中许多患者经常规内科治疗无效。

出口梗阻型可有以下表现:排便费力、不尽感或下坠感,排便量少,有便意或缺乏便意;肛门直肠指检时直肠内存有不少泥样粪便,用力排便时肛门外括约肌可能呈矛盾性收缩;全胃肠或结肠传输时间显示正常,多数标记物可潴留在直肠内;肛门直肠测压显示,用力排便时肛门外括约肌呈矛盾性收缩或直肠壁的感觉阈值异常等。

IBS便秘型的特点是排便次数少,排便常艰难,排便、排气后腹痛或腹胀减轻,可能有出口功能障碍合并慢传输型,如能结合有关功能检查,则能进一步证实其临床类型。

3.传输时间正常型便秘　传输时间正常型便秘为粪便在结肠以正常速度推进。大部分患者胃肠传输试验正常。这些患者对自己的排便频率有错觉并且常常出现心理社会因素。一些患者存在肛门直肠感觉和运动功能障碍,很难与慢传输型便秘患者区别。

三、临床表现

(一)便意少,便次也少

此类便秘可见于慢传输型和出口梗阻型。前者是由于粪便传输缓慢,使便次和便意均少,但间隔一定时间仍能出现便意,粪便常干硬,用力排便有助于排出粪便。而后者常是感觉阈值增高,不易引起便意,因而便次少,而粪便不一定干硬。

(二)排便艰难、费力

突出表现为粪便排出异常艰难,也见于两种情况,以出口梗阻型更为多见。患者用力排便时,肛门外括约肌呈现矛盾性收缩,以致排便困难。这种类型的便次不一定少,但费时费力。如伴有腹肌收缩无力,则更加重排便难度。第二种情况是由于粪便传输缓慢,粪便内水分过多被吸收,粪便干结,尤其是长时间不排便,使干硬的粪便排出异常困难,可发生粪便嵌塞。

(三)排便不畅

常有肛门直肠内阻塞感,排便不畅。虽频有便意,便次不少,即使排便用力也无济于事,难有畅通的排便。可伴有肛门直肠刺激症状,如下坠、不适等。此类患者常有感觉阈值降低,直肠感觉高敏感,或伴有直肠内解剖异常,如直肠内套叠及内痔等。个别病例的直肠感觉阈值升高,也出现类似症状,可能与合并肛门直肠局部解剖改变有关。

(四)便秘伴有腹痛或腹部不适

常见于IBS便秘型,排便后症状缓解。

以上便秘类型不仅见于功能性便秘,也见于IBS便秘型。同时对器质性疾病如糖尿病引起的慢性便秘及药物引起的便秘,均可有以上类型的表现,应注意分析。此外,以上各种情况常混合存在。

应注意报警征象如便血、腹块等以及有无肿瘤家族史及社会心理因素。

对怀疑有肛门直肠疾病的便秘患者,应进行肛门直肠指检,可帮助了解有无直肠肿块、存粪以及括约肌的功能。

四、辅助检查

人群中肠道疾病患病率很高,对大部分人而言,只是影响生活质量但并不是严重的疾病。因此,对有1种或1种以上上述症状的大部分人(尤其是青少年及年轻人)不一定要进行检查。

但是下列情况是检查指征:需明确便秘是否为系统性疾病或者消化道器质性疾病所致;当治疗无效,需明确便秘的病理生理过程时。

（一）一般检查

粪检和隐血试验应为常规检查。如果临床表现提示症状是由于炎症、肿瘤或其他系统性疾病所致，那么需化验血红蛋白、血沉、有关生化检查（例如甲状腺功能、血钙、血糖以及其他相关检查）。

（二）明确肠道器质性病变

钡灌肠可显示结肠的宽度及长度，并且发现可导致便秘的严重梗阻性病变。只有在怀疑假性肠梗阻或小肠梗阻时才需要行小肠造影检查。

当近期出现大便习惯改变、便中带血或者其他报警症状（如体重下降、发热）时，建议全结肠检查以明确是否存在器质性病变（如结肠癌、炎症性肠病、结肠狭窄）。

（三）特殊检查

大部分患者不必进行胃肠功能检查，但对于难治性便秘患者（非继发性便秘、高膳食纤维及泻药治疗无效）应考虑酌情进行下列检查。

1.胃肠传输试验　胃肠传输试验是确定便秘类型的简易方法，建议服用 20 个不透 X 线标记物后 48h 拍摄腹部 X 线平片 1 张（正常时多数标记物已经抵达直肠或已经排出），必要时 72h 再摄 1 张。根据 X 线平片上标记物分布，有助于评估便秘是慢传输型或出口梗阻型，此项检查简易，目前仍为常用的方法。

由于标记物只有在排便时才能排出，因此测量结果要结合近期排便情况慎重考虑。如果标记物全部存留在乙状结肠和直肠，患者可能有出口梗阻。

2.肛门直肠测压　肛门直肠测压常用灌注式测压（同食管测压法），分别检测肛门括约肌静息压、肛门外括约肌收缩压和用力排便时松弛压、直肠内注气后有无肛门直肠抑制反射，还可测定直肠感知功能和直肠壁顺应性等。有助于评估肛门括约肌和直肠有无动力和感觉功能障碍。直肠感觉减退提示神经系统疾病。

肛门测压结合超声内镜检查能显示肛门括约肌有无功能缺陷和解剖异常，为手术定位提供线索。

3.气囊排出试验　气囊排出试验是在直肠内放置气囊，充气或充水，并令受试者将其排出。可作为有无排便障碍的筛选试验，对阳性患者，需作进一步检查。

4.24h 结肠压力监测　一些难治性便秘，如 24h 结肠压力监测缺乏特异的推进性收缩波，结肠对睡醒和进餐缺乏反应，则有助于结肠无力的诊断。

5.排粪造影　排粪造影能动态观察肛门直肠的解剖和功能变化。排粪造影可评估直肠排空速度及完全性、肛直角及会阴下降程度。此外，排粪造影可发现器质性病变（例如巨大的直肠突出、直肠黏膜脱垂或套叠）。

6.会阴神经潜伏期或肌电图检查　利用会阴神经潜伏期或肌电图检查，能分辨便秘是肌源性或是神经源性。

7.其他　对伴有明显焦虑和抑郁的患者，应作有关的调查，并判断和便秘的因果关系。

五、诊断及鉴别诊断

根据罗马Ⅲ诊断标准，便秘的诊断标准为：

1.必须满足以下 2 条或多条

（1）排便费力（≥25%）。

(2)排便为块状或硬便(≥25%)。

(3)有排便不尽感(≥25%)。

(4)有肛门直肠梗阻和(或)阻塞感(≥25%)。

(5)需要用手法(如手指辅助排便、盆底支撑排便)以促进排便(≥25%)。

(6)排便少于每周3次。

2.不用缓泻药几乎没有松散大便　对便秘的诊断应包括便秘的病因(和诱因)、程度及类型。如能了解和便秘有关的累及范围(结肠、肛门直肠或伴上胃肠道)、受累组织(肌病或神经病变)、有无局部结构异常及其和便秘的因果关系,则对制定治疗方案和预测疗效非常有用。

便秘的严重程度可分为轻、中、重三度。轻度指症状较轻,不影响生活,经一般处理能好转,无需用药或较少用药;重度是指便秘症状持续,患者异常痛苦,严重影响生活,不能停药或治疗无效;中度则鉴于两者之间。所谓的难治性便秘常是重度便秘,可见于出口梗阻型便秘、结肠无力以及重度便秘型IBS等。

六、治疗

便秘患者需接受综合治疗,恢复排便生理。重视一般治疗,加强对患者的教育,采取合理的饮食习惯,如增加膳食纤维含量,增加饮水量以加强对结肠的刺激,并养成良好的排便习惯,避免用力排便,同时应增加活动。治疗时应注意清除远端直结肠内过多的积粪;需积极调整心态,这些对获得有效治疗均极为重要。

在选用通便药方面,应注意药效、安全性及药物的依赖作用。主张选用膨松药(如麦麸、欧车前等)和渗透性通便药(如聚乙二醇4000、乳果糖)。对慢传输型便秘,必要时可加用肠道促动力药。应避免长期应用或滥用刺激性泻药。多种中成药具有通便作用,需注意成药成分,尤其是长期用药可能带来的不良反应。对粪便嵌塞的患者,清洁灌肠或结合短期使用刺激性泻药解除嵌塞,再选用膨松剂或渗透性药物,保持排便通畅。

开塞露和甘油栓有软化粪便和刺激排便的作用。如内痔合并便秘,可用复方角菜酸酯栓剂。

对用力排便时出现括约肌矛盾性收缩者,可采取生物反馈治疗,使排便时腹肌、盆底肌群活动协调;而对便意阈值异常的患者,应重视对排便反射的重建和调整对便意感知的训练。

对重度便秘患者尚需重视心理治疗的积极作用。外科手术应严格掌握适应证,对手术疗效需作预测。

诊治分流:

对慢性便秘患者,需分析引起便秘的病因、诱因、便秘类型及严重程度,建议作分层、分级的3级诊治分流(图3-1)。

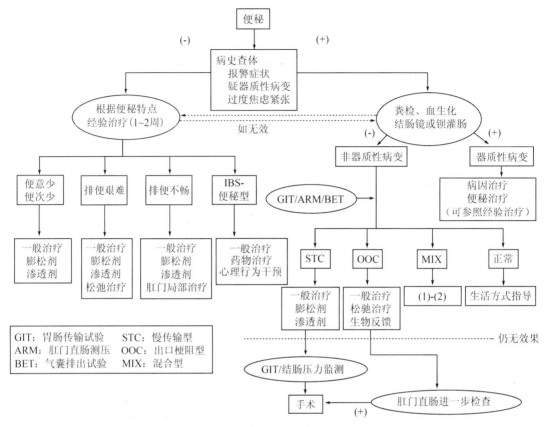

图 3-1　慢性便秘诊治流程

第一级诊治分流:适用于多数轻、中度慢性便秘患者。首先应详细了解有关病史、体检、必要时作肛门直肠指检,应做粪便常规检查(包括隐血试验),以决定采取经验性治疗或进一步检查。如患者有报警征象,同时对过度紧张焦虑以及 40 岁以上者,需进一步检查以明确病因,并做相应处理。否则可选用经验治疗,并根据便秘特点,进行为时 1~2 周的经验治疗,强调一般治疗和病因治疗,并选用膨松剂或渗透性通便药。如治疗无效,必要时加大剂量或联合用药;如有粪便嵌塞,宜注意清除直肠内存积的粪便。

第二级诊治分流:主要的对象是经过进一步检查未发现器质性疾病以及经过经验治疗无效的患者,可进行胃肠传输试验和(或)肛门直肠测压,确定便秘类型后进一步治疗,对有出口梗阻型便秘的患者,选用生物反馈治疗以及加强心理认知治疗。

第三级诊治分级:主要的对象是那些对第二级诊治分流无效的患者。应对慢性便秘重新评估诊治,注意有无特殊原因引起的便秘,尤其是和便秘密切相关的结肠或肛门直肠结构异常,有无精神心理问题,有无不合理的治疗,是否已经改变不合理的生活方式等,对便秘进行定性和定位诊断。这些患者多半是经过多种治疗后疗效不满意的顽固性便秘患者。需要进一步安排特殊检查,甚至需要多学科包括心理学科的会诊,以便决定合理的治疗方案。

临床上,可以根据患者的病情、诊治经过,选择进入以上诊治分流程序。例如,对重症便秘,无需接受经验性治疗,可在一开始就进入第二级或第三级诊断程序。而那些在第一级诊治分流中,对经验治疗后无效或疗效欠佳的患者,可进一步检查;同样,对进一步检查后显示有器质性疾病者,除针对病因治疗外,同样可根据便秘的特点,也可以给予经验治疗,或进入第二级诊治分流程序,确定便秘的类型。

(王爱红)

第七节 消化道出血

一、概念

消化道是指从食管到肛门的管道,包括胃、十二指肠、空肠、回肠、盲肠、结肠及直肠。

上消化道出血是指十二指肠悬韧带(Treize韧带)以上的消化道出血,包括食管、胃、十二指肠、胰管和胆管、胃空肠吻合术后吻合口附近疾病引起的出血。

下消化道出血是指十二指肠悬韧带(Treize韧带)以下的肠段出血,包括空肠、回肠、结肠以及直肠病变引起的出血,习惯上不包括痔、肛裂引起的出血。

也有人利用新的内镜检查技术,不再以Treitz韧带为标志区分上、下消化道,而改为上、中、下消化道:十二指肠乳头以上、胃镜可探及的范围称为上消化道;自十二指肠乳头至回肠末端、胶囊内镜以及双气囊小肠镜可探及的范围为中消化道;结肠至直肠,结肠镜可探及的范围为下消化道。

不明原因的消化道出血(obscure gastrointestinal bleeding,OGIB)指通过常用的消化道内镜(包括胃镜、结肠镜)和小肠造影等检查仍未找到出血来源的、持续或反复发作的消化道出血。依据是否出现明显的临床出血症状,OGIB分为隐匿性和显性消化道出血。OGIB的病变包括常规胃镜、结肠镜可能忽略的病变,以及小肠造影检查不能发现的病变。上消化道内镜检查容易漏诊的病变有Cameron糜烂、胃底静脉曲张、血管扩张畸形、Dieulafoy病等。结肠镜检查容易漏诊的病变包括血管扩张畸形和异常新生物。

二、与其他部位的出血的鉴别

1.呼吸道出血在医学上被称为咯血,肺结核、支气管扩张、肺癌、风心病二尖瓣狭都可以咯血,为咳出,非呕出,此时血液呈鲜红色,或痰中带有血丝或有气泡和痰液,常呈碱性,患者有呼吸道病史和呼吸道症状。而呕血多数呈咖啡色(食管出血多为鲜红色),混有食物,呈酸性,患者有消化道病史和症状。

2.鼻腔和口腔疾病、手术出血时,血液也可从口腔流出,血液被吞下后也可以出现黑粪,但可根据有无口腔和鼻咽部疾病和手术病史加以识别。

3.口服铋剂、炭、铁剂等也可以引起黑粪,此类黑粪颜色较消化道出血颜色浅,大便隐血实验阴性。食用动物肝脏、血制品和瘦肉以及菠菜等也可引起黑粪。大便隐血试验(愈创木脂法)可以阳性,但单克隆法阴性。

4.若消化道出血引起的急性周围循环衰竭征象先于呕血和黑粪出现,就必须与中毒性休克、过敏性休克、心源性休克、急性出血坏死性胰腺炎、子宫异位妊娠破裂、自发性或创伤性脾破裂、动脉瘤破裂等其他病因引起的疾病相鉴别。有时尚须进行上消化道内镜检查和直肠指检,借以发现尚未呕出或便出的血液,而使诊断得到及早确立。

三、消化道出血部位的鉴别

1. 呕血（hematemesis）是血液经上消化道从口腔呕出　呕血时出血的部位应该在空肠屈氏韧带以上。食管少量急性出血即可呕血。短时间内胃内积血超过250ml就会出现呕鲜血。如果出血后血液在胃内潴留时间较久，在胃酸的作用下，血红蛋白变成酸性血红蛋白，所呕吐物可以表现为咖啡色。一般来说，上消化道出血必有黑粪，多为柏油便。大量出血时，也可排出暗红色大便，甚至呈鲜红色大便。

2. 下消化道出血主要表现为便血　一般来说，病变位置越低、出血量越大、出血速度越快，便血颜色越鲜红；反之，病变部位高、出血量较少、速度慢、在肠道停留时间长，大便也可呈黑色。血量多、粪质少、血与粪便均匀混合者，说明消化道出血位置较高。空肠屈氏韧带以下的小肠出血多为暗红色血水。肛门直肠的病变多为鲜红色便血，多不与粪便相混而附着于大便表面，或便后滴血。

四、诊断评估

有长期规律性上腹痛、胃灼热史或者有消化性溃疡史，在饮食不当、精神紧张疲劳、服用非甾体类抗炎药（nonsteroidal anti－inflammatory drugs，NSAIDs）等诱因下并发出血，出血后疼痛减轻，多为消化性溃疡出血；有服用NSAIDs、肾上腺皮质激素类药物史或有严重创伤、烧伤、感染、手术病史时，应首先考虑应激性溃疡或（和）急性胃黏膜病变出血；中老年、慢性持续性粪便隐血试验阳性、伴有缺铁性贫血、纳差、体重下降者应考虑胃癌；有慢性肝炎、血吸虫病等病史，伴有肝掌、蜘蛛痣、腹壁静脉曲张、脾大、腹水等体征时，出现呕血黑粪，多为食管胃静脉曲张出血；便血伴有急性中下腹痛、里急后重者，多为大肠出血；中老年、原因不明的肠梗阻、腹部包块、便血，多为大肠癌；老年、有冠心病、心房颤动等病史，或者住重症监护病房的患者出现腹胀痛及便血者，不要忽略缺血性肠病；老年人突然腹痛、休克、便血者还要考虑到主动脉瘤破裂；儿童突发腹痛、发热、血便，要考虑出血坏死性小肠炎；黄疸、发热、上腹痛者，伴消化道出血时应考虑胆道出血；伴有全身其他部位出血，应考虑传染性疾病、血液病等；突然腹痛、腹部包块、便血者要考虑肠套叠、肠扭转；慢性右下腹部包块、血便，要考虑Crohn病、肠结核和淋巴瘤；发热、腹痛、黏液脓血便、里急后重应该考虑痢疾、炎症性肠病、结肠血吸虫病和大肠癌。鲜血在排便后滴下，且与粪便不相混杂者多见于内痔、肛裂或直肠息肉。

五、出血量的估计

根据出血时间和出血量，一般可分为仅用化验方法证实（大便隐血阳性）而无明显临床症状的隐性出血，呕血或（和）黑粪而无循环障碍症状的显性出血，伴有循环障碍症状的急性大量出血。慢性隐性出血患者因无明显呕血或（和）黑粪而不易被识别，可能有头晕、乏力、心悸和面色苍白等症状，而长期被误诊为心、脑血管疾病或血液系统疾病。急性大量消化道出血患者有典型的呕血、黑粪、便血症状，一般容易识别，但对未出现呕血、黑粪、便血的患者突然出现头晕、乏力、口渴、出虚汗、心慌、恶心等症状时，也应注意有急性消化道大出血的可能性，因为极少数患者可能因粪块阻塞而消化道出血未能够即时从肛门排出。

上消化道出血量达到约20ml时，粪便隐血（愈创木脂法）试验可呈现阳性反应。100ml血灌入上消化道就可以出现黑粪（melena），1000ml以上的血灌入上消化道才会出现便血（hematochezia）。大出血指24h内出血量超过1000ml以上或血容量减少20%以上，患者多会出现明显的急性循环衰竭,往往需输血才能纠正。持续性出血指 24h 之内的两次内镜均见活动性出血,或者出血持续 60h 以上,需输血 3000ml 才能稳定循环者。再发性出血指两次出血的时间间隔在 1～7d。如果短时间内出血量超过 500ml,患者就可有周围循环衰竭的临床表现,如头晕、乏力、心动过速和血压偏低等,随着出血量的增加,症状也更加显著,甚至引起出血性休克。

根据血容量减少所致周围循环衰竭的临床表现(特别是对血压、脉搏的动态观察)以及患者的血红细胞计数、血红蛋白浓度及血细胞比容测定,也可估计患者失血的程度。

轻度:失血量小于 500ml,占循环血量的 10%～15%。血红蛋白、血压脉搏基本无变化,多数患者有些头晕。

中度:失血量 500～1000ml,约占循环血量的 20%。血红蛋白 70～100g/L,血压稍有下降,脉搏在 100/min 左右,患者有口渴、心慌、烦躁、尿少症状,甚至有一过性晕厥。

重度:失血量大于 1000ml,约占循环血量的 30% 以上。血红蛋白小于 70g/L,收缩压小于 70mmHg,脉搏在 120/min 以上,患者四肢湿冷,脉搏细速,神志改变,无尿或者少尿。

出血 3～4h 内,血管外的组织液尚未进入血管,患者的血红蛋白和血细胞比容不一定明显变化;此后到出血 72h 内,血管外的组织液进入血管,患者的血红蛋白和血细胞比容会有明显变化,此时也不一定说明正在出血或者再出血。

出血后 2～3d 内,患者的血白细胞和血尿素氮可轻度升高。消化道出血患者 2～3d 内出现的氮质血症可分为肠源性、肾性和肾前性 3 种。肠源性氮质血症指在大量消化道出血后,血液蛋白的分解产物在肠道被吸收,以致血中尿素氮升高。肾前性氮质血症是由于失血性周围循环衰竭、血容量不足、肾血流暂时性减少、肾小球滤过率和肾排泄功能下降,导致氮质潴留,在纠正低血血容量后血中尿素氮可迅速降至正常。肾性氮质血症是由于严重而持久的休克造成肾小管坏死(急性肾衰竭),或失血更加重了原有肾疾病的肾损害,临床上出现少尿或无尿,在出血停止的情况下,氮质血症往往持续 4d 以上,经过补足血容量、纠正休克而血尿素氮不能降到正常。

大量出血后,多数患者在 24h 内会出现低热。发热的原因可能是由于血容量减少、贫血、周围循环衰竭、血液分解蛋白的吸收等因素导致体温调节中枢的功能障碍。但也要同时注意寻找其他因素,例如有无并发肺炎等。

消化道出血量超过血容量的 1/4 时,心排血量和舒张压明显下降。此时体内相应地释放了大量儿茶酚胺,增加周围循环阻力和心率,以维持重要器官血液灌注量。除了心血管反应外(可出现冠脉供血不足和心肌梗死),激素分泌、造血系统也相应地代偿,导致醛固酮和垂体后叶素分泌增加,血细胞增殖活跃,白细胞和网织红细胞增多。

六、增加消化道出血患者死亡风险的因素

1.年龄超过 70 岁。

2.合并有其他疾病　肺疾病(急性呼吸衰竭、肺炎、慢性阻塞性肺病)、恶性肿瘤、肝病(酒精性或病毒性肝病)、神经精神疾病(精神病、脑血管疾病发作期)、脓毒败血症、近期大手术后、心脏疾病(充血性心衰竭、缺血性心脏病、心律失常)、肾疾病(急性肾功能不全、血肌酐大于 353.6μmol/L)等。

3.有正在或再次大量出血的证据　呕新鲜血、胃管引流出新鲜血、休克而需要输入 6 个单位以上的血红细胞才能维持血循环的稳定;血化验检查提示有血小板减少、血白细胞增多、

凝血机制异常。胃镜下见食管胃静脉曲张出血、胃癌出血、动脉喷血。上消化道出血应 24h 内完成内镜检查,因为 94% 的再出血发生在 72h 内,98% 发生在 96h 内。心率大于 100/min、周围血管循环不良、收缩压小于 100mmHg、需要输入 4 个单位以上的血红细胞才能维持血循环稳定的患者常提示可能存在消化道出血没有停止或者有再出血;正在使用糖皮质激素或抗凝药物者可增加消化道再出血的危险,出血期间应该停用;胃镜下见有动脉喷血者再出血发生率 70%~90%,病灶见血管残根或见有紫红色隆起者再出血发生率为 40%~50%,病灶有不易被水冲掉的血凝块者再出血发生率为 10%~35%,平坦红点再出血发生率 5%~10%,清洁溃疡面再出血发生率小于 5%。溃疡大于 2cm 和球后溃疡也容易再出血。

七、病因

上消化道出血占全部急性消化道出血的 75%~80%,病死率 5%~10%。在上消化道出血的病因中,消化性溃疡病、胃黏膜糜烂性病变、食管胃底静脉曲张是占前 3 位的原因,另外有 5% 左右病例的出血病灶未能确定,即使剖腹探查也未必能找到出血原因。美国资料报道,上消化道出血中,消化性溃疡约占 40%,胃黏膜糜烂性病变占 5%~15%,食管胃静脉曲张占 5%~30%,Mallory-Weiss 综合征占 5%~15%;中国北京友谊医院报道,上消化道出血原因中,消化性溃疡占 49%,食管胃静脉曲张占 11.2%,急性胃黏膜病变占 20%,胃癌占 4.5%,上述共占 84.7%。

结肠、直肠癌约占下消化道出血病例的 30%~50%,其次是肠道息肉、炎症性病变和憩室。由于内镜检查治疗的广泛开展,医源性下消化道出血的发生率也有所增长,占 1%~5%,出血多发生在息肉部位,可因烧灼不完全由息肉蒂内的中央动脉出血引起,出血量也可极大,常在手术时及手术后数小时内出现,也有在息肉摘除 1 周后出血的报道。近年来开展了选择性血管造影、核素显像和内镜检等方法,肠道血管发育不良病例的检出数已经增多。尽管如此,也有不少患者甚至进行了手术探查,但仍有 5% 左右的下消化道出血病例未能找到其确切病因。

1. 消化性溃疡出血 没有足够证据支持 H_2 受体拮抗药和制酸药物对消化性溃疡急性出血治疗有效。质子泵抑制药对消化性溃疡急性出血有明确疗效,体外实验证明胃内 pH 超过 6 才能促进血小板凝聚和纤维蛋白形成,胃内 pH 低于 5 血块就溶解。在急性消化性溃疡大出血时,奥曲肽(octreotide)可通过减少内脏血流而起到临时性止血作用。消化性溃疡出血合并胃幽门螺杆菌(helicbact-er pylori,Hp)感染者应该在出血停止后根除 Hp。应该尽量停止使用 NSAIDs。已经根除 HP 和停止使用 NSAIDs 的患者消化性溃疡再出血的概率是非常小的,但没有找到明确原因的消化性溃疡患者应该用全量 H_2 受体拮抗药或者质子泵抑制药维持治疗,3~5 年内消化性溃疡再出血率可由 1/3 降到 10% 以下。对于有 Hp 感染并有严重合并症的消化性溃疡患者,尤其是需要持续或永久性应用 NSAIDs 者也应该维持治疗。内镜治疗仅对消化性溃疡有活动性出血和有血管残根的患者治疗有效。尽管医学有了很大进步,但近 10 年来消化性溃疡出血的死亡率并没有下降,仍然维持在 5%~10%。

2. 上消化道黏膜糜烂性疾病 内镜下可见红斑、糜烂和出血而诊断为食管炎、胃炎、十二指肠球炎,这些病变一般不会出现大出血。严重的食管裂孔疝患者在膈肌裂孔附近会出现沿胃皱襞的线样糜烂(cameron lesions)也可以引起慢性出血。胃黏膜糜烂通常与使用阿司匹林和 NSAIDs 等药物、饮酒、应急状态有关,如果没有溃疡形成,出血量一般也不大,但机械通气超过 48h、有凝血障碍疾病、有脑外伤和大面积烧伤的患者容易出现应激性溃疡而大出血。

3. NSAIDs 对上消化道和下消化道均可造成损伤　NSAIDs 包括水杨酸类(阿司匹林)、苯胺类、有机酸类(吲哚类、昔康类、丙酸、苯乙酸、萘普生、布洛芬、双氯芬酸)、萘基烷酸(萘丁美酮)等。在急性消化道出血中,不少与 NSAIDs 有关,即使服用儿童剂量的阿司匹林也会增加消化道出血的概率。流行病学调查显示,服用传统 NSAIDs 的患者中2%～4%可有明显的胃肠道并发症,1%～8%在开始用药后1年内因 NSAIDs 相关溃疡和溃疡穿孔住院,约20%的长期用药者可出现消化性溃疡,NSAIDs 可使消化性溃疡并发症发病率增加4～6倍,老年人中消化性溃疡及并发症发病率和相关死亡率约25%与 NSAIDs 有关。

2004年上海的一项回顾性流行病学调查研究表明,服用传统 NSAIDs 超过6个月的患者所发生的不良反应中,有66%集中在胃肠道,仅1.8%为高血压,1.2%～1.7%为水肿。以往将传统 NSAIDs 造成胃肠道损伤的注意力集中在上消化道,近年来随着新的诊断技术的出现,传统 NSAIDs 造成的小肠黏膜损伤也逐渐被重视。尸检显示小肠溃疡患者有8%在6个月内使用过 NASAIDs,病理生理学研究明确显示 NASAIDs 可导致肠道黏膜炎症。NASAIDs 也可以导致炎症性肠病活动。

英国消化病学专家 Bjarnason 在2004年6月召开的欧洲抗风湿病联盟(EULAR)会议上报道,传统 NSAIDs 可造成不可逆的小肠损伤－小肠多发狭窄。手术摘取的小肠标本显示小肠有隔膜形成,这种隔膜只有2～3mm 厚,放射线检查不能发现,停药后不能吸收溶解,只能经手术和肠镜才能治疗。Bjarnason 称"这种隔膜从未在其他疾病中发现,仅见于传统 NSAIDs 相关疾病"。另外 Bjarnason 教授的研究还发现,使用传统 NSAIDs 一周后,50%～70%的患者会发生相关性小肠炎症,另外小肠出血程度与传统 NSAIDs 引起的肠道炎症程度具有明显的相关性,每天出血4～9ml 很常见。因此研究者认为,传统 NSAIDs 相关性肠病会可导致贫血、低白蛋白血症,甚至会引起穿孔、肠道狭窄而不得不进行手术治疗。

NSAIDs 造成的胃肠黏摸损伤发生早,有研究表明服用双氯芬酸仅2周,胶囊内镜检查就发现有68%～75%的健康人小肠出现黏膜损伤;发病率高,胃肠道不耐受发生率高达50%,镜下溃疡发病率为15%～25%;对危害不了解、症状隐匿、后果严重。服用传统 NSAIDs1 周以上的患者中,约有75%不知道或不关心会发生与传统 NSAIDs 有关的消化道并发症;消化道并发症症状隐匿,但后果严重,81%传统 NSAIDs 引起的严重消化道并发症没有预兆,如抢救不及时可能导致死亡。1997年美国的一项统计数据显示,传统 NSAIDs 引起消化道并发症的死亡人数与 HIV 死亡人数相似。

4. 食管胃静脉曲张出血　是门脉高压症最为致命的并发症。约50%的肝硬化患者存在食管胃静脉曲张(gastroesophageal varices)。食管静脉曲张(esophageal varices,EV)的存在与肝病的严重程度相关:Child A 级患者伴有食管静脉曲张者占达40%,而 Child C 级则达80%。在无静脉曲张的门脉高压症患者中,食管静脉曲张的患病率以每年8%的速度递增。轻度食管静脉曲张的门脉高压症患者以每年8%的递增速度进展为重度食管静脉曲张。门脉高压症患者食管静脉曲张出血的发生以每年5%～15%的速度递增。预测出血的最重要的指标是曲张静脉的大小(粗细),重度静脉曲张的患者出血危险最大。出血的其他预测指标包括肝硬化失代偿期的肝功能(Child B 级或 C 级)和内镜下可见红色鞭痕征。

虽然在40%的门脉高压症患者中食管静脉曲张出血可自行停止,而且近年来内镜等治疗有了显著的进展,但食管静脉曲张出血患者的6周死亡率仍超过20%。在未经治疗的患者中,有近60%的人会发生再出血,多发生于首次出血的1～2年内。

胃静脉曲张(gastric varices,GV)比食管静脉曲张少见,见于5%～33%的门脉高压症患者中。胰腺炎症和肿瘤容易导致门静脉血栓形成，形成区域性门脉高压症，出现孤立性胃底静脉曲张。胃静脉曲张较食管静脉曲张的出血发生率较高，2 年内的出血发生率达 25%。胃静脉曲张出血的危险因素包括静脉的粗细、Child 分级和内镜下胃曲张静脉的红点征（指局限的发红黏膜区或曲张静脉表面黏膜的红点）。

诊断食管胃静脉曲张的"金标准"是上消化道内镜，即食管胃十二指肠镜（esophagogas-troduode－noscopy，EGD）。在欧美的多数中心，将食管静脉曲张的内镜下形态分为 3 级：轻度（1 级）静脉略隆起于食管黏膜表面；中度（2 级）纡曲的静脉占据食管管腔 1/3 以下；重度（3 级）曲张的静脉占据管腔 1/3 以上。De Franchis 等建议采纳更简单的分类，按曲张静脉的大小（粗细）分为两级：轻度静脉曲张的直径小于 5mm；重度静脉曲张的直径大于 5mm。日本门脉高压研究会 1980 年提出一项详尽的食管胃静脉曲张记录标准方案后，1991 年又对其进行了改进（表 3－5）。

表 3－5　日本门脉高压研究会的食管胃静脉曲张内镜所见记录标准（1991 年）

观察项目	记录用符号	细则
占据部位（location）	L	Ls：静脉曲张延伸至食管上段 Lm：静脉曲张延伸至食管中段 Li：静脉曲张限于食管下段 Lg：胃静脉曲张。进一步分为 Lg－c：邻近贲门的胃静脉曲张 Lg－f：远离贲门的孤立性胃静脉曲张
形态（form）	F	F0：未发现静脉曲张 F1：直线形的细小静脉曲张 F2：串珠状的中度静脉曲张 F3：结节状或瘤样的粗大静脉曲张
基本色调（color）	C	Cw：白色静脉曲张 Cb：蓝色静脉曲张
		附记事项：血栓化的静脉曲张记为 Cw－Th 或 Cb－Th
红色征（red color sign）	RC	红色征指红色鞭痕征、樱红色斑点和血管痣样斑点。 即使是 F0 形，也要记录红色征 RC（－）：无红色征 RC（＋）：局限性的少数红色征 RC（＋＋）：介于（＋）和（＋＋＋）之间 RC（＋＋＋）：全周性的多发红色征
		附记事项：如有毛细血管扩张（telangiectasia，Te）应进行记录
出血情况（bleeding sign）	出血中所见	喷射性出血 渗血
	止血后所见	红色血栓 白色血栓
黏膜情况（mucosal findings）	E U1 S	糜烂（erosion：E） 溃疡（ulcer：LU） 瘢痕（scar：S） 分别以（＋）和（－）描述上述 3 种情况

Sarin 等将胃静脉曲张分为食管－胃静脉曲张（gastro－esophageal varices，GOV）和孤立

胃静脉曲张(isolated gastric varices,IGV)。食管－胃静脉曲张是食管静脉曲张的延伸,分为两型:1 型(GOV1)最常见,沿小弯侧延伸;2 型(GOV2)沿胃底大弯侧延伸,通常更长、更纤曲。孤立胃静脉曲张则不伴食管静脉曲张,也分为两型:1 型(IGV1)位于胃底,一般纤曲而交织;2 型(IGV2)位于胃体、胃窦或幽门周围。

上消化道内镜仍然是诊断食管胃静脉曲张出血的主要方法。当内镜下发现下列表现之一时,静脉曲张出血的诊断即可成立:曲张静脉的急性出血(喷射性出血或渗血);曲张静脉表面有"血栓头";曲张静脉表面覆有血凝块;或者出血的食管胃静脉曲张患者未发现其他潜在的出血部位。在急性出血期,不可应用 β 受体阻滞药,因为它们会降低血压,并阻碍出血后心率的生理性增快。近年的荟萃分析发现,当疑有静脉曲张出血时,立即开始生长抑素、生长抑素类似物如奥曲肽和伐普肽、特利加压素等药物治疗,并在确诊后持续给药 3～5d,对于急性出血的疗效与内镜治疗相当。

然而,内镜检查能够明确消化道出血的原因,内镜治疗对急性出血进行止血的效果可以在内镜下直观地观察到,并有助于预防再出血。因此,上消化道出血时,应争取在 12h 内进行上消化道内镜检查,并进行内镜治疗。对于食管静脉曲张出血,一般采用内镜下套扎治疗(endoscopic band ligation,EBL;或称 endoscopic variceal ligation,EVL)或者内镜下硬化治疗(endoscopic sclero－therapy,EST;或称 endoscopic variceal sclerother－apy,EVS);对于胃静脉曲张出血,一般采用内镜下曲张静脉填塞治疗(endoscopic variceal obturation,EVO),填塞药是组织胶(如 N－氰基丙烯酸丁酯、2－氰基丙烯酸异丁酯等)。急诊内镜下套扎和硬化治疗时,如见到有明确的出血灶,应立即在出血灶或者其稍下的位置首先开始进行套扎和硬化,如果出血灶不明确,可先选小弯侧齿状线上 1～3cm 的静脉(12 点位)进行套扎和硬化,然后在向上逐步进行。

5.门脉高压性胃病 多位于近端胃,呈马赛克样或蛇皮样改变,严重者有弥漫性红斑,可慢性出血,也可急性出血,大出血不多,治疗主要是用生长抑素或 β 受体拮抗药来降低门静脉压。

6.贲门黏膜撕裂综合征(Mallory－Weiss Tear) 患者多有干呕史,尤其多见于酒后。胃食管连接部黏膜撕裂,多在胃侧,10%～20%可涉及食管。80%～90%出血可自然停止,2%～5%可有再次出血。有活动性出血可内镜下治疗(热凝、局部注射止血、使用止血钳等),可以血管造影动脉内注射血管加压素或栓塞剂,也可以手术缝合。

7.Dieulafoy 病 是罕见的消化道严重出血原因之一,本病特点是出血部位隐匿,且是动脉性出血,出血急促,出血量大且易反复,常导致休克,危及患者生命。Dieulafoy 病的发病机制尚不完全清楚。多数人认为是胃肠道周围动脉分支进入浆膜和肌层后缺乏逐渐变细的过程,而以异常粗大的血管直抵黏膜下,血管口径恒定这一变异的结果就是该病的病理基础。病理特点一般为 2～5mm 伴轻度炎症的黏膜缺损,缺损不侵犯肌层,缺损黏膜下有一异常粗大、弯曲厚壁的小动脉,血管口径可为 0.6～4.0mm,为正常 5～20 倍,异常小动脉多无血管炎或者动脉粥样硬化的动脉瘤改变,缺损周围黏膜正常。该动脉的从黏膜下折返,形成垂直襻,故在黏膜下形成压力很高的锐角状血管突起。该血管搏动的结果一方面使黏膜受压萎缩,形成压迫性急性溃疡,血管裸露;另一方面使折返的顶部血管继发性扩张,最终破裂出血。出血后因血压下降、血栓形成,出血可暂时停止,原来裸露的血管可再潜入黏膜下,导致内镜检查甚至手术也未能发现出血灶。消化液腐蚀、摩擦是导致出血的诱因。

Dieulafoy 病好发于中老年人,40～60 岁尤多,但各年龄均有发病,男女比例约为 3：2。患者多无消化性溃疡、肝硬化、消化道肿瘤等病史,发病前多无前驱消化道症状。部分患者有诱因,如服用了 NSAIDs、华法林等药物,同时患有心血管疾病、糖尿病、恶性肿瘤、慢性肝病等,饮酒也可能是本病的诱因之一。典型表现为突发的、无先兆的消化道大出血,并很快出现出血性休克,此时内镜检查可能没有发现病灶,经输血恢复血压后易再出血,大出血呈周期性。对于这种大出血如果处理不当可导致死亡。Dieulafoy 病出血占消化道出血的比例为 0.3%～6.8%,多数报道为 2% 左右。Norten ID 等分析了 90 例 Dieulafoy 病在消化道的分布:2% 位于食管,53% 位于胃底,9% 位于胃体,2% 位于胃窦,18% 位于十二指肠,2% 位于空回肠,10% 位于大肠。

内镜检查是本病首选的诊断方法,特别对活动性或近期出血病变的诊断率高。内镜下诊断标准:喷射状出血或渗血或有新鲜血凝块,出血来自于小于 3mm 的小的表浅黏膜缺损处,而周围黏膜正常;小的表浅黏膜缺损,无一般溃疡的凹陷,表面可见突出的血管,而周围黏膜正常,无论有无活动性出血。文献报道首次内镜检查对本病的诊断率为 37%～84%。胃肠血管造影对本病亦有一定的诊断价值,但必须是在活动性出血时,且出血速度大于 0.5ml/mm。该检查除了发现出血部位外,还可发现血管畸形的征象。其阳性率为 20%～30%。通过血管造影发现出血部位后,还可以在选择性血管造影下用钢丝圈、明胶海绵栓塞出血的血管。剖腹探查应谨慎,不出血时不一定发现病灶,盲目切除部分胃也不一定是出血灶。

内镜治疗已成为 Dieulafoy 病的首选治疗方法。该方法包括局部注射肾上腺素、无水乙醇、硬化剂、组织胶、电凝、激光、微波固化、套扎、使用血管夹。其中,以使用血管夹、套扎效果较理想。也可先局部注射肾上腺素后出血停止再进行套扎或使用血管夹。手术为本病的最后治疗方法,术式包括血管缝扎术、胃局部楔形切除、胃大部切除术。

8. 胃肠道间质肿瘤(gastrointestinal stromal tumors,GISTs) 是发生于胃肠道的非定向分化的一类间质肿瘤,是一种少见的非上皮性肿瘤,可能起源于 Cajal 间质细胞,其发病与 KIT(酪胺酸激酶跨膜受体蛋白)信号通路的激活有关。病理学形态上 GISTs 有梭形细胞和上皮样细胞两种基本成分。免疫组化特征上 CD34 和 CD117 对于 GISTs 有诊断意义。

GISTs 多发生于胃和小肠,其中胃占 60%～70%,小肠 30%,直肠 4%,另有 2%～3% 发生于结肠、食管、十二指肠甚至腹腔内的网膜、肠系膜。根据 Emory 等提出的标准将 GISTs 分为良性、交界性(潜在恶性)和恶性。恶性指标有肿瘤具有浸润性,出现局部黏膜及肌层浸润和邻近器官的侵犯;肿瘤出现脏器的转移。潜在恶性指标有肿瘤体积,即胃间质瘤直径>5.5cm,肠间质瘤直径>4cm;核分裂相,以高倍镜视野观察,即胃间质瘤>5/50HPF,肠间质瘤≥1/50HPF;肿瘤出现坏死;肿瘤细胞有明显异型性;肿瘤细胞生长活跃,排列密集。当肿瘤具备上述一项及以上恶性指标,或两项潜在恶性指标时,则为恶性 GISTs;仅有一项潜在恶性指标时,则为潜在恶性 GISTs(或称交界性 GISTs);而没有上述指标者,则为良性 GISTs。

GISTs 与消化道出血关系密切,部分 GISTs 以消化道出血甚至贫血为首发症状或主要临床表现。GISTs 伴消化道出血,是因为间质瘤的黏膜面有丰富的血管,可因糜烂溃疡而发生出血,较大的肿瘤可出现中心缺血坏死并引起胃肠壁溃疡、出血或穿孔。其症状的出现与肿瘤的大小、发生部位、肿瘤的良恶性及肿瘤与肠壁的关系有关。一般肿瘤直径较小者无临床症状,直径较大时便可表现出溃疡、坏死、出血等症状。GISTs 肿瘤生长于黏膜下,有向腔内外生长及从腔内向腔外扩展的特点。

手术切除是首选并有可能治愈的唯一方法。Imatinib(即 STI521,gleevec,glivec,格列卫,800mg/d 口服)是一种酪氨酸激酶抑制药,可以迅速而显著地抑制 GISTs 的酪氨酸激酶活性,抑制细胞增殖,诱发凋亡。Imatinib 的发现与研究为 GISTs 的治疗增加了一种有效的手段。但在部分患者会出现耐药性或者患者不能耐受其不良反应,如腹泻、肌肉骨骼酸痛等,因此,Imatinib 并不是对所有 GISTs 患者都有效。

9. 主动脉肠瘘　瘘出现在大血管与胃肠道间。高达 75% 的主动脉肠瘘与十二指肠相通,通常是十二指肠水平部。它们可以由主动脉瘤引起,但更多与腹主动脉重建(移植)有关系,移植物感染是其主要原因,并形成假性动脉瘤,半数患者在数小时、数月大出血前有自发停止的先兆出血。怀疑本病者应先用较长的内镜找远端十二指肠出血灶(阳性率不到 40%)并排除其他出血灶。腹主动脉重建(移植)患者大出血,而内镜检查未发现出血灶者可进行外科剖腹探查。血管造影对其诊断帮助不大并有可能耽误治疗。CT 或 MRI 对诊断有帮助,可发现临近十二指肠部位有气体围绕着移植物或者十二指肠与移植物平面缺乏组织,但正确诊断者不到 1/3。

主动脉食管瘘也比较常见,通常由胸主动脉瘤、食管异物和肿瘤引起的。

10. 胆道出血和胰管出血　胆道出血有典型的胆绞痛和黄疸,内镜检查可见十二指肠乳头冒血,常见原因是肝胆创伤,包括肝穿刺检查。创伤性肝内外动脉瘤可与胆道相通而出现胆道出血,胆道结石、肿瘤、胆囊炎也可以引起胆道出血。胰管出血多是真性动脉瘤或者胰腺炎、胰腺假性囊肿引起的假性动脉瘤导致胰腺周围的血管与胰管相通而出血。血管造影可以确定出血部位并能够进行栓塞治疗,栓塞治疗失败可进行外科手术。

11. 肿瘤　肿瘤出血可以来自腺癌、间质瘤、淋巴瘤、神经内分泌肿瘤等原发消化道肿瘤,偶尔也可以来自黑色素瘤、乳腺癌等转移到消化道的肿瘤。

12. 血管畸形　带有皮肤损害的消化道血管畸形有 Osler－Weber－Rendu、遗传性毛细血管扩张症、有假性黄色瘤的弹性组织病(the elastic tissue disorders of pseudoxanthoma elasticum)、Ehlers－Danlos 综合征、CREST 综合征(皮肤钙化、雷诺现象、食管功能失调、指端硬化和毛细血管扩张)、蓝橡皮泡神经综合征(blue rubber bleb nevus syndrome)等,另外一种是不带有皮肤损害的血管畸形,这些血管畸形扩张也可以出现在消化道的任何部位,但以胃十二指肠更多见。

伴有慢性肾功能不全或进行过放射治疗的老年人容易引起血管畸形扩张出血。这些病灶可以是局限的,也可以弥漫的。胃窦部血管畸形扩张也称为西瓜胃,是一特殊类型的局部血管畸形扩张,常见于老年妇女,临床表现为轻度消化道出血、慢性失血性贫血。内镜下见胃窦表面的多条条形血管向幽门集中,组织学上可见大血管内有纤维素和血栓形成,有纤维肌肉增生,诊断通常是通过典型的内镜表现而取得。

血管畸形扩张也可见下消化道。内镜检查时血管畸形扩张占下消化道出血的 3%～6%,典型的病灶是直径小于 5mm,多发生在右半结肠,但也可以出现于其他下消化道。最常见的是血管发育不良,病灶往往多发,发病随着年龄的增长而增加,不到 10% 血管发育不良的患者会发生出血,抗凝或血小板功能障碍可能是其诱发因素,其出血量可大可小。

内镜下止血对于血管畸形是一种不错的选择,例如,内镜下氩离子电凝结(APC)等。高剂量的雌激素－黄体酮治疗价值有争议,但对于内镜治疗困难的遗传性毛细血管扩张症有报道能够减少出血。血管造影栓塞治疗也可以用于活动性出血的血管畸形病灶的治疗。消化道血管畸形导致了严重而反复的消化道出血者可胃肠道部分切除。

13. 小肠出血 与上消化道出血和结肠出血相比,急性小肠出血是一组单独的临床疾病,预后更差,治疗费用更高。小肠出血的病因较复杂,诊断比较困难。小肠钡灌是目前诊断小肠疾病应用最广、最为有用的检查方法,特别是对肿瘤、憩室、狭窄性病变诊断价值较大,但对黏膜、血管性病灶的检出不理想,且操作者的个人经验和方法对检查结果有明显影响,其整体阳性率仅在 10%~20%。放射性核素显像为一种非损伤技术,近年来使用静脉注射^{99m}Tc 标记化合物实施显像。主要用于小肠出血性疾病的定位诊断,尤其对小肠 Meckle 憩室出血的诊断有一定的意义。通过核素扫描可以大致定位出血点,但有一定的假阳性率及假阴性率,需要鉴别血池区积血是否为原发出血灶,各家报道的出血速率、阳性率、定位准确率有较大出入。对出血病因的判断仍存在困难。

选择性血管造影(DSA)是一种损伤性的 X 线检查,动脉出血量>0.5ml/min 者,约 90%的患者可能显示造影剂自血管外溢现象。肿瘤、血管畸形各有其血管造影征象,与核素扫描相比,血管造影定位相对准确,且能直接进行血管栓塞治疗,止血率高,尤其适用于出血量大的患者,但也有相当的假阳性和假阴性,出血复发率也高。血管造影的并发症有肾衰竭和缺血性胃肠炎等。

上述小肠造影、螺旋 CT、磁共振检查、放射性核素扫描、选择性血管造影等检查手段对 OGIB 的诊断阳性率明显低于胶囊内镜,胶囊内镜(CE)目前主要应用于消化道出血而胃镜及结肠镜检查未发现出血灶的患者。由于胶囊内镜属于无创性侵入性诊断方法,因而尤其适用于合并有严重的心脑肾多脏器疾病患者及难以承受肠系膜动脉血管造影、小肠镜等有创性检查的老年患者。对复发性及隐性小肠出血有较好的诊断价值,阳性率 50%~70%,但定位不如果小肠镜准确,阳性率也不如小肠镜。胶囊内镜检查的并发症主要是胶囊嵌顿,可嵌顿于狭窄处,有时停留于憩室内,或进入术后胃的输入襻不能排出,其发生率约为 1%。一旦发生常需外科手术治疗。胶囊内镜检查的禁忌证为:有明显消化道动力异常者(主要是排空迟缓和无蠕动者),不完全性及完全性梗阻患者,存在消化道穿孔、肠瘘、消化道大憩室、急性大出血等。

推进式双气囊电子小肠镜(DBE)既可经口进镜,也可经肛门进镜,这根据患者的病情和具体情况选择。双气囊电子小肠镜术前应用麻醉或其他镇静药,患者可在 X 线监视下进行有助于操作,寻腔进镜,部分能进行全小肠的直视检查,同时还可以进行活检、黏膜染色、标记病变部位、黏膜下注射、息肉切除等处理。阳性率高于胶囊内镜,为 70%~80%。不足点是检查时间长、患者需要麻醉、穿孔率较结肠镜检查高、有时不能够检查到全部小肠、大出血时视野不清、也有一定的假阴性率。

术中内镜检查对于经上述各种检查仍不能明确出血灶,而出血又威胁患者生命者应该剖腹探查,剖腹探查时还不能明确时,可做术中内镜检查,这对确诊小肠出血最有效,阳性率最高。必须强调的是小肠出血的检查定位要远重要于定性,定位后绝大多数就可手术治疗了,术中和术后再定性也不迟。

急性小肠出血常见原因有小肠肿瘤(间质瘤、淋巴瘤、腺癌等,多数为恶性)、Meckel 憩室、小肠血管畸形扩张(Dieulafoy 病等)、遗传性息肉综合征或克罗恩病等;而老年患者则多见于血管病变、非甾体类抗炎药相关性溃疡、肿瘤、Camcron 糜烂和其他少见病因如主动脉肠瘘等。

14.梅克尔憩室出血 梅克尔(Meckel)憩室又称先天性回肠末端憩室,由于卵黄管的肠端未闭所致。尸检显示发生率为0.3%~3%。男性发病率是女性的2倍。大多数人无任何症状,仅有8%~22%患者可发生各种并发症,可在任何年龄出现临床症状,但儿童和青少年多见。主要表现为反复的大出血,为暗红色或鲜红色血便,小的出血和隐血不是梅克尔憩室出血的临床特征。梅克尔憩室发生出血的概率为3%~5%,一般梅克尔憩室出血是无腹痛的,除非肠积血痉挛。75%梅克尔憩室出血可以暂时自发性停止,第1次出血后再出血率25%,第2次出血后再出血率50%。

憩室位于距回盲瓣100cm以内的回肠上,在肠系膜的对侧缘,有自身的血供,多数呈圆锥形,少数为圆柱形,口径1~2cm,憩室腔较回肠腔为窄,长度在1~10cm,盲端游离于腹腔内,顶部偶有残余索带与脐部、胸壁或肠系膜相连。组织结构与回肠相同,惟肌层较薄。约50%的憩室内有迷生组织,如胃黏膜(80%)、胰腺组织(5%)、空肠黏膜、十二指肠黏膜、结肠黏膜等。憩室可因迷生组织分泌消化液,损伤肠黏膜而引起溃疡、出血及穿孔;可因粪块、异物、寄生虫而发生急性炎症、坏死及穿孔;可因扭转、套叠、疝入、压迫、粘连而引起各种急性肠梗阻。梅克尔憩室炎和梅克尔憩室出血是两种疾病,偶尔也重叠。

15.肠系膜血管缺血 可以分为继发性肠系膜血管缺血和原发性肠系膜血管缺血。继发性肠系膜血管缺血有疝、扭转、套叠、中央弓形韧带综合征(median arcuate ligamen tsyndrome)、肠系膜纤维化、腹膜后纤维化、类癌综合征、淀粉样变性、恶性肿瘤(腹腔、肠系膜、大肠)、神经纤维肉瘤、创伤等。原发性肠系膜血管缺血有:动脉粥样硬化、胆固醇粥样栓塞、高凝状态、血管有炎症(Fabry's disease,Behcet's syndrome,血栓性脉管炎、巨细胞性动脉炎、Takayasu动脉炎、Buerger's disease、克罗恩病、系统性红斑狼疮、多发性大动脉炎、风湿性关节炎、梅毒)等。

肠系膜血管栓塞主要引起栓塞血管所供应的肠段缺血或坏死。分为3型:一过性缺血(病变累及黏膜和黏膜下层)、狭窄型、坏死性。根据发病机制和阻塞的血管可分为急性肠缺血(或肠系膜缺血)和慢性肠缺血(或肠系膜缺血)两大类。肠系膜动脉栓塞常发生于50岁以上患者,其中约90%的栓子来源于心脏,由于附壁血栓或心房血栓脱落所致。主要见于风湿性心脏病、心房纤颤、心肌梗死、腹腔手术、肿瘤、人工瓣膜或心脏搭桥术后。另外,动脉粥样硬化、高血压、糖尿病、脉管炎、夹层动脉瘤、门脉高压等使肠系膜血管硬化、狭窄或变形、血流缓慢,导致脱落的栓子易被嵌塞或血栓形成,发生急性肠系膜血管供血障碍,出现急性缺血性肠病。

肠系膜血管栓塞主要发生于肠系膜上动脉,因为肠系膜上动脉以锐角从腹主动脉发出,口径较大,栓子容易流入而嵌塞。据报道60%~90%的栓塞发生在肠系膜上动脉。肠系膜血管栓塞引起急性肠缺血,临床表现主要有二大组。一组为急性肠缺血表现,另一组为"原发疾病"表现。

急性肠缺血临床表现为突然发作的腹痛、腹泻、血便。腹痛多位于脐周、上腹或左下腹,绞痛为主,可呈进行性加重,可出现呕吐、腹胀。若病情严重,可伴有低血压、心动过速、发热,或呕血、便血,甚至休克。便血和腹泻时间超过10~14d的患者发生肠穿孔的危险性增加。部分病例可出现肠梗阻的表现。查体发现腹部膨隆,有压痛,开始时压痛部位不固定,后可发展为固定压痛。严重病例可出现腹膜刺激征,提示肠壁全层缺血或坏死。部分患者肠管高度肿胀,可触及肠型样包块。肠鸣音初期活跃,晚期减弱。老年患者可出现神志改变。

实验室检查:约80%的急性肠系膜血管栓塞患者血白细胞升高,中性粒细胞升高。血淀粉酶、脂肪酶可升高,但血淀粉酶一般少于500U。血乳酸脱氢酶、天冬氨酸转移酶、肌酸激酶可升高。C反应蛋白、CA125也可能升高。最近研究发现急性肠缺血患者血中纤维蛋白降解标记物D-二聚体明显升高,对于诊断急性缺血性肠病有意义。在发生肠管坏死时可出现代谢性酸中毒。大便化验见大量红白细胞,隐血阳性。

腹部X线平片早期诊断价值不大,严重者、肠麻痹或肠管坏死时可见肠管积气或液气平。增强CT对诊断很有价值,可见肠管扩张、积气,肠壁增厚或呈肠壁出血。个别病例门静脉可见气体。可见血管充盈缺损。血管重建有时会发现栓子的大小、长短或空间构象等。血管造影对诊断具有很强的敏感性和特异性。超声检查可见肠壁增厚,肠管扩张,肠坏死或继发肠穿孔时可见腹腔游离液体。腹部血管多普勒超声有时会发现肠系膜血流阻断或栓子,对诊断很有帮助。

结肠镜检查是很有意义的诊断方法,但需严格掌握适应证。对于病情严重、出血量大的患者,不宜进行,以免发生穿孔等严重并发症。结肠镜检查见病变肠管呈节段性分布,与正常肠管界限清晰,直肠多正常。肠镜下本病可分为急性期、亚急性期和慢性期。

治疗:病情较重病例应禁食,密切监护血压、脉搏、体温,严重病例应检测中心静脉压、观测血气分析。一般治疗包括补液、纠正酸中毒。补液要包括营养支持成分、晶体和胶体。酸中毒一般为代谢性酸中毒,根据血气分析补充适量的碳酸氢钠。急性肠系膜动脉栓塞引起急性肠缺血,均有不同程度的肠系膜血管痉挛,应用血管活性药物对改善急性肠缺血、减轻疼痛、防止继发的血栓形成具有重要意义。

临床中应用罂粟碱治疗急性肠缺血较多,可经静脉滴注或经动脉造影的血管点滴,30~60mg/h,多次或连续应用。另外,硝酸甘油、低分子右旋糖酐也是常用药物,但效果多不理想。对于急性血栓形成的病例,抗凝治疗或溶栓治疗是很重要的治疗方法。近年有报道动脉插管点滴尿激酶进行溶栓治疗取得较好的治疗效果,约半数以上新近发生的血栓患者有效。也有报道应用胰高糖素、前列腺素等进行治疗的报道。

急性肠系膜动脉栓塞患者肠壁水肿、出血或坏死,甚至穿孔,因此肠道或腹腔易发生细菌感染。抗感染治疗或预防应用抗生素具有重要意义。应尽早选择广谱抗生素进行治疗,治疗时间一般较长,直至病变恢复为止。

凡经过上述治疗,患者腹痛或腹部压痛加重,白细胞或体温升高者,应积极手术治疗;腹泻或血便超过10~14d的患者,结肠穿孔的危险性增加,应手术治疗;对于疑有肠坏死、肠穿孔或腹膜炎的患者应早期手术。据报道约90%的病例需接受外科手术治疗。

肠系膜上静脉血栓形成在急性肠系膜血管缺血性疾病中占5%~10%,病死率为20%~50%,可继发于门脉系统血流淤滞、腹腔炎症、术后、外伤、血液高凝状态等原因,也可以原因不明(称为原发性肠系膜上静脉血栓形成)。患者小肠淤血,肠壁充血水肿,肠蠕动和消化吸收功能减退或消失。临床上表现腹痛、腹胀、恶心、呕吐、食欲缺乏等症状。诊断一旦明确,应在补充血容量的基础上给予扩血管药物以拮抗肠系膜血管反射性痉挛,罂粟碱、前列腺素 E_1 可以有效地扩张肠系膜血管;其他治疗包括祛聚、抗凝、溶栓治疗。可外周静脉滴注尿激酶25万单位,1次/d,5~7d。肝素6250U/12h,皮下注射,每天检查凝血酶原时间,调整肝素用量,使凝血酶原时间维持在治疗前水平的1.5~2.0倍,待恢复饮食后改服华法林钠,2.5mg/d,维持3个月以上。手术探查、切除坏死肠段、术后结合抗凝治疗是目前常采用的有效方法。

16.粪块所导致的肠溃疡　患者多有便秘,多位于直肠和乙状结肠,长期稳定的情况下可突然出血。直肠孤立性溃疡综合征经常与大便时过度用力有关,可伴有直肠脱垂,病灶为孤立的直肠溃疡或红斑,多位于肛门上 6～10cm 的直肠前壁,患者常有大便不尽感,也可以引起下消化道出血。

17.放射性肠炎　出现于前列腺、卵巢、宫颈癌等盆腔肿瘤放疗后数月到数年,可导致严重的出血,内镜下主要表现为于直肠和乙状结肠黏膜血管扩张。内镜下氩离子电凝结(APC)是选择的治疗之一。

八、急性非静脉曲张性上消化道出血的治疗

(一)一般治疗与监测

1.卧床休息。保持患者呼吸道通畅,头偏向一侧避免呕血时引起窒息,大量出血者宜禁食,少量出血者可适当进流质食物。

2.记录呕血、黑粪和便血的频度、颜色、性质、次数和总量,定期复查红细胞计数、血红蛋白、血细胞比容与血尿素氮等,需要注意血细胞比容在 24～72h 后才能真实反映出血程度。推荐对活动性出血或重度急性非静脉曲张性上消化道出血(acute nonvariceal upper gastrointestinal bleeding,AN－VUGIB)患者应插入胃管,以观察出血停止与否。

3.监测意识状态、脉搏和血压(注意排除服用 β 受体阻滞药或抗胆碱能药物对脉搏和血压的影响)、肢体温度,皮肤和甲床色泽、周围静脉特别是颈静脉充盈情况、尿量等,意识障碍和排尿困难者需留置尿管,危重大出血者必要时进行中心静脉压测定,老年患者常需心电监护、血氧饱和度监测、呼吸监护。

4.活动性出血的判断。判断出血有无停止,对决定治疗措施极有帮助。如果患者症状好转、脉搏及血压稳定、尿量足(>30ml/h),提示出血停止。

临床上,下述证候与化验提示有活动性出血:①呕血或黑粪次数增多,呕吐物呈鲜红色或排出暗红血便,或伴有肠鸣音活跃;②经快速输液输血,周围循环衰竭的表现未见明显改善,或虽暂时好转而又恶化,中心静脉压仍有波动,稍稳定后又再下降;③红细胞计数、血红蛋白测定与血细胞比容继续下降,网织红细胞计数持续增高;④补液与尿量足够的情况下,血尿素氮持续或再次增高;⑤胃管抽出物有较多新鲜血。

内镜检查根据溃疡基底特征,可用来判断病变是否稳定,凡基底有血凝块、血管显露等易于再出血。

(二)液体复苏

1.应立即建立快速静脉通道,并选择较粗静脉以备输血,最好能留置导管。根据失血的多少在短时间内输入足量液体,以纠正血循环量的不足。对高龄、伴心、肺、肾疾病的患者,应防止输液量过多,以免引起急性肺水肿。对于急性大量出血者,应尽可能施行中心静脉压监测,以指导液体的输入量。下述征象提示血容量已补足:患者意识恢复;四肢末端由湿冷、发绀转为温暖、红润,肛温与皮温差减小(1℃);脉搏由快弱转强。

2.液体的种类和输液量。常用液体包括等渗葡萄糖液、生理盐水、平衡液、血浆、全血或其他血浆代用品。急性失血后血液浓缩,血较黏稠,应静脉输入 5%～10%葡萄糖液或平衡液等晶体液。失血量较大(如减少 20%血容量以上)时,可输入血浆等胶体扩容剂。必要时可输血,紧急时输液、输血同时进行。输血指征为:①收缩压<90mmHg,或较基础收缩压降低幅

度＞30mmHg；②血红蛋白小于 50～70g/L，血细胞比容＜25％；③心率增快（＞120/min）。

3.血管活性药物的使用。在补足液体的前提下，如血压仍不稳定，可以适当地选用血管活性药物（如多巴胺）以改善重要脏器的血液灌注。

（三）止血措施

1.内镜检查和镜下止血　内镜检查为明确上消化道出血病灶和原因的关键检查，能发现上消化道黏膜的病变，应尽早在出血后 24～48h 内进行，并备好止血药物和器械。有内镜检查禁忌证者不宜做此检查：如心率＞120/min，收缩压＜90mmHg（1kPa＝7.5mmHg）或较基础收缩压降低＞30mmHg、血红蛋白＜50g/L 等，应先迅速纠正循环衰竭，血红蛋白上升至 70g/L 后再行检查。危重患者内镜检查时应进行血氧饱和度和心电、血压监护。

当检查至十二指肠球部未能发现出血病灶者，应深插内镜至乳头部检查。发现有 2 个以上的病变，要判断哪个是最可能的出血性病灶。

溃疡病变出血情况可以分为：Ⅰa 喷射样出血，Ⅰb 活动性渗血，Ⅱa 血管显露，Ⅱb 附着血凝块，Ⅱc 黑色基底，Ⅲ基底洁净，其再出血概率分别为 55％、55％、43％、22％、10％和 5％。

内镜下止血治疗起效快、疗效确切，应作为首选。可根据医院的设备和病变的性质选用局部喷洒和注射药物、热凝固止血法、使用止血夹、套扎等治疗。内镜下黏膜下注射止血因其简单易行、有效、设备要求不高而被广泛应用。目前报道用于注射的药物有肾上腺素、乙氧硬化醇、无水乙醇、高渗盐水或糖水等，也有复发出血、溃疡扩大、并发穿孔及心血管方面的不良反应等。

内镜下注射稀释过的肾上腺素是目前应用最为广泛的方法之一。一般用 1∶1 万或 1∶10 万的经生理盐水或高渗盐水稀释的肾上腺素于出血血管周围进行多点注射，每次 1～2ml，3～6 点，平均用量 6～10ml，多能取得即时止血的效果。1 次注射有效率为 10％～80％，但 1 周内再发出血率可高达 25％左右。

热凝固止血法是应用一定的体外能源产生的热量，使组织血管发生凝固、血栓形成等起到止血目的。根据能源不同目前有高频电、激光、微波、射频、氩离子束凝固术氩离子束凝固术（Argon Plasma Coagulation，APC）等。

内镜下放置血管钳止血是内镜确定出血点后，用止血钳放置器将血管金属钳经内镜孔道钳夹住出血点或者出血的组织而止血，主要适合血管断端出血和局部组织出血，对弥漫出血不适用。

2.药物止血

（1）抑酸药物：抑酸药能提高胃内 pH，既可促进血小板聚集和纤维蛋白凝块的形成，避免血凝块过早溶解，有利于止血和预防再出血，又可治疗消化性溃疡。临床常用的制酸药主要包括质子泵抑制药（PPI），组胺 H_2 受体拮抗药对于急性出血无确切疗效。诊断明确后推荐使用大剂量 PPI 治疗：奥美拉唑（如洛赛克）80mg 静脉推注后，以 8mg/h 输注持续 72h，其他 PH 尚有泮妥拉唑、埃索美拉唑等针剂。

（2）止血药物：止血药物对 ANVUGIB 的确切效果未能证实，不作为一线药物使用，对有凝血功能障碍者，可静脉注射维生素 K_1；为防止继发性纤溶，可使用氨甲苯酸（止血芳酸）等抗纤溶药；云南白药等中药也有一定疗效。

（3）对插入胃管者可用去甲肾上腺素盐水（去甲肾上腺素 8mg，加入生理盐水 100～200ml）洗胃，然后灌注凝血酶、硫糖铝混悬液等。

（4）幽门螺杆菌阳性的消化性溃疡出血患者，应在出血停止后给予抗幽门螺杆菌治疗；服用非甾体抗炎药者一般推荐长期同时服用PPI或黏膜保护药。

3.选择性血管造影及栓塞治疗　选择性动脉血管造影时，针对造影剂外溢或发现有病变，可经血管导管滴注血管加压素或去甲肾上腺素，导致小动脉和毛细血管收缩，使出血停止。无效者可用明胶海绵栓塞，但容易引起胃肠坏死。

4.手术治疗　诊断明确、药物和介入治疗无效者及诊断不明确、但无禁忌证者，可考虑手术治疗。术中可以结合内镜检查。

（葛全兴）

第四章　胃部疾病

第一节　急性胃炎

急性胃炎(acute gastritis)是由各种有害因素引起的胃黏膜的急性炎症,病因多种多样,有人将其分为急性外因性与急性内因性两类,凡致病因子经口进入胃内引起的胃炎称外因性胃炎,包括细菌性胃炎、中毒性胃炎、腐蚀性胃炎、药物性胃炎等;凡有害因子通过血循环到达胃黏膜而引起的胃炎,称内因性胃炎,包括急性传染病合并胃炎、全身性疾病(如尿毒症、肝硬化、肺心病、呼吸衰竭等)合并胃炎、化脓性胃炎、过敏性胃炎和应激性病变。近年来由于内镜的广泛应用,发现应激性病变很常见,是急性上消化道出血的常见病因之一。

一、由细菌引起的胃炎

进食污染细菌或细菌毒素的食物常于进食数小时或 24 小时内发病,常伴有发冷发热、腹痛、恶心呕吐、继而腹部绞痛,出现腹泻,一日内可达数次至十数次,严重者出现脱水、电解质紊乱、酸中毒或休克等。

实验室检查周围血白细胞增加,中性粒细胞增多。内镜检查可见黏膜充血水肿糜烂,有出血点及脓性分泌物,病原学检查是诊断本病的依据,同桌共餐者常同时发病是诊断本病的有力证据。

治疗方面,口服电解质溶液,纠正脱水,止吐,解痉止痛,不能口服者给予静脉补液。此外',应给予抗生素如氨基糖苷类药物包括庆大霉素、丁胺卡那霉素等以及喹诺酮类药物如环丙沙星、氧氟沙星等。此外,针刺足三里也可缓解症状。

二、药物性胃炎

用某些药物治疗疾病时可发生胃的刺激症状。能引起胃黏膜损伤的药物常见的有非甾体类消炎药(non-steroid anti-inflammatory drug,NSAID)如阿司匹林、保泰松、吲哚美辛(消炎痛)、扑热息痛等及含有这类药物的各类感冒药等,激素类、乙醇、抗生素类、组胺类、咖啡因、奎宁、抗肿瘤化疗药、洋地黄、氯化钾、铁剂等。这些药物不但可以引起急性胃炎,同时也可使慢性胃炎加重。有人指出规律性应用阿司匹林者较之不用阿司匹林者胃溃疡的患病率约高三倍,阿司匹林至少通过两个主要的机制损害胃黏膜:①破坏胃黏膜屏障;②抑制前列腺素的合成,已经证明前列腺素可以保护胃黏膜免遭许多外源性因素的损害。

临床表现为用药后出现上腹痛、上腹不适,有些患者可出现黑便、呕血等上消化道出血的表现。根据不同的损害程度内镜下可表现为黏膜充血、水肿、糜烂甚至多发浅表溃疡。

对于长期服用阿司匹林等药物的患者应加用施维舒、硫糖铝等胃黏膜保护剂预防。对仅有上腹部症状而无上消化道出血的患者可用质子泵制酸剂或胃黏膜保护剂。对于有上消化道出血的患者应停药,应给予质子泵抑制剂(proton pump inhibitor,PPI)抑酸等治疗。

三、急性腐蚀性胃炎

急性腐蚀性胃炎是由于吞服强酸、强碱或其他腐蚀剂引起。盐酸、硫酸、硝酸、氢氧化钠、氢氧化钾、来苏、过氧乙酸、氯化汞、砷、磷及盘状电池等均可引起腐蚀性胃炎。常伴有食管的损伤。1989 年，美国中毒救治中心协会报道的 25026 例食入强碱患者中，9603 例就诊，7 例死亡，1890 例为中重度损伤。损伤的严重程度取决于所吞食的腐蚀性物质的性质和浓度，如盘状电池含有高浓度的氢氧化钠或氢氧化钾；同时，食入的量也很重要，有自杀意图的患者中严重损伤率高于意外食入者。

病理变化的轻重取决于腐蚀剂的性质、浓度、剂量、空腹与否、有无呕吐及是否得到及时抢救等因素。一般来讲，碱对食管的危害性大于胃，而强酸对胃的损伤大于食管，食入碱性物质引起食管损伤者中，20％的患者伴有胃损伤，而且胃穿孔者也并不少见。主要病理变化为黏膜充血水肿和黏液增多，严重者可发生糜烂、溃疡、坏死，甚至穿孔。

临床表现最早出现的症状为口腔、咽喉、胸骨后及中上腹剧烈疼痛，常伴有吞咽疼痛、咽下困难、频繁的恶心呕吐。严重者可发生呕血、休克，甚至发生食管或胃穿孔。黏膜与腐蚀剂接触后，可产生颜色不同的灼痂。如：与硫酸接触后呈黑色痂，盐酸结灰棕色痂，硝酸结深黄色痂，醋酸或草酸结白色痂，强碱使黏膜透明水肿。腐蚀剂吸收后可引起全身中毒症状，如甲酚皂液吸收后可引起肾小管损害，导致肾衰竭；酸类吸收后可致酸中毒引起呼吸困难。在急性后期可逐渐形成食管、贲门或幽门瘢痕性狭窄，并形成萎缩性胃炎。

诊断该病需要详细询问病史，观察唇与口腔黏膜痂的色泽，检测呕吐物的色味及酸碱反应，重要的是收集剩下的腐蚀剂作化学分析，对于鉴定其性质最为可靠。在急性期内禁止作 X 线钡餐检查，以避免食管、胃穿孔。一个月后可进行 X 线钡餐检查，了解食管和胃损伤的程度。胃镜检查是一个有争议的问题，主要是上消化道管壁的穿孔，国外有学者认为可在吞服腐蚀剂 12～24 小时进行，5 天后不应再行胃镜检查，因为此时食管壁最薄，有增加穿孔的危险。大多数报道指出，穿孔与使用硬式胃镜有关，胃镜检查的禁忌证是休克、严重的咽喉部水肿和坏死、会厌坏死、严重的呼吸困难、腹膜炎、膈下游离气体和纵隔炎。胃镜检查的优点是为临床治疗和预后估计提供重要的依据，内镜下表现为：黏膜水肿、充血、变色、渗出、糜烂和溃疡。

腐蚀性胃炎是一种严重的急性中毒，必须积极抢救。吞服强酸、强碱者可服牛奶、蛋清或植物油，以期保护黏膜，但强碱或强酸对黏膜的破坏作用常常发生在瞬间；对中和剂的作用尚有疑问，如不能用碳酸氢钠中和强酸，以免产生二氧化碳导致腹胀，甚至胃穿孔，同时，中和作用可释放热量，在化学烧伤的基础上增加热烧伤；中和剂还可引起呕吐，进一步损伤食管和气道。洗胃是有争议的方法，如诱发恶心和呕吐，以及导致食管、胃的穿孔。休克时应首先抢救休克，剧痛时可用吗啡、度冷丁镇痛。吞服强酸强碱者严禁洗胃。若有继发感染，应选用抗生素。在病情好转后可施行食管探条或气囊扩张术，以预防食管狭窄。食管严重狭窄而不能进食者，可放置支架或行胃造瘘术。

四、化脓性胃炎

化脓性胃炎是由化脓菌引起的胃壁黏膜下层的蜂窝织炎，故又称急性蜂窝组织胃炎（acute phlegmonous gastritis），其病情危重，属于临床少见病。男性多见，发病年龄多在 30～60

岁。约 70% 的致病菌是溶血性链球菌,其次为金黄色葡萄球菌、肺炎球菌、大肠杆菌及产气荚膜杆菌等。大量饮酒、营养不良、年老体弱、低胃酸或无胃酸,常为此病的诱因。

临床表现通常为急性上腹部疼痛、高热、寒战、恶心,呕吐物常有胆汁,也可吐出脓血样物,虽不多见,但具有诊断价值。患者腹痛较重,多不放射,坐位或前倾体位时疼痛减轻或缓解(Deininger 征),为本病的特异症状,与胃穿孔有鉴别意义。查体多有上腹部压痛和肌紧张。可并发胃穿孔、腹膜炎、血栓性门静脉炎及肝脓肿。周围血白细胞增多,以中性粒细胞为主,粪潜血试验可为阳性。典型的腹部 X 线平片检查可见呈斑点状阴影的胃壁内有不规则分布的气泡串。CT 扫描可见有胃壁增厚或胃壁内液体集聚,也可在门静脉内见到气体。内镜检查可见胃黏膜充血或成紫色,由于黏膜下肿块而致胃腔狭窄或呈卵石样。还可见因凝固性坏死而产生的白色渗出液。常规活检组织革兰染色和细菌培养可阳性。

急性化脓性胃炎诊断困难,治疗成功的关键在于早期诊断。应及早给予大剂量抗生素控制感染,纠正休克、水与电解质紊乱等。如病变局限而形成脓肿者,药物治疗无效,当患者全身情况允许时,可行胃部分切除术。

五、中毒性胃炎

能引起胃炎的化学毒物有几十种,常遇到的是 DDV、DDT、砷、汞等,多为误服或自杀。根据毒物的性质与摄入量,可有不同的临床症状,如上腹痛、恶心、呕吐、腹泻、流涎、出汗或头晕,甚至有失水、谵妄、肌肉痉挛及昏迷。根据病史进行诊断,检查患者用过的物品,必要时进行毒物鉴定。

治疗原则:立即清除胃内毒物,充分洗胃;给予解毒剂;辅助治疗为补液、吸氧、给予兴奋剂或镇静剂等。

六、应激性糜烂和溃疡

本病的临床表现为起病较急,多在原发病的病程初期或急性期时,突发上消化道出血,表现为呕血或胃管内引流出鲜血,有黑便。出血常为间歇性,大量出血可引起晕厥或休克,伴贫血。有中上腹隐痛不适或有触痛。发病 24～48 小时检查内镜可发现胃黏膜糜烂、出血或多发的浅表溃疡,尤以胃体上部多见,亦可在食管、十二指肠见到,结肠出血极为罕见。

七、酒精性胃炎

饮酒过量可以引起胃黏膜充血水肿糜烂出血,患者表现为上腹痛、上腹不适、烧心、反酸、恶心、呕吐、黑便,症状轻者多在短期内恢复。可以用 H_2 受体阻滞剂或胃黏膜保护剂。伴有酒精中毒者应进行洗胃等治疗。

八、过敏性胃炎

过敏性胃炎是过敏性疾病在胃的一种表现,除胃部症状如恶心、呕吐、上腹痛、食欲不振甚至幽门梗阻及胃出血外,常伴有其他过敏现象,如荨麻疹、神经性水肿、头晕及发热等。Cherallier 曾用胃镜观察过一些过敏患者的胃黏膜表现,血管通透性增强,胃黏膜明显水肿,可有糜烂出血。可给予抗过敏药物及对症治疗。

九、急性幽门螺杆菌胃炎

急性幽门螺杆菌胃炎是幽门螺杆菌原发感染引起的急性胃黏膜炎症,临床症状轻微或无症状。少数患者表现急性的上腹痛、恶心、呕吐及腹胀,胃镜检查胃窦部有显著异常,很像胃癌所见改变,组织学检查见有明显的嗜中性粒细胞的浸润、水肿及充血等。患者的症状于数日或数周内消失,经有效的抗生素治疗后,随着幽门螺杆菌的清除,胃炎也得以恢复。

(王燕君)

第二节 慢性胃炎

慢性胃炎(chronic gastritis)是指不同病因引起的胃黏膜的慢性炎症性病变,以淋巴细胞和浆细胞的浸润为主,活动期以嗜中性粒细胞浸润为主。病变分布并不均匀。慢性胃炎临床上常见,占接受胃镜检查患者的80%~90%,随年龄的增长发病率逐渐增高。由于多数慢性胃炎患者无任何症状,因此难以获得确切的患病率。由于幽门螺杆菌(helicobacter pylori, H. pylori)现症感染者几乎均存在慢性胃炎,除 H. pylori 感染外,胆汁反流、药物、自身免疫性因素、自主神经功能紊乱、长期失眠等也可引起慢性胃炎。因此,估计人群中慢性胃炎的患病率高于或略高于 H. pylori 感染率。其患病率与性别的关系不大。

一、分类

早在 1728 年 Stahl 首先提出慢性胃炎的概念,1990 年第九届世界胃肠病学大会上 Misiewicz 等提出了新的胃炎分类法,又称悉尼胃炎分类法,1996 年悉尼系统根据多方的建议进行了一次修订。此分类法是由组织学和内镜两部分组成,组织学以病变为核心,确定三种基本诊断:①急性胃炎;②慢性胃炎;③特殊类型胃炎。而以病因学和相关因素为前缀,组织形态学描述为后缀,并对肠上皮化生、炎症的活动性、炎症、腺体萎缩及 H. pylori 感染分别给予程度分级(分为无、轻、中、重四级)。内镜部分以肉眼所见描述为主,如充血、水肿、黏膜易脆、渗出、扁平糜烂、隆起糜烂、皱襞萎缩或增粗、结节状、黏膜下血管显露、黏膜内出血等,分别区分病变程度,并确定 7 种内镜下的胃缘诊断,包括红斑渗出性胃炎、平坦糜烂性胃炎、隆起糜烂性胃炎、萎缩性胃炎、出血性胃炎、胃肠反流性胃炎和皱襞肥厚性胃炎。悉尼分类把病因、相关病原、组织学(包括 H. pylori)及内镜均纳入诊断,使诊断更为全面完整,有利于胃炎的临床与病理研究的标准化,但还存在一些问题有待解决。

2002 年日本胃炎研究会公布了日本的慢性胃炎分类标准,包括基本型、内镜分级及诊断标准两部分。2005 年,国际萎缩胃炎研究小组提出了如下不同于新悉尼胃炎系统的胃黏膜炎性反应和萎缩程度的分期标准,此后国际工作小组总结成为 OLGA 分级分期评估系统(表4—1)。该系统不同于新悉尼胃炎分类系统,而旨在将慢性胃炎的病理组织学、临床表现和癌变危险联系起来分析。但其是否适合于目前我国的临床工作,尚待研究。

1982 年我国慢性胃炎学术会将慢性胃炎分为浅表性胃炎与萎缩性胃炎两种类型。

表4－1　胃黏膜萎缩程度分期

组别	胃体			
	无萎缩(0分)	轻度萎缩(1分)	中度萎缩(2分)	重度萎缩(3分)
胃窦无萎缩(0分)	0期	Ⅰ期	Ⅱ期	Ⅱ期
胃窦轻度萎缩(1分)	Ⅰ期	Ⅱ期	Ⅱ期	Ⅲ期
胃窦中度萎缩(2分)	Ⅱ期	Ⅱ期	Ⅲ期	Ⅳ期
胃窦重度萎缩(3分)	Ⅲ期	Ⅲ期	Ⅳ期	Ⅳ期

　　2000 年中华医学会消化病学分会在江西井冈山举行慢性胃炎研讨会,提出了慢性胃炎分类的共识意见如下:内镜下慢性胃炎分为浅表性胃炎,又称非萎缩性胃炎和萎缩性胃炎两种类型,如同时存在平坦糜烂、隆起糜烂或胆汁反流,则诊断为浅表性或萎缩性胃炎伴糜烂或伴胆汁反流。病变的分布及范围包括胃窦、胃体及全胃。同时提出了病理组织学诊断标准。中华医学会消化内镜学分会 2003 年 9 月于大连召开了全国慢性胃炎专题讨论会,公布了慢性胃炎的内镜分型分级标准试行意见。根据内镜下表现将慢性胃炎分为浅表性胃炎、糜烂性胃炎、出血性胃炎和萎缩性胃炎四种类型,又根据病变的数量、程度或范围分别分为Ⅰ、Ⅱ、Ⅲ级。该试行意见对取材部位、病理诊断标准、活动性判断、H. pylori 诊断要求仍延续 2000 年消化病学会井冈山分级标准实行。上述分类标准在使用过程中也出现了很多争论,尤其是慢性病变内镜特征的特异性不强,在使用过程中容易出现与急性病变以及血管性病变相混淆。

　　2006 年中华医学会消化病学分会在上海召开了全国慢性胃炎研讨会,通过了《中国慢性胃炎共识意见》,对慢性胃炎的临床诊断、病理诊断、防治、随访等问题均进行了详尽的阐述。根据该共识,慢性胃炎分为非萎缩性胃炎和萎缩性胃炎两类,按照病变的部位分为胃窦胃炎、胃体胃炎和全胃炎。有少部分是特殊类型胃炎,如化学性胃炎、淋巴细胞性胃炎、肉芽肿性胃炎、嗜酸细胞性胃炎、胶原性胃炎、放射性胃炎、感染性(细菌、病毒、霉菌和寄生虫)胃炎和 Menetrier 病。近年来,国际上有关慢性胃炎的诊疗出现了某些新进展,慢性胃炎的分级分期评估系统(operative link for gastritis assessment,OLGA)、欧洲《胃癌癌前状态处理共识意见》、Maastricht Ⅳ 共识提出幽门螺杆菌(H. pylori)与慢性胃炎和胃癌的关系及根除 H. pylori 的作用、慢性胃炎内镜和病理诊断手段的进步等,中华医学会消化病学分会于 2012 年在上海再次召开全国慢性胃炎诊治共识会议,通过了最新版的《中国慢性胃炎共识意见》,较 2006 年的共识意见有较多的概念更新,更有利于临床普及应用。

二、病因和发病机制

　　慢性胃炎的病因未完全阐明,现已明确 H. pylori 感染为慢性胃炎的最主要的病因,有人将其称为 H. pylori 相关性胃炎,而其他物理性、化学性及生物性有害因素长期反复作用于易感人体也可引起本病。

　　(一)H. pylori 感染

　　螺杆菌属细菌目前已有近 40 种,新的细菌还在不断发现中。除 Ⅱ. pylori 外,现已发现海尔曼螺杆菌(Helicobacter heilmannii)感染也会引起慢性胃炎。在慢性胃炎患者中,海尔曼螺

杆菌的感染率为 $0.15\%\sim0.20\%$。与 H. pylori 感染相比，海尔曼螺杆菌感染者胃黏膜炎性反应程度较轻，根除海尔曼螺杆菌也可使胃黏膜炎性反应消退。海尔曼螺杆菌感染也可引起胃黏膜相关淋巴样组织（mucosa associated lymphoid tissue，MALT）淋巴瘤。

（二）免疫因素

慢性萎缩性胃炎患者的血清中能检出壁细胞抗体（PCA），伴有恶性贫血者还能检出内因子抗体（IFA）。壁细胞抗原和 PCA 形成的免疫复合物在补体参与下，破坏壁细胞。IFA 与内因子结合后阻滞维生素 B_{12} 与内因子结合，导致恶性贫血。

（三）胆汁反流

胆汁反流也是慢性胃炎的病因之一。幽门括约肌功能不全导致胆汁反流入胃，后者削弱或破坏胃黏膜屏障功能，使胃黏膜遭到消化液作用，产生炎性反应、糜烂、出血和上皮化生等病变。这种慢性胃炎又称为胆汁反流性胃炎，好发生于胃窦部。

（四）药物

非甾体类消炎药（NSAIDs）如阿司匹林和保泰松可引起胃黏膜糜烂，糜烂愈合后可遗留有慢性胃炎。

（五）物理因素

长期饮浓茶、烈酒、咖啡、过热、过冷、过于粗糙的食物，均可导致胃黏膜的损害。

（六）遗传因素

Varis 和 Siurala 发现恶性贫血的一级亲属 A 型胃炎的发病率明显高于一般人群，严重萎缩性胃炎发生的危险性是随机人群的 20 倍，他们认为其中起作用的是一常染色体显形遗传基因。对 B 型胃炎的研究发现也有家庭聚集现象。说明人体的遗传易感性在慢性胃炎的发病中起着一定的作用。

三、病理

慢性胃炎的病理变化主要局限于黏膜层，有一系列基本病变。根据病变程度的不同可分为非萎缩性胃炎和萎缩性胃炎。

（一）萎缩的定义

胃黏膜萎缩是指胃固有腺体减少，组织学上有两种类型：①化生性萎缩：胃黏膜固有层部分或全部由肠上皮腺体组成；②非化生性萎缩：胃黏膜层固有腺体数目减少，被纤维组织或纤维肌性组织或炎症细胞（主要是慢性炎症细胞）取代。肠化生不是胃固有腺体，因此，尽管胃腺体数量未减少，但也属萎缩。

（二）组织学分级标准

有 5 种组织学变化要分级（H. pylori 感染、慢性炎症反应、活动性、萎缩和肠化），分成无、轻度、中度和重度 4 级（0、＋、＋＋、＋＋＋）。标准如下述，建议与悉尼系统的直观模拟评分法（visual analogue scale）并用（图 4-1），病理检查要报告每块活检标本的组织学变化。

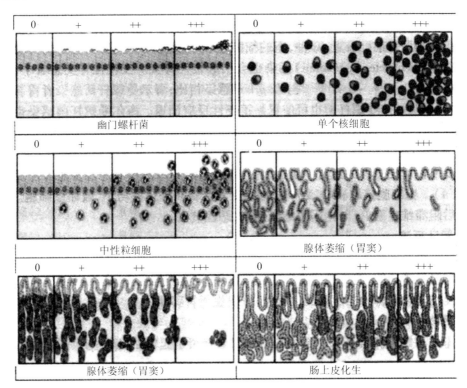

图 4－1 直观模拟评分法

1. H. pylori 感染　观察胃黏膜黏液层、表面上皮、小凹上皮和腺管上皮表面的 H. pylori。无:特殊染色片上未见 H. pylori;轻度:偶见或小于标本全长 1/3 有少数 H. pylori;中度:H. pylori 分布超过标本全长 1/3 而未达 2/3 或连续性、薄而稀疏地存在于上皮表面;重度:H. pylori 成堆存在,基本分布于标本全长。肠化黏膜表面通常无 H. pylori 定植,宜在非肠化处寻找。对炎症明显而 HE 染色切片未找见 H. pylori 的,要作特殊染色仔细寻找,推荐用较简便的 Giemsa 染色,也可按各病理室惯用的染色方法。

2. 慢性炎症反应(单个核细胞浸润)　根据黏膜层慢性炎症细胞的密集程度和浸润深度分级。无:单个核细胞(包括光学显微镜下无法区分的淋巴细胞、浆细胞等)每高倍视野中不超过 5 个,如数量略超过正常而内镜下无明显异常,病理可诊断为基本正常;轻度:慢性炎症细胞较少并局限于黏膜浅层,不超过黏膜层的 1/3;中度:慢性炎症细胞较密集,不超过黏膜层 2/3;重度:慢性炎症细胞密集,占据黏膜全层。计算密集程度时要避开淋巴滤泡及其周围的小淋巴细胞区。

3. 活动性　指慢性炎症背景上有中性粒细胞浸润。无:慢性炎性背景上有中性粒细胞浸润。轻度:黏膜固有层有少数中性粒细胞浸润;中度:中性粒细胞较多存在于黏膜层,可见于表面上皮细胞、小凹上皮细胞或腺管上皮内;重度:中性粒细胞较密集,或除中度所见外还可见小凹脓肿。

4. 萎缩　萎缩程度以胃固有腺减少各 1/3 来计算。无:固有腺体数无减少;轻度:固有腺体数减少不超过原有腺体的 1/3;中度:固有腺体数减少介于原有腺体 1/3～2/3;重度:固有腺体数减少超过 2/3,仅残留少数腺体,甚至完全消失。局限于胃小凹区域的肠化不能算萎缩。黏膜层如出现淋巴滤泡不算萎缩,要观察其周围区域的腺体情况来决定。一切原因引起黏膜损伤的病理过程都可造成腺体数量减少,如溃疡边缘取的活检,不一定就是萎缩性胃炎。切片中未见到黏膜肌层者,失去了判断有无萎缩的依据,不能"推测"诊断。

5.肠化 无:无肠化;轻度:肠化区占腺体和表面上皮总面积1/3以下;中度:占1/3~2/3;重度:占2/3以上。用组织化学和酶学方法可将肠化分为四型,Ⅰ型:为小肠型完全肠化,此型占肠化的多数,由小肠杯状细胞、吸收细胞及潘氏细胞组成,与正常小肠上皮相似;Ⅱ型:为小肠型不完全肠化,由黏液柱状细胞和杯状细胞组成,无成熟的吸收细胞及潘氏细胞;Ⅲ型:为大肠型完全肠化,由大肠吸收细胞及杯状细胞构成,无潘氏细胞;Ⅳ型:为大肠型不完全肠化,主要由柱状细胞及杯状细胞组成,无成熟的吸收细胞及潘氏细胞。过去曾有学者认为,肠化生亚型中的小肠型和完全型肠化生无明显癌前病变意义,而大肠型肠化生的胃癌发生危险性显著增高,从而引起临床的重视。但近年资料显示其预测胃癌价值有限,现更强调重视肠化生范围,范围越广,其发生胃癌的危险性越高。

(三)其他组织学特征

不需要分级的组织学变化出现时需注明。分为非特异性和特异性两类,前者包括淋巴滤泡、小凹上皮增生、胰腺化生和假幽门腺化生等;后者包括肉芽肿、聚集的嗜酸性粒细胞浸润、明显上皮内淋巴细胞浸润和特异性病原体等。假幽门腺化生是泌酸腺萎缩的指标,判断时要核实取材部位。胃角部活检见到黏液分泌腺的不宜诊断为假幽门腺化生。

(四)上皮内瘤变

多年来应用"异型增生"表示胃癌的癌前病变,也称不典型增生。胃小凹处上皮常可发生增生,增生的上皮和肠化上皮可发生发育异常,表现为不典型的上皮细胞,核增大失去极性,增生的细胞拥挤而有分层现象,黏膜结构紊乱,有丝分裂象增多。近年来改为"上皮内瘤变"。异型增生分为轻度、中度和重度,上皮内瘤变分为低级别和高级别。异型增生和上皮内瘤变是同义词,后者是WHO国际癌症研究协会推荐使用的术语。目前国际上对此术语的应用和国内对术语的采用及译法意见并未完全统一。

四、临床表现

慢性胃炎病程迁延,大多无明显症状,而部分有消化不良的症状。可有上腹饱胀不适,以进餐后为甚,有无规律性隐痛、嗳气、反酸、烧灼感、食欲不振、恶心、呕吐等。与功能性消化不良患者在临床表现和精神心理状态上无显著差异。部分慢性胃炎患者可同时存在胃食管反流病和消化道动力障碍,尤其在一些老年患者,其下食管括约肌松弛和胃肠动力障碍尤为突出。少数可有上消化道出血的表现,一般为少量出血。A型胃炎可出现明显厌食和体重减轻,可伴有贫血。慢性胃炎患者缺乏特异性体征。在有典型恶性贫血时,可出现舌炎、舌萎缩和周围神经病变如四肢感觉异常,特别是两足。不同内镜表现和病理组织学结果的患者症状无特异性,且症状的严重程度与内镜所见和病理组织学分级无明显相关性。

五、胃镜和实验室检查

(一)胃镜及活组织检查

胃镜下肉眼所见的黏膜变化与病理检查结果结合是慢性胃炎最可靠的诊断方法。萎缩性胃炎的诊断目前仍主要依靠病理检查才能确诊。活检病理的诊断价值更大。

内镜下将慢性胃炎分为慢性非萎缩性胃炎(即以往所称的浅表性胃炎)及慢性萎缩性胃

炎两大基本类型,如同时存在平坦糜烂、隆起糜烂、出血、粗大黏膜皱襞或胆汁反流等征象,则可诊断为慢性非萎缩性胃炎或慢性萎缩性胃炎伴糜烂、胆汁反流等。慢性非萎缩性胃炎内镜下可见黏膜红斑(点状、片状、条状),黏膜粗糙不平,黏膜出血点/斑,黏膜水肿及充血渗出等基本表现。而其中糜烂性胃炎有 2 种类型,即平坦型和隆起型,前者表现为胃黏膜有单个或多个糜烂灶,其大小从针尖样到最大径数厘米不等;后者可见单个或多个疣状、膨大皱襞状或丘疹样隆起,最大径 5~10mm,顶端可见黏膜缺损或脐样凹陷,中央有糜烂。慢性萎缩性胃炎内镜下可见黏膜红白相间以白为主,皱襞变平甚至消失,部分黏膜血管显露;以及黏膜呈颗粒或结节状等基本表现。萎缩性胃炎内镜所见有两种类型,即单纯萎缩和萎缩伴增生。前者主要表现为黏膜红白相间以白为主、血管显露、皱襞变平甚至消失,后者主要表现为黏膜呈颗粒或小结节状。特殊类型胃炎的内镜诊断,必须结合病因和病理做出。

根据病变分布,内镜下慢性胃炎可分为胃窦炎、胃体炎、全胃炎胃窦为主或全胃炎胃体为主。目前难以根据内镜所见作慢性胃炎严重程度的分级。主要是现有内镜分类存在人为主观因素或过于繁琐等缺点。合理而实用的分级有待进一步研究。

放大胃镜结合染色,能清楚地显示胃黏膜微小结构,对胃炎的诊断和鉴别诊断及早期发现上皮内瘤变和肠化具有参考价值。目前亚甲基蓝染色结合放大内镜对肠化和上皮内瘤变仍保持了较高的准确率。苏木精、靛胭脂染色也显示了对于上皮内瘤变的诊断作用。内镜电子染色技术结合放大内镜对于慢性胃炎以及胃癌前病变具有较高的敏感度和特异度,但其具体表现特征及分型尚无完全统一的标准。共聚焦激光显微内镜等光学活组织检查技术对胃黏膜的观察可达到细胞水平,能够实时辨认胃小凹、上皮细胞、杯状细胞等细微结构变化,对慢性胃炎的诊断和组织学变化分级(慢性炎性反应、活动性、萎缩和肠化)具有一定的参考价值。同时,光学活检可选择性对可疑部位进行靶向活检,有助于提高活检取材的准确性。

活检取材方法:活检取材块数和部位由内镜医师根据需要决定,取 2 块或更多。由于慢性胃炎时炎性反应程度、腺体肠化、腺体萎缩、间质增生等病理组织学变化是不均匀分布的,因此,对于胃镜活检需要具备一定基本条件。①胃镜活检钳的直径需>2mm(因为胃黏膜一个小区的宽度为 1.5mm,深度为 1.5mm),可采用全(或半)张开活检钳方法活检。②活检组织拉出胃镜镜筒后立刻放入固定液(10 秒内为佳,以免干燥影响制片,固定液为中性缓冲 4%甲醛溶液)。③病理科在包埋组织时需确认黏膜的表面与深面,确保切片后可以观察到黏膜全层;否则,将失去判断有无萎缩的基本条件。活检组织取出后尽快固定,包埋应注意方向性。有条件时,活检可在色素或电子染色放大内镜引导下进行。活检重点部位应位于胃窦、胃角、胃体小弯侧及可疑病灶处。不同部位的标本须分开装瓶,并向病理科提供取材部位、内镜所见和简要病史。

(二)H. pylori 检测

对慢性胃炎患者作 H. pylori 检测是必要的。目前 H. pylori 检测包括侵入性和非侵入性两类。侵入性方法依赖胃镜活检,包括快速尿素酶试验(RUT)、胃黏膜直接涂片染色镜检、胃黏膜组织切片染色(如 HE、Warthin-Starry 银染、改良 Giemsa 染色、甲苯胺蓝染色、吖啶橙染色、免疫组化染色等)镜检、细菌微需氧环境下培养、基因方法检测(如 PCR、寡核苷酸探针杂交、基因芯片检测等)。非侵入性检测方法不依赖胃镜检查,包括[13]C—或[14]C—尿素呼气试验(UBT)、粪便中 H. pylori 抗原检测(H. pylori SA,依检测抗体分为单克隆、多克隆抗体检测)、血清 H. pylori 抗体测定等。符合下述 3 项之 1,可诊断为 H. pylori 现症感染:①胃黏膜组织 RUT、组织切片染色或培养结果 3 项中任 1 项阳性；②[13]C 或[14]C-UBT 阳性；③H. pylori SA 检测（经临床验证的单克隆抗体法）阳性。血清 H. pylori 体检测（经临床验证、准确性高的试剂）阳性提示曾经感染，从未治疗者可视为现症感染。根除治疗后的判断应在根除治疗结束至少 4 周后进行，首选方法为 UBT。符合下述 3 项之 1，可判断为 H. pylori 根除：①[13]C 或[14]C-UBT 阴性；②H. pylori SA 检测阴性；③基于胃窦、胃体两个部位取材的 RUT 均阴性。

（三）血清学检查

A 型胃炎时血清胃泌素水平常明显升高，在有恶性贫血时更甚。血清中可测得抗壁细胞抗体（约 90%）和抗内因子抗体（约 75%），维生素 B_{12} 水平明显低下。B 型胃炎时血清胃泌素水平的下降视 G 细胞的破坏程度而定。血清中也可有抗壁细胞抗体的存在（约 30%），但滴度低。在慢性胃炎中，胃体萎缩者血清胃泌素 G17 水平显著升高，胃蛋白酶原Ⅰ或胃蛋白酶原Ⅰ/Ⅱ比值降低；胃窦萎缩者，前者降低，后者正常；全胃萎缩者则两者均降低。血清胃泌素 G17 及胃蛋白酶原Ⅰ和Ⅱ的检测有助于胃黏膜萎缩的有无和萎缩部位的判断。

（四）胃液分析

A 型胃炎均有胃酸缺乏，病变弥漫而严重者，用五肽胃泌素实验无胃酸分泌。B 型胃炎不影响胃酸分泌，有时反而增多，但如有大量 G 细胞丧失，则胃酸分泌降低。由于本检查操作复杂，有一定痛苦，目前已较少应用。

（五）X 线检查

由于胃镜检查的广泛应用，临床上已较少使用 X 线检查来诊断胃炎。相当一部分患者作气钡双重对比造影时并无异常改变，或在萎缩性胃炎时见有黏膜皱襞相对平坦和减少；胃窦炎症时可见局部痉挛性收缩、皱襞增粗、迂曲等。

（六）维生素 B_{12} 吸收试验

在使体内维生素 B_{12} 饱和后，给口服分别装有[58]Co-维生素 B_{12}，以及[57]Co-维生素 B_{12} 内因子复合物的胶囊，并同时开始收集 24 小时尿液，分别测定尿中[58]Co 和[57]Co 的排出率。正常人两者的排出率都超过 10%，若内因子缺乏，则尿中[58]Co 低于 5%，而[57]Co 仍正常。

六、诊断和鉴别诊断

确诊主要依靠胃镜检查和胃黏膜活检病理检查，以后者更为重要。同时还必须除外溃疡病、胃癌、慢性肝病及慢性胆囊病。应用上述各种方法检测有无 H. pylori 感染。如怀疑为 A 型胃炎，应检测血中抗壁细胞抗体、内因子抗体，合并恶性贫血时可发现巨幼细胞性贫血，应作血清维生素 B_{12} 测定和维生素 B_{12} 吸收试验。血清胃泌素 G17 以及胃蛋白酶原Ⅰ和Ⅱ的检测有助于胃黏膜萎缩的有无和萎缩部位的判断。

七、治疗

目前慢性胃炎尚无特效疗法，治疗目的是缓解症状和改善胃黏膜组织学。慢性胃炎消化不良症状的处理与功能性消化不良相同。无症状、H. pylori 阴性的慢性非萎缩性胃炎无需特殊治疗；但对慢性萎缩性胃炎，特别是严重的慢性萎缩性胃炎或伴有上皮内瘤变者应注意预防其恶变。

（一）一般治疗

避免引起急性胃炎的因素，如戒烟酒，避免服用对胃有刺激的食物和药物如 NSAIDs 等。

（二）饮食治疗

原则是多次少餐，软食为主，避免生冷及刺激性食物，更重要的是根据患者的饮食习惯和多年经验，总结出一套适合本人的食谱。

（三）药物治疗

有关 H. pylori 的治疗请参见本书第 12 章第五节 H. pylori 感染的治疗。

对未能检出的慢性胃炎，应分析其病因。如因非甾体抗炎药引起，应立即停服；有烟酒嗜好者，应予戒除。

有胃黏膜糜烂和（或）以反酸、上腹痛等症状为主者，抗酸或抑酸治疗对愈合糜烂和消除上述症状有效。可根据病情或症状严重程度选用抗酸剂、H_2 受体拮抗剂或 PPI。某些患者选择适度抑酸治疗可能更经济且不良反应较少。以上腹饱胀、恶心或呕吐等为主要症状者可用促动力药，如莫沙必利、盐酸伊托必利和多潘立酮等，可改善上述症状，并可防止或减少胆汁反流。伴胆汁反流者则可应用促动力药和（或）有结合胆酸作用的胃黏膜保护剂，如铝碳酸镁制剂，可增强胃黏膜屏障并可结合胆酸，从而减轻或消除胆汁反流所致的胃黏膜损害。其他胃黏膜保护剂如硫糖铝、替普瑞酮、吉法酯、瑞巴派特、依卡倍特等可改善胃黏膜屏障，促进胃黏膜糜烂愈合，但对症状改善作用尚有争议。在排除了胃排空迟缓引起的饱胀、胃出口梗阻、胃黏膜屏障减弱或胃酸过多导致的胃黏膜损伤（如合并有消化性溃疡和较重糜烂者）情况下，可针对进食相关的腹胀、纳差等消化不良症状而应用消化酶制剂（如复方阿嗪米特、米曲菌胰酶、各种胰酶制剂等）缓解相应症状。有明显精神心理因素及睡眠障碍的慢性胃炎患者，如常规治疗无效和疗效差者，可用抗抑郁药或抗焦虑药。

萎缩性胃炎以对症处理为主，伴恶性贫血者可给予维生素 B_{12} 和叶酸；有肠化生者可给予中药胃复春及维生素等。

八、转归、预后、随访及预防

慢性胃炎的转归包括逆转、持续稳定和病变加重状态。多数慢性非萎缩性胃炎患者病情较稳定，特别是不伴有 H. pylori 持续感染者。某些患者随着年龄增加，因衰老而出现萎缩等组织病理学改变，更新的观点认为无论年龄，持续 H. pylori 感染可能导致慢性萎缩性胃炎。慢性萎缩性胃炎多数稳定，但中重度者不加任何干预则可能进一步发展。反复或持续 H. pylori 感染、不良饮食习惯等均为加重胃黏膜萎缩和肠化的潜在因素。水土中含过多硝酸盐和亚硝酸盐、微量元素比例失调、吸烟、长期饮酒，缺乏新鲜蔬菜与水果及所含的必要营养素，经常食用霉变、腌制、熏烤和油炸食品等快餐食物，过多摄入食盐，有胃癌家族史，均可增加慢性萎缩性胃炎患病风险或加重慢性萎缩性胃炎甚至增加癌变的可能。慢性萎缩性胃炎常合并肠化，少数出现上皮内瘤变，伴有上皮内瘤变者发生胃癌的危险性有不同程度的增加。经历长期的演变，少数病例可发展为胃癌。低级别上皮内瘤变大部分可逆转而较少恶变为胃癌。

部分 H. pylori 相关性胃炎（<20%）可发生消化性溃疡：以胃窦炎性反应为主者易发生十二指肠溃疡，而多灶萎缩者易发生胃溃疡。部分慢性非萎缩性胃炎可发展为慢性萎缩性胃炎。

一般认为，中、重度慢性萎缩性胃炎有一定的癌变率。为了既减少胃癌的发生，又方便患者且符合医药经济学要求,活检有中至重度萎缩并伴有肠化的慢性萎缩性胃炎 1 年左右随访 1 次,不伴有肠化或上皮内瘤变的慢性萎缩性胃炎可酌情内镜和病理随访。伴有低级别上皮内瘤变并证明此标本并非来自于癌旁者,根据内镜和临床情况缩短至 6 个月左右随访 1 次;而高级别上皮内瘤变须立即确认,证实后采取内镜下治疗或手术治疗。

为了便于对病灶监测、随访,有条件时可考虑进行胃黏膜定标活检(mucosa target biopsy,MTB)。该技术采用胃黏膜定标活检钳和定标液对活检部位进行标记定位,同时取材活检,可对可疑病变进行准确定位和长期随访复查。糜烂性胃炎建议的定标部位为病灶处,慢性萎缩性胃炎的定标部位为胃窦小弯、胃窦大弯、胃角、胃体小弯、胃体大弯及病灶处。但需指出的是,萎缩病灶本身就呈"灶状分布",原定标部位变化不等于未定标部位变化。不能简单拘泥于与上次活检部位的一致性而忽视了新发病灶的活检。目前认为萎缩或肠化的范围是判断严重程度的重要指标,这是定标活检所不能反映的。

较多研究发现,感染有促进慢性萎缩性胃炎发展为胃癌的作用。根除可以明显减缓癌前病变的进展,并有可能减少胃癌发生的危险。新近发表的一项根除 H. pylori 后随访 14.7 年的研究报告称,H. pylori 根除治疗组(1130 例)和安慰剂组(1128 例)的胃癌发生率分别是 3.0% 和 4.6%。根除对于轻度慢性萎缩性胃炎将来的癌变具有较好的预防作用。根除 H. pylori 对于癌前病变病理组织学的好转有利。

某些具有生物活性功能的维生素,如维生素 C 以及微量元素硒可能降低胃癌发生的危险度。对于部分体内低叶酸水平者,适量补充叶酸可改善慢性萎缩性胃炎病理组织状态而减少胃癌的发生。虽然某些报道认为环氧酶(COX2)抑制剂有一定降低胃癌发生的作用,但鉴于存在诱发心血管事件发生的可能,不主张在一般人群中应用。

(徐国峰)

第三节 特殊类型慢性胃炎或胃病

一、疣状胃炎(verrucosal gastritis)

疣状胃炎又称痘疹状胃炎,它常和消化性溃疡、浅表性或萎缩性胃炎等伴发,亦可单独发生。主要表现为胃黏膜出现弥漫性、多个疣状、膨大皱襞状或丘疹样隆起,直径 5～10mm,顶端可见黏膜缺损或脐样凹陷,中心有糜烂,隆起周围多无红晕,但常伴有大小相仿的红斑,以胃窦部多见,可分为持续型及消失型。病因尚不明确,可能与免疫因素、淋巴细胞浸润有关,制酸治疗有一定效果。

二、淋巴细胞性胃炎

淋巴细胞性胃炎也称胃假性淋巴瘤(pseudolymphoma)、反应性淋巴滤泡性胃炎、灶性淋巴组织增生。是胃黏膜局限性或弥漫性淋巴细胞明显增生的良性疾病。局限性者,胃底腺区或移行区皱襞肥厚呈脑回状、结节状,多数中心伴有溃疡,和恶性淋巴瘤相似。弥漫型者病变主要在胃窦,黏膜糜烂或浅表溃疡,类似于 Ⅱc 型早期胃癌。组织学见黏膜层和黏膜下层淋巴细胞增生,形成淋巴滤泡,可累及胃壁全层,胃固有腺体减少,表面常形成糜烂。本病诊断常在手术后作出,活检诊断应特别慎重,因为其与 MALT 淋巴瘤极易混淆,鉴别需要以免疫组化淋巴瘤基因重排检测。本病可能与免疫反应有关,一项较大样本(51 例)的多中心研究表明阳性的淋巴细胞性胃炎在根除 H. pylori 后绝大多数(95.8%)患者的胃炎得到显著改善,而服用奥美拉唑或安慰剂的对照组仅 53.8% 得到改善,未改善者在根除 H. pylori 后均得到改善。提示 H. pylori 阳性的淋巴细胞性胃炎根除治疗对部分患者有效。如与恶性淋巴瘤难以区分时,应行手术治疗。

三、Menetrier 病

Menetrier 病又称巨大胃黏膜肥厚症,病因不明。常见于 50 岁以上男性。临床表现有上腹痛、体重减轻、水肿、腹泻。无特异性体征,可有上腹部压痛,水肿、贫血。粪隐血试验常阳性。内镜可见胃底胃体部黏膜皱襞巨大、曲折迂回成脑回状,有的呈结节状或融合为息肉样隆起,大弯侧较明显,皱襞嵴上可有多发性糜烂或溃疡。组织学显示胃小凹增生、延长,伴明显囊状扩张,炎症细胞浸润不明显。胃底腺主细胞和壁细胞相对减少,代之以黏液细胞化生,造成低胃酸分泌。由于血浆蛋白经增生的胃黏膜漏入胃腔,可有低蛋白血症。蛋白质丢失如持续而加重,可能需要全胃切除。近年来,已有若干 H. pylori 阳性 Menetrier 病在根除 H. pylori 后得到缓解或痊愈的报道。目前已将检测和根除 H. pylori 作为 Menetrier 病处理的策略之一。

四、自身免疫性胃炎

自身免疫性胃炎是发生在自身免疫基础上以胃体黏膜炎性反应和萎缩为病理特征的胃炎。在遗传易感个体,感染可激活胃 CD^{4+} Th1 淋巴细胞,后者可交叉识别蛋白和壁细胞 H^+ $-K^+-ATP$ 酶共享的表位(epitope),即通过分子模拟机制,参与胃自身免疫。H. pylori 在自身免疫性胃炎的早期阶段起作用;发生萎缩前,根除 H. pylori 有望在一定程度上治愈自身免疫性胃炎。

五、Russell 小体胃炎

Russell 小体胃炎是一种罕见的以胃黏膜中胞质富含 Russell 小体(PAS 染色阳性)的浆细胞浸润为特征的胃炎。该型胃炎可并发胃溃疡,组织学上需与印戒细胞癌和 MALT 淋巴瘤鉴别。根除 H. pylori 可使多数 Russell 小体胃炎好转。

六、门脉高压性胃病

肝硬化失代偿期合并门脉高压者所引起胃黏膜的病变称为门脉高压性胃病(portal hypertensive gastropathy,PHG)。由于胃黏膜血流量减少,易受酒精、阿司匹林、胆汁等攻击因素的损害,从而导致急性胃黏膜病变,糜烂、充血和出血是 PHG 常见的临床表现。内镜下门脉高压性胃病病变的程度可分为轻、中、重三度。具体包括:轻度:胃黏膜呈现细小粉红色斑点,类似猩红热样皮疹,黏膜皱褶处呈剥脱样红色改变,并有红白相间的网状结构样分隔,即蛇皮样改变;中度:在蛇皮样改变的基础上,出现樱桃样红斑,外周附以白色或黄色网状样物质,但无出血点;重度:胃黏膜可见大片红斑区,有明显出血点,并可发展为弥漫性出血的融合病变。有效降低门脉压力是预防和治疗 PHG 的可靠方法。

七、其他

（一）残胃炎

行胃大部切除后，特别是 Billroth Ⅱ 式手术者，易发生残胃和吻合口底炎症，这可能是胆汁反流、缺乏胃泌素的细胞营养作用等因素造成。内镜下多数呈充血水肿，黏膜染有胆汁或有糜烂渗出等，少数见息肉样隆起。部分患者在这基础上可并发残胃癌。治疗可给予胃动力药如西沙比利、多潘立酮等，以及硫糖铝、铝碳酸镁等。反流严重者需改作 Roux－en－Y 转流术。

（二）肉芽肿性胃炎

肉芽肿性胃炎是胃黏膜层或深层的慢性肉芽肿性疾病，可见于结核、梅毒、真菌感染、Crohn 病及结节病。病变以胃窦部多见，当胃黏膜溃疡和胃排空障碍时可出现相关症状，深部胃黏膜活检有助于诊断。

（三）嗜酸性细胞胃炎

临床少见，与过敏或免疫机制有关，病变常在胃窦部，可出现黏膜溃疡、结节和皱襞突起。肌层受侵犯时胃窦部僵硬狭窄和排空延迟，浆肌层受累可引起腹膜炎和腹水。胃黏膜活检见嗜酸细胞浸润，外周血嗜酸细胞增多，本病常有局限性，肾上腺皮质激素治疗有效。

（王燕君）

第四节 应激性溃疡

应激性溃疡(stress ulcer, US)又称急性出血及糜烂性胃炎，近年来统称为急性胃黏膜病变(acute gastric mucosa lesion, AGML)，是指在应激状态下，胃和十二指肠以及偶尔在食管下端发生的黏膜糜烂和溃疡，从而引起以上消化道出血为主要临床特征的疾病，是上消化道出血最常见的原因是之一，约占上消化道出血的 20%。临床主要表现是难以控制的出血，多数人发生在发病的第 2～15 天，其预后取决于原发疾病的严重程度。SU 发病率因病因和统计方法不同，文献报道差异很大。临床研究报道，SU 发生率在重型颅脑损伤后为 40%～80%，脑出血后为 14%～76%，脊髓损伤后为 2%～20%，尸检发现中枢神经系统疾病患者 SU 发生率为 12%，是非神经系统疾病患者的 2 倍。

一、病因

1. 严重全身性感染　如见于链球菌、葡萄球菌、革兰阴性杆菌和厌氧菌等所致的败血症或脓毒血症。尤其是伴感染性休克或器官衰竭时，由于组织缺血缺氧更易发生溃疡。

2. 严重烧伤　引起的急性应激性溃疡又称 Curling 溃疡。

3. 中枢神经系统疾病　见于脑肿瘤、颅内神经外科手术、颅内出血、中枢神经系统感染及颅脑外伤等。由此引起的溃疡又称 Cushing 溃疡。

4. 药物　非甾体抗炎药、某些抗生素、乙醇、激素、组织胺、胰岛素、抗凝剂、氯化钾等。这些药物有的可刺激前列腺素，抑制黏液分泌，为本病的发病诱因。

5. 食物或饮料　如辣椒、大蒜、饮酒等。

6. 精神与心理疾病　如见于严重精神病、过度抑郁、焦虑、严重心理障碍等，通过精神和心理应激引起消化道黏膜糜烂和溃疡发生。

二、发病机制

关于 AGML 的发病机制尚不完全明了。胃黏膜防御功能削弱与胃黏膜损伤因子作用相对增强,是 SU 发病的主要机制。应激可引起各种疾病和紊乱,研究证明,应激性溃疡和抑郁之间在发病和治疗的上均有相关性。用慢性抑郁应激(chronic stress depression,CSD)、慢性心理应激溃疡(chronic psychological stress ulcer,CPSU)和浸水束缚应激模型(immersion restrain stress models)在鼠进行实验。暴露 CSD 后动物的溃疡指数比对照组显著增高,暴露 CPSU 后观察抑郁样行为,对暴露 CPSU 的鼠用盐酸氟西汀(fluoxetine hydrochloride,抗抑郁药)可显著降低溃疡指数,在 CSD 组用 ranitidine 可抑制抑郁样行为,CPSU 应激后应用米非司酮(mifepristone)结果比 CPSU 组溃疡指数有显著降低。但对 CSD 使用米非司酮与单纯对照组之间抑郁样行为无显著的不同。研究也发现,鼠暴露于 CPSU 或 CSD 慢性应激显示比对照组皮质酮的水平低。结论认为,在触发抑郁和应激溃疡性的发生中下丘脑-垂体-肾上腺轴(H. Pyloria)功能障碍可能起到关键作用。目前对 AMGL 的发病机制有以下几种认识。

(一)H^+ 逆扩散

H^+ 逆扩散是指 H^+ 在某种因素作用下,从胃腔反流至胃黏膜的一种病理现象。试验证明,胆酸和水杨酸制剂可使 H^+ 迅速从胃腔进入到胃黏膜内,破坏胃黏膜。积累于胃黏膜的酸性产物可以破坏毛细血管和细胞的溶酶体,导致胃黏膜充血、水肿、糜烂和出血。用电子显微镜观察发现,阿司匹林可使胃黏膜上皮细胞肿胀,细胞间的结合处裂开,胃黏膜通透性增加,胃黏膜屏障破坏,导致胃黏膜损害。

(二)胃黏膜微循环障碍

急性胃黏膜病变时常表现胃黏膜血管收缩痉挛与缺血,且溃疡好发于胃黏膜缺血区。在应激状态下,胃黏膜小动脉和毛细血管动脉收缩痉挛,导致胃黏膜缺血、缺氧,使黏膜内酸性产物增加,并损害胃黏膜。最后因酸中毒导致黏膜细胞的溶酶体酶释放,使溶酶体破裂,胃黏膜上皮细胞损伤并坏死,引起 AGML。酸中毒直接使组织中的组织胺和5-羟色胺(5-HT)等血管活性物质释放,使胃黏膜内小静脉和毛细血管静脉端扩张、淤血,加重了胃黏膜循环障碍,以致缺血加重。在应激状态下,交感神经兴奋导致黏膜血管收缩、痉挛。迷走神经兴奋时使黏膜下动、静脉短路开放,使黏膜下缺血进一步加剧,表现胃黏膜内毛细血管的内皮损伤,通透性增加,也可加重胃黏膜损伤。此外,组织胺的释放以刺激胃酸-胃蛋白酶分泌增加,加重胃黏膜的损伤。由于缺血、缺氧、酸中毒和微循环障碍,激活了凝血因子导致胃黏膜血管的内凝血等一系列病理变化,引起 AGML 的发生。

(三)胃黏膜上皮细胞的脱落、更新和能量代谢异常

当胃黏膜表面上皮细胞脱落增加和(或)更新减少,可导致胃黏膜屏障破坏。各种应激、应用激素及尿毒症时见有胃黏膜表面上皮细胞更新减少,给予酒精、阿司匹林等药物后,胃黏膜表面上皮细胞脱落增加,胃黏膜屏障功能紊乱,以致发生 AGML。Menguy 等发现,失血性休克鼠的急性 AGML 伴有组织中 ATP 含量显著减少。这是因为胃黏膜缺血时,由于细胞缺氧,酸性产物增加,影响了黏膜上皮细胞线粒体的功能,使 ATP 合成减少,氧化磷酸化速度减

慢,细胞内的能量储备因而显著减少,导致胃黏膜损害发生。

（四）胆盐作用

胆盐能增加 H^+ 逆扩散,破坏胃黏膜屏障,并导致胃黏膜内组织胺、胃蛋白酶原和胃泌素的释放,产生自我消化,引起 AMGL。

（五）神经内分泌失调

下丘脑、室旁核和边缘系统是对应激的整合中枢,促甲状腺释放激素(TRH)、5－HT、儿茶酚胺等中枢介质参与或者介导了 SU 的发生。

发生应激情况 24～48 小时后整个胃体黏膜有 1～2mm 直径的糜烂,显微镜下可见黏膜有局限性出血和凝固性坏死。如果患者情况好转,在 3～4 天后检查 90％患者有开始愈合的迹象。一般 10～14 天完全愈合,不留瘢痕。

三、诊断

有的急性胃黏膜病变可发生在原有慢性胃炎的基础上,这些病变常是局灶性的,且各部位的严重程度不同致使病变常不相同。因此,有学者把 AGML 分为原有慢性胃炎和原来无慢性胃炎两大类。

（一）病史

患者有上述的如服用有关药物、严重烧伤、严重外伤、大手术、肿瘤、神经精神疾病、严重感染、休克、器官功能衰竭等病史。

（二）临床表现

如为继发性的可有原发的临床表现型和体征。其表现依原发病不同而不同。应激性溃疡如果不引起出血,可没有临床症状,或者即使有症状也容易被应激情况本身的症状所掩盖而不能得到诊断。在应激损伤后数小时至 3 天后有 75％～100％可发生胃黏膜糜烂或应激性溃疡,SU 的发生大多集中在原发疾病产生的 3～5 天,少数可延至 2 周。

上消化道出血是主要的临床表现,在原发病后 2 周内发生。30％有显性出血。出血表现为呕血或黑便,一般出血量不大,呈间歇性,可自止。5％～20％出血量大,不易控制,少数患者可大量出血或穿孔,2％患者发生穿孔。也可出血与穿孔同时发生,严重者可导致死亡。疑有穿孔患者应立即作 X 线腹部平片,见有膈下游离气体则可确诊。其他的表现有反酸、恶心、上腹部隐痛等。

（三）急诊胃镜

急诊胃镜检查组应于 24～48 小时进行,是最准确的诊断手段,可明确诊断病变的性质和部位。胃镜下可见胃黏膜多发糜烂、浅表溃疡和出血等内镜下特征,好发于胃体及胃体含壁细胞的泌酸部位,胃窦部甚为少见,仅在病情发展或恶化时才偶尔累及胃窦部。病变常在 48 小时以后很快消失,不留瘢痕。若出血量大,镜下看不清楚,可以作选择性动脉造影。

（四）钡餐 X 线检查

一般不宜进行急诊钡剂上消化道 X 线检查,同时因病灶过浅,钡剂 X 线检查常阴性,没有诊断价值。

（五）腹部 B 超和（或）CT 检查

一般不用,但检查对鉴别诊断有重要价值。

四、鉴别诊断

(一)消化性溃疡

慢性消化性溃疡一般有节律性、周期性上腹痛、反酸、烧心史。内镜下慢性溃疡常较局限、边界清楚、底部有较厚白苔，周边黏膜皱襞向溃疡聚集，幽门、十二指肠变形等现象。

(二)Mollory－Weiss 综合征

Mollory－Weiss 综合征是由于胃内压力突然升高伴剧烈呕吐而引起食管贲门黏膜撕裂出血，常于酗酒后引起。严重上消化道出血个别的病例可发生失血性休克。急诊胃镜应在出血后 24～48 小时进行，可见胃与食管交界处黏膜撕裂，与胃、食管纵轴相平行。因撕裂黏膜迅速愈合，超过 48 小时后镜下可无黏膜撕裂发现。

(三)胃癌伴出血

胃癌早期可无症状，或有上腹部不适、进行性食欲不振、体重减轻和上腹部痛，用抑酸剂效果不显著。并发出血者少见。多见于中老年患者。胃镜检查可见隆起病变，表面不光滑污秽，可伴溃疡和出血，胃壁僵硬，蠕动差。

(四)食管静脉曲张破裂出血

食管静脉曲张破裂出血是肝硬化门脉高压的严重并发症，可有病毒性肝炎或饮酒史，静脉曲张破裂出血可反复发生，突然呕血或黑便，大量出血时常伴有失血性休克发生。患者常呈肝病面容，腹水常见，伴有黄疸、蜘蛛痣和皮肤色素沉着。实验室检查可有肝功能异常，低蛋白血症和凝血异常。

五、治疗

应激性溃疡出血常病情凶险，必须高度警惕，及早治疗。由于患者全身情况较差，不能耐受手术，加以术后再出血发生率高，所以多先内科治疗，无效时才考虑治疗。有报道，在 ICU 病房中合并应激性溃疡出血的患者病死率高达 70%～80%，但大多不是死于消化道出血而是原发病，未合并消化道出血的病死率仅 5%～20%。因此，应加强对原发病的治疗。下面重点介绍并发出血的治疗。

(一)治疗原发病

祛除病因，积极治疗创伤、感染、精神心理疾病、烧伤等引起应激状态的原发病停用加重胃黏膜损伤的药物。适当应用抗生素控制感染。

(二)出血量的估计

精确了解出血量的多少有时很困难。患者或家属提供的病史对于估计失血量常不正确。脉搏和血压的变化有助于出血量的估计，但它们与血容量之间的关系不大。失血量因失血速度而异，临床症状轻重有所不同。少量出血可无症状，或有头晕乏力，明显出血常出现呕血（或）便血，大量出血可见面色苍白、四肢厥冷，甚至晕倒，这是由于血容量不足、外周灌流减少所致。握拳掌上皱纹苍白，提示血容量丢失达 50%。Tudhope 发现，收缩压低于 100mmHg 时有血容量减少，但收缩压高于 100mmHg 并不能排除大量血容量的耗空。已往健康无贫血中，血红蛋白低于 120g/L，提示约有 50% 以上的红细胞丢失，临床上有皮肤与口唇苍白、口干、出汗等表现。失血患者脉搏增加 20 次/min，血压下降 10mmHg，则说明失血量已达 1000ml。失血量有时亦可从患者平卧、站立、倾斜试验得到估计。失血量与症状之间的关系见表 4－2。尿量少于 30ml/h,提示有 30％以上的细胞外液丢失。

表 4－2 失血量与症状之间的关系

失血量(ml)	血压(mmHg)	脉搏(次/min)	症状
＜500	正常	正常	头晕乏力
800～1000	＜100	＞100	头晕、面色苍白、口渴、冷汗
＞1500	＜80	＞100	四肢冷厥、神志恍惚或昏迷

判定失血量最有效的方法是中心静脉压(CVP)测定。测定 CVP 有助于了解血容量和心、肺功能情况,可鉴别是由急性循环衰竭、血容量不足还是心功能不全引起的,并可指导液体补充,若 CVP 较低,可能是脱水或血容量不足,CVP 升高则可能是肾衰竭,必须限制输液。

根据临床症状,将出血分为三类:

1.轻度(Ⅰ°) 有呕血或便血、无休克,血压、心率等稳定,可有头晕,血红蛋白无变化,出血量约为体重的 10％以下(500ml)。

2.中度(Ⅱ°) 血压下降,收缩压 90～100mmHg,脉压差小,心率 100～120 次/min,出冷汗、皮肤苍白、尿少。血红蛋白 70～100g/L。出血量为体重的 25％～35％(1250～1750ml)。

3.重度(Ⅲ°) 收缩压常在 60～0mmHg,心率＞130 次/min,血红蛋白低于 70g/L。有四肢冷厥、出冷汗、尿少或无尿发生等表现或心率、血压不稳定,或暂时稳定,短期内有再出血。出血量约为全身总量的 50％以上(＞2500ml)。

患者出血后,血红蛋白于 6～48 小时后下降,2～6 周恢复正常,血小板 1 小时内增加,网织红细胞 24 小时内增加,4～7 天达最高值。血中尿素氮上消化道出血时数小时增加 10.7～14.3mmol/L,24～48 小时达高峰,肾功能常需 3～4 天方可恢复正常。

(三)一般治疗

1.饮食 出血患者住院后应禁食 20～48 小时,因空腹增强胃的收缩,因此长期禁食并无益处。同时插胃管行持续抽吸,待抽吸已无血,病情又稳定后可开始给予少量流质饮食,以后视病情逐渐增加,以后过渡到半流质饮食、普通饮食。

2.卧床休息,保持镇静 发生消化道出血后,患者有精神过度紧张,或有恐慌心理,应给患者做好解释工作,一般不用镇静剂。有的患者表现烦躁不安,往往是血容量不足的表现,适当加速输血和精神上得到安慰之后往往可消除。消化道出血后由于 85％患者于 48 小时内止血,因此卧床休息 2～3 天后如无再出血则可开始活动,以减少血栓栓塞和血管闭塞发生。目前不主张头低位,以免影响呼吸功能,宜采用平卧并将下肢抬高。

3.吸氧 消化道大出血者多有低氧血症存在,后者又是诱发出血的因素,应及时给予吸氧。

4.加强护理,严密观察病情 及时了解呕血及黑便量、注意精神神志变化、每小时测呼吸、脉搏、血压 1 次,注意肢体温度变化及记录每小时尿量等。

5.迅速补充血容量 应迅速建立静脉通路,快速补液,输注血浆及其代用品。

(四)输血

一般少量出血不必输血,脉搏＞120 次/min,收缩压＜80mmHg,红细胞压积 35％以下,血红蛋白＜82g/L 为输血的指征。尽量输新鲜血,少用库存血。自 20 世纪 80 年代开始用成分输血,更适应疾病的需要,消化道出血患者多输红细胞。输血量依病情而定,合并心功能不全时,原则上输血量以每日不超过 300～350ml 为宜,输血的速度应慢,以＜1.5ml/(kg·min)为宜。进行成分输血,有助于控制总输血量,尤其是老年患者应避免增加心肺和循环负担，以免加重心功能不全。

（五）止血剂的应用

1.纠正凝血因子异常　如有凝血因子异常，可用新鲜冷冻血浆或凝血酶复合物（PPSB）。也可用冻干健康人血浆，目前临床应用的为凝血酶原复合物浓缩剂（prothrombin complex concentrate，PCC）。PCC 含凝血因子Ⅱ（凝血酶原）、Ⅶ、Ⅸ和Ⅹ。用于重型肝炎、肝硬化有凝血因子缺乏的患者，有良好的止血作用。

2.孟氏溶液胃管内注入．为一种碱式硫酸铁溶液，它具有强力的收敛作用，从而能使血液凝固。经胃管注入 10％孟氏液 10～15ml，如 1 次收敛不显著，可于 4～6 小时后重复应用。本品在出血创面上能形成一层黑色的牢固附着的收敛膜，从而达到止血目的。口服本品时对口腔黏膜刺激大，故临床上已很少应用。

3.去甲基肾上腺素　去甲基肾上腺素用于胃内或腹腔内，经门脉系统吸收，能使门脉系统收缩，减少血流，达到减少出血或止血作用。去甲基肾上腺素还可使局部胃黏膜血流减少．胃酸分泌减少，但不影响黏液的分泌量。其作用与切除迷走神经相似。肝脏每分钟可破坏 1ml 去甲基肾上腺素，药物通过肝脏后大都遭破坏，因此，从门脉系统吸收的去甲基肾上腺素对全身血压无明显影响。其控制上消化道出血的机制是：高浓度去甲基肾上腺素可使胃肠道出血区域小动脉强烈收缩而达到止血。口服或胃管内注入或腹腔内注射可使内脏区小动脉广泛收缩，从而降低内脏区血流量 50％左右。常用去甲基肾上腺素 4～8mg 加生理盐水 100ml 灌入胃内，根据病情 4～12 小时重复一次。或用去甲肾上腺素 2mg 加 400ml 冷开水口服，对溃疡出血有一定疗效。Leveen 等提倡用 16mg 加生理盐水 200ml 灌入胃内。腹腔内用法为去甲基肾上腺素 10mg 加生理盐水 20～40ml 注入或 8mg 注入腹水中。经临床试用，腹腔内注入 8mg 去甲基肾上腺素后可引起一时性血压升高，减慢输入率后可恢复。由于使用后产生胃肠道缺血过重可能引起黏膜坏死，因此，对腹腔有粘连者、高血压、年老有动脉硬化的患者不宜应用。去甲基肾上腺素治疗只能作为不能手术或无手术指征病例的一种主要治疗措施，或作为紧急过渡性措施，把急诊手术转为择期手术。

（六）抑制胃酸分泌

1.生长抑素　是一种内源性胃肠肽，能抑制胃酸分泌，保护胃黏膜，抑制生长激素和胃肠胰内分泌物激素的病理学性分泌过多，并有效地抑制胃蛋白质酶的释放。生长抑素能抑制胃泌素、胰高糖素、内皮素、P 物质、白三烯等激素的分泌。能抑制胃动素分泌、减少胃蠕动，使内脏血流减少。同时可促进溃疡出血处血小板的凝聚和血块收缩而止血。

2.施他宁（stilamir）　施他宁也是一种人工合成的 14 肽，其结构和生物效应与天然的生长抑素相同。

施他宁的药理作用：①抑制由试验餐和五肽胃泌素刺激的胃酸分泌，并抑制胃泌素和胃蛋白酶释放；②减少内脏血流，③抑制胰、胆囊和小肠的分泌；④胰内的细胞保护作用。

3.善得定（octreotide，奥曲肽，sandostatin）　是一种人工合成八肽，且有与天然生长抑素相似的作用。善得定对胰腺炎也有显著的疗效。

生长抑素和施他宁的用法为：首先静脉推注 $50\mu g$，然后 $250～500\mu g/h$ 持续静脉滴注，直到出血停止后再维持 1～3 天。奥曲肽 $100\mu g$ 静脉注射，然后 $25～50\mu g/d$ 静脉滴注。

4 质子抑制剂

（L）奥美拉唑（omeprazole，洛赛克，losec）：洛赛克与 H^+-K^+-ATP 酶结合，抑制胃酸

分泌;增加胃黏膜血流量,保护黏膜。首剂 80mg 静脉推注,1 次/d,连用 5 天,

(2)达克普隆(takepron 或兰索拉唑,lansoprazole):为第二代质子泵抑制剂。30mg,1～2次/d。

(3)潘托拉唑(pantoprazole):40mg,2 次/d,静脉滴注或口服。

(4)雷贝拉唑(rabeprazole,波利特,瑞波特):通常成人 10mg,2 次/d,病情较重者 20mg,2次/d。

(5)埃索米拉唑(esomeprazole,耐信):20mg,2 次/d,病情好转后改为 20mg,1 次/d。

(七)内镜治疗

消化道出血时内镜止血治疗可降低出血所致死亡率,明显减少再出血率、输血量、急诊手术等。

1. 局部喷射药物止血

(1)去甲基肾上腺素加冰盐水或使局部血管强烈收缩,减少血液而止血:常用去甲基肾上腺素 8mg 加入 100ml 4°～6°冰盐水,在胃镜直视下喷射,治疗有效率为 86.2%。

(2)孟氏液:主要成分为碱性硫酸铁[$Fe_4(OH)_2(SO_4)_5$],为具有强烈收敛作用的三价铁,通过促进血栓形成和血液凝固,平滑肌收缩、血管闭塞,并在出血创面形成一层棕黑色保护膜而起止血作用。常用 5%～10%孟氏液 10～15ml 经胃管注入或在胃镜直视下喷洒。

(3)凝血酶:能直接作用于凝血过程的第三阶段,促使血液的纤维蛋白原迅速生成纤维蛋白凝块,堵塞出血点而达到止血目的。常用 1000U 局部喷射。

(4)纤维蛋白酶:常用 30000U 溶于生理盐水 30ml 中喷射,对出血量<1000ml 者有效率为 93.3%。

2. 经内镜局部注射止血

(1)纯酒精注射止血:无水酒精可使组织脱水固定,使血管固定收缩,血管壁变性坏死,血栓形成而止血。采用 99.5%医用酒精结核菌素注射器和内镜专用注射针,先以无水酒精冲洗注射针,排尽注射器导管内空气,再于内镜下在出血的血管周围 1～2mm 注射 3～4 处,每处注入无水酒精 0.1～0.2ml,穿刺深度约 3mm。如果裸露血管很粗,出血量大,可于血管断端直接注射 1～2 次,每次 0.1～0.2ml。

(2)经内镜注射肾上腺素、高渗盐水混合溶液止血:肾上腺素有强力收缩血管作用,高渗盐水可使注射处组织水肿,血管壁纤维变性,血管腔内血栓形成而止血。

A 液:2.5M Nacl20ml＋肾上腺素 1mg

B 液:蒸馏水 20ml＋肾上腺素 1mg

A 液:B 液为 1∶3。适用于出血性溃疡伴基底明显纤维化、瘢痕组织形成时,每处注射 1ml,共 3～4 处,总量不超过 5ml。

3. 经内镜激光止血 目前临床应用的有氢离子激光和钇铝石榴石(Na－YAG)激光两种。功率高(60～100W)、穿透力强,激光能穿透组织与动脉深达 5mm。因此止血效果好。将激光纤维放置于距病灶 1cm 处,在病灶周围每次脉冲或照射 0.5～1.0 秒,然后照射出血血管,一般止血需 6～8 次照射。

4. 经内镜电凝治疗 应用高频电的热效应使组织蛋白变性而止血。通过内镜活检孔置入电凝探头,电流通过探头产生热能,此高温足以使组织变性发白、血液凝固,主要适用于溃疡病出血。把电极尖接触出血病灶,用脚踏开关按通电凝电极,电凝数次,直至局部发白

为止。

5.经内镜微波止血 微波可使血管内皮细胞损伤、血管壁肿胀、血管腔变小、血管痉挛、形成血栓以达到止血。使用圆珠形电极输出功率 40W 时,通电时间 3~10 秒,而针形电机输出功率 40W 时,通电时间 10~15 秒。该法设备简单,操作容易,完全可靠,患者痛苦小。

6.热电极止血 主要构造为一中空铝制圆柱体,内芯有线圈,顶端表面涂有聚四氯乙烯层。通过铝制圆柱体将热传导组织表面,起到止血和组织凝固作用,通过内镜的活检孔道将加热电极插入消化管腔,通常设定温度为 140~150℃,每次使用的能量为 3.6 千卡,持续 1 秒。

7.经内镜钳夹止血 即通过内镜放置金属夹,对出血小动脉进行钳夹止血。

8.冷冻止血 即迅速降温,使局部组织坏死凝固达到止血。冷却剂用液氮或液体二氧化碳。冷却剂可使探头末端温度降至 -63℃,当接触黏膜组织后,出血部位冰冻发白,几小时后局部组织坏死,1~3 天后坏死完成形成溃疡,3~4 周后溃疡愈合。

(八)手术治疗

经上述各项治疗仍持续大量出血或反复大量出血,在 6~8 小时输血 600~800ml 仍不能维持血压稳定者,合并穿孔或腹膜炎者应及时去手术室治疗。手术时根据患者情况,尽可能采用最简单/最迅速的手术方式,以挽救生命。行局部止血、迷走神经切断加胃窦切除为常用术式。此类患者多数病情危重,全身情况差,应尽可能做好术前准备,但有时情况又十分危急,因此,把握好手术时机非常重要。手术后再出血也时有发生,应提高警惕。

六、预防

目前对急性胃黏膜病变的预防学者们存在一些分歧。已往主张药物预防,并认为收到显著的预防效果。新近 Scheurlen 报道 PPI 治疗预防 AGML 得到肯定。在 ICU 患者进行 AGML 的预防作为监护的标准。有报告,直肠癌术后预防性用抗酸剂是术后患者的保护因子,可减少 AGML 的发生。韩国 Park 等在鼠的试验,用 Acer mono Max. sap(AmMs)(五角枫,毛萼色木槭)观察在水浸束缚(water immersion restraint,WIRE)应激引起胃溃疡上的保护作用。结果 AmMs 通过诱导一氧化氮合成酶(NOS)/或神经原 NOS 表达,显著保护胃黏膜抵抗应激引起胃损伤。等报告鼠的试验,研究了抗抑郁药抗溃疡发生的预防作用。使用度洛西汀、阿米替林、氟西汀和米氮平,用赋形剂作为对照组,结果显示,抗抑郁药通过影响去甲基肾上腺素和 5-羟色胺水平引起抗溃疡作用,其中度洛西汀、阿米替林和米氮平对溃疡性作用较强。Huang 等研究 IGF-1(胰岛素样生长因子-1)/PTEN(人第 10 号染色体缺失的磷酸酶及张力蛋白质同源的基因)/Akt(蛋白质激酶 B)FoxO(叉头转录因子的 O 亚型)信号通路在应激引起胃溃疡性上的预防作用。研究指出,上述信号通路通过调节细胞的凋亡,在鼠胃溃疡的发生和愈合上发挥中心作用。美国从一个大城市医疗中心的调查结果,发现不同层次的医师是否用抑酸剂预防 AGML 发生认识上并不一致。部分医师不主张用抑酸剂预防。

(徐国峰)

第五节　消化性溃疡

一、病因与发病机制

消化性溃疡(peptic ulcer)或消化性溃疡病(peptic ulcer disease)泛指胃肠道黏膜在某种情况下被胃酸/胃蛋白酶消化而造成的溃疡,因溃疡形成与胃酸/胃蛋白酶的消化作用有关而得名。可发生于食管、胃或十二指肠,也可发生于胃－空肠吻合口附近或含有胃黏膜的Meckel 憩室内。因为胃溃疡(gastric ulcer,GU)和十二指肠溃疡(duodenal ulcer,DU)最常见,故一般所谓的消化性溃疡,是指 GU 和 DU。溃疡的黏膜缺损超过黏膜肌层,不同于糜烂。幽门螺杆菌感染和非甾体抗炎药摄入,特别是前者,是消化性溃疡最主要的病因。

（一）流行病学

消化性溃疡是全球性常见病。但在不同国家、不同地区,其患病率存在很大差异。西方国家资料显示,自 20 世纪 50 年代以后,消化性溃疡发病率呈下降趋势。我国临床统计资料提示,消化性溃疡患病率在近十年来亦开始呈下降趋势。本病可发生于任何年龄,但中年最为常见,DU 多见于青壮年,而 GU 多见于中老年,后者发病高峰比前者迟 10～20 年。自 20世纪 80 年代以来,消化性溃疡者中老年人的比率呈增高趋势。北京医科大学第三医院消化科的资料显示,1985—1989 年与 1960—1964 年相比,消化性溃疡患者中 60 岁以上老人的比率增高了近 5.6 倍,胃溃疡增高 4.0 倍,这与国外文献报道相似。男性患病比女性较多。临床上 DU 比 GU 为多见,两者之比为(2～3)∶1,但有地区差异,在胃癌高发区 GU 所占的比例有所增加。绝大多数西方国家中也以十二指肠溃疡多见;但日本的调查报告表明,胃溃疡多于十二指肠溃疡。消化性溃疡的发生与季节有一定关系,秋末至春初的发病率远比夏季为高。

（二）病因和发病机制

1.幽门螺杆菌(Helicobacter pylori,HP)现已确认幽门螺杆菌为消化性溃疡的重要病因,主要基于两方面的证据:①消化性溃疡患者的幽门螺杆菌检出率显著高于对照组的普通人群,在 DU 的检出率约为 90％,GU 为 70％～80％,而幽门螺杆菌阴性的消化性溃疡患者往往能找到 NSAIDs 服用史等其他原因。②H. pylori 不但在消化性溃疡患者中有很高的感染率,在非溃疡性消化不良患者中的感染率亦达 50％～80％。因此,单凭消化性溃疡患者中 H. py-lori 高感染率不足以证明 H. pylori 是消化性溃疡的主要病因。根据 H. pylori 治疗后观察溃疡的转归,可能是证明其作用的更有力证据,现已明确,根除 H. pylori 感染可促进溃疡愈合、降低复发率和并发症。大量临床研究肯定,成功根除幽门螺杆菌后溃疡复发率明显下降,用常规抑酸治疗后愈合的溃疡年复发率为 50％～70％,而根除幽门螺杆菌可使溃疡复发率降至5％以下,这就表明去除病因后消化性溃疡可获治愈。

2.非甾体抗炎药(non－steroidal anti－inflammatory drug,NSAIDs)　NSAIDs 是引起消化性溃疡的另一个常见病因。大量研究资料显示,服用 NSAIDs 患者发生消化性溃疡及其并发症的危险性显著高于普通人群。长期摄入 NSAIDs 可诱发消化性溃疡、妨碍溃疡愈合、增加溃疡复发率和出血、穿孔等并发症的发生率。临床研究报道,在长期服用 NSAIDs 患者中 10％～25％可发现胃或十二指肠溃疡,有 1％～4％患者发生出血、穿孔等溃疡并发症。

NSAIDs 引起的溃疡以 GU 较 DU 多见。溃疡形成及其并发症发生的危险性除与服用 NSAIDs 种类、剂量、疗程有关外,尚与高龄、同时服用抗凝血药、糖皮质激素等因素有关。

NSAIDs 通过削弱黏膜的防御和修复功能而导致消化性溃疡发病,损害作用包括局部作用和系统作用两方面,阿司匹林和绝大多数 NSAIDs 在酸性胃液中呈非离子状态,可透过黏膜上皮细胞膜弥散入细胞内;细胞内较高的 pH 环境使药物离子化而在细胞内积聚;细胞内高浓度 NSAIDs 产生毒性作用损伤细胞膜,增加氢离子逆扩散,后者进一步损伤细胞,使更多的药物进入细胞内,从而造成恶性循环。NSAIDs 的肠溶制剂可在很大程度上克服药物的局部作用。提示局部作用不是其主要的致溃疡机制。系统作用致溃疡机制,主要是通过抑制环氧合酶(COX)而起作用。COX 是花生四烯酸合成前列腺素的关键限速酶,COX 有两种异构体,即结构型 COX-1 和诱生型 COX-2。COX-1 在组织细胞中恒量表达,催化生理性前列腺素合成而参与机体生理功能调节;COX-2 主要在病理情况下由炎症刺激诱导产生,促进炎症部位前列腺素的合成。传统的 NSAIDs 如阿司匹林、吲哚美辛等旨在抑制 COX-2 而减轻炎症反应,但特异性差,同时抑制了 COX-1,导致胃肠黏膜生理性前列腺素 E 合成不足。前列腺素 E 通过增加黏液和碳酸氢盐分泌、促进黏膜血流增加、细胞保护等作用在维持黏膜防御和修复功能中起重要作用。同时服用合成的 PGE,类似物米索前列醇可预防 NSAIDs 引发溃疡是有力的佐证。

目前国人中长期服用 NSAIDs 的比例不高,因而这一因素在消化性溃疡的病因作用可能远较西方国家为小。NSAIDs 和幽门螺杆菌是引起消化性溃疡发病的两个独立因素,至于两者是否有协同作用则尚无定论。

3. 胃酸和胃蛋白酶　消化性溃疡的最终形成是由于胃酸/胃蛋白酶对黏膜自身消化所致。消化性溃疡发生的这一概念在"H. pylori 时代"仍未改变。胃蛋白酶是主细胞分泌的胃蛋白酶原经 H$^+$ 激活转变而来,它能降解蛋白质分子,所以对黏膜有侵袭作用。因胃蛋白酶活性是 pH 依赖性的,其生物活性取决于胃液的 pH,在 pH>4 时便失去活性,因此在探讨消化性溃疡发病机制和治疗措施时主要考虑胃酸。无酸情况下罕有溃疡发生,以及抑制胃酸分泌药物能促进溃疡愈合的事实均确证胃酸在溃疡形成过程中的决定性作用,是溃疡形成的直接原因。胃酸的这一损害作用一般只有在正常黏膜防御和修复功能遭受破坏时才能发生。在"H. pylori 时代"提出的"无酸、无 H. pylori,便无溃疡"的观点,也未否定胃酸的作用。

GU 患者基础酸排量(BAO)及 MAO 多属正常或偏低,对此,可能解释为 GU 患者伴多灶萎缩性胃炎,因而胃体壁细胞泌酸功能已受影响,而 DU 患者多为慢性胃窦炎,胃体黏膜未受损或受损轻微因而仍能保持旺盛的泌酸能力。近年来非幽门螺杆菌、非 NSAIDs(也非胃泌素瘤)相关的消化性溃疡报道有所增加,这类患者病因未明,是否与高酸分泌有关尚有待研究。

十二指肠溃疡患者胃酸分泌增多,主要与以下因素有关:

(1)壁细胞数量增多:正常入胃黏膜内平均大约有 10 亿个壁细胞,而十二指肠溃疡患者的壁细胞数量平均约 19 亿,比正常人高出约一倍。然而,个体间的壁细胞数量有很大差异,十二指肠溃疡患者与正常人之间有显著的重叠。壁细胞数量的增加可能是由于遗传因素和(或)胃泌素长期作用的结果。

(2)壁细胞对刺激物质的敏感性增强:十二指肠溃疡患者对食物或五肽胃泌素刺激后的胃酸分泌反应多大于正常人,这可能是患者壁细胞上胃泌素受体的亲和力增加或患者体内对胃泌素刺激胃酸分泌有抑制作用的物质如生长抑素减少所致。

（3）胃酸分泌的正常反馈抑制机制发生缺陷：正常入胃窦部 G 细胞分泌胃泌素的功能受到胃液 pH 的负反馈调节，当胃窦部的 pH 降至 2.5 以下时，G 细胞分泌胃泌素的功能就受到明显的抑制。此外，当食糜进入十二指肠后，胃酸和食糜刺激十二指肠和小肠黏膜释放胰泌素、缩胆囊肽、肠抑胃肽和血管活性肠肽等，这些激素具有抑制胃酸分泌的作用。所以正常情况下，胃酸分泌具有自身调节作用。H. pylori 感染后通过多种机制影响胃泌素和胃酸分泌的生理调节。

（4）迷走神经张力增高：迷走神经释放乙酰胆碱，后者兼有直接刺激壁细胞分泌盐酸和刺激 G 细胞分泌胃泌素的作用。部分 BAO/PAO 比值增加的十二指肠溃疡患者对假食所致的胃酸分泌几无反应，提示这些患者已处于最大的迷走张力之下。

4. 其他因素

（1）吸烟：吸烟者消化性溃疡发生率比不吸烟者高，且与吸烟量成比例；吸烟影响溃疡的愈合，促进溃疡复发和增加溃疡并发症的发生率。吸烟影响溃疡形成和愈合的确切机制未明，可能与吸烟增加胃酸分泌、减少十二指肠及胰腺碳酸氢盐分泌、影响胃十二指肠协调运动、降低幽门括约肌张力和黏膜损害性氧自由基增加等因素有关。

（2）遗传：遗传因素曾一度被认为是消化性溃疡发病的重要因素，但随着幽门螺杆菌在消化性溃疡发病中的重要作用得到认识，遗传因素的重要性受到挑战。因此，遗传因素的作用尚有待进一步研究。

（3）胃、十二指肠运动异常：研究发现部分 DU 患者胃排空增快，这可使十二指肠球部对酸的负荷增大；部分 GU 患者有胃排空延迟，这可增加十二指肠液反流入胃，加重胃黏膜屏障损害。但目前认为，胃肠运动障碍不大可能是原发病因，但可加重幽门螺杆菌或 NSAIDs 对黏膜的损害。

（4）饮食：饮食与消化性溃疡的关系不十分明确。酒、浓茶、咖啡和某些饮料能刺激胃酸分泌，摄入后易产生消化不良症状，但尚无充分证据表明长期应用会增加溃疡发生的危险性。据称，脂肪酸摄入增多与消化性溃疡发病率下降有关，脂肪酸通过增加胃、十二指肠黏膜中前列腺素前体成分而促进前列腺素合成。高盐饮食被认为可增加 GU 发生的危险性，这与高浓度盐损伤胃黏膜有关。

5. 与消化性溃疡相关的疾病　消化性溃疡，特别是 DU 的发病率在一些疾病患者中明显升高（表 4-3），对其机制的研究或许有助于阐明消化性溃疡的发病机制。

表 4-3　几种与消化性溃疡相关的疾病

病名	溃疡发生率（%）	可能机制
慢性肺部疾病	最高达 30	黏膜缺氧、吸烟
肝硬化	8~14	胃酸分泌刺激物不能被肝脏灭活，胃、十二指肠黏膜血流改变
慢性肾衰竭或肾移植	升高	高胃泌素血症，病毒感染

综上所述，消化性溃疡的发生是一种多因素作用的结果，其中幽门螺杆菌感染和服用 NSAIDs 是已知的主要病因，由于黏膜侵袭因素和防御因素失平衡导致溃疡的发生，而胃酸在溃疡形成中起到关键作用。

二、临床表现与诊断

（一）临床表现

本病患者临床表现不一，多数表现为中上腹反复发作性节律性疼痛，少数患者无症状，或以出血、穿孔等并发症的发生作为首发症状。

1.疼痛

（1）部位：大多数患者以中上腹疼痛为主要症状。少部分患者无疼痛表现，特别是老年人溃疡、维持治疗中复发性溃疡和 NSAIDs 相关性溃疡。疼痛的机制尚不十分清楚，食物或制酸药能稀释或中和胃酸，呕吐或抽出胃液均可使疼痛缓解，提示疼痛的发生与胃酸有关。十二指肠溃疡的疼痛多位于中上腹部，或在脐上方，或在脐上方偏右处；胃溃疡疼痛多位于中上腹稍偏高处，或在剑突下和剑突下偏左处。胃或十二指肠后壁溃疡，特别是穿透性溃疡可放射至背部。

（2）疼痛程度和性质：多呈隐痛、钝痛、刺痛、灼痛或饥饿样痛，一般较轻而能耐受，偶尔也有疼痛较重者。持续性剧痛提示溃疡穿孔或穿透。

（3）疼痛节律性：溃疡疼痛与饮食之间可有明显的相关性和节律性。十二指肠溃疡疼痛好发于两餐之间，持续不减直至下餐进食或服制酸药物后缓解。一部分十二指肠溃疡患者，由于夜间的胃酸较高，可发生半夜疼痛。胃溃疡疼痛的发生较不规则，常在餐后 1 小时内发生，经 1～2 小时后逐渐缓解，直至下餐进食后再次出现。

（4）疼痛周期性：反复周期性发作是消化性溃疡的特征之一，尤以十二指肠溃疡更为突出。上腹疼痛发作可持续几天、几周或更长，继以较长时间的缓解。以秋末至春初较冷的季节更为常见。有些患者经过反复发作进入慢性病程后，可失去疼痛的节律性和周期性特征。

（5）影响因素：疼痛常因精神刺激、过度疲劳、饮食不慎、药物影响、气候变化等因素诱发或加重；可因休息、进食、服制酸药、以手按压疼痛部位、呕吐等方法而使疼痛得到减轻或缓解。

2.其他症状　本病除中上腹疼痛外，尚可有唾液分泌增多、胃灼热、反胃、嗳酸、嗳气、恶心、呕吐等其他胃肠道症状。但这些症状均缺乏特异性。部分症状可能与伴随的慢性胃炎有关。病程较长者可因疼痛或其他消化不良症状影响摄食而出现体重减轻；但亦有少数十二指肠球部溃疡患者因进食可使疼痛暂时减轻，频繁进食而致体重增加。

3.体征　消化性溃疡缺乏特异性体征。溃疡发作期，中上腹部可有局限性压痛，DU 压痛点常偏右。程度不同，其压痛部位多与溃疡的位置基本相符。有消化道出血者可有贫血和营养不良的体征。部分 GU 患者的体质较瘦弱。

（二）特殊类型的消化性溃疡

1.胃、十二指肠复合溃疡　指胃和十二指肠同时发生的溃疡，这两个解剖部位溃疡的病期可以相同，但亦可不同。DU 往往先于 GU 出现，本病约占消化性溃疡的 7％，多见于男性。复合性溃疡幽门梗阻发生率较单独胃溃疡或十二指肠溃疡为高。一般认为，胃溃疡如伴随十二指肠溃疡，则其恶性的机会较少，但这只是相对而言。

2.幽门管溃疡　幽门管位于胃远端，与十二指肠交界，长约 2cm。幽门管溃疡与 DU 相似，胃酸分泌一般较高，餐后可立即出现中上腹疼痛，其程度较为剧烈而无节律性，制酸治疗疗效不如十二指肠溃疡。由于幽门管易痉挛和形成瘢痕，易引起梗阻而呕吐，也可出现出血和穿孔等并发症。

3. 十二指肠球后溃疡　DU 大多发生在十二指肠球部,发生在球部远端十二指肠的溃疡称球后溃疡。多发生在十二指肠乳头的近端,约占消化性溃疡的 5%。常为慢性,穿孔时易穿透至浆膜腔进入胰腺及周围脏器。其午夜痛及背部放射痛多见,对药物治疗反应较差,较易并发出血。

4. 巨大溃疡　指直径大于 2cm 的溃疡,并非都属于恶性,但应与胃癌作鉴别。疼痛常不典型,可出现呕吐与体重减轻,并发致命性出血。对药物治疗反应较差、愈合时间较慢,易发生慢性穿透或穿孔。病程长的巨大溃疡往往需要外科手术治疗。

5. 老年人消化性溃疡　近年老年人发生消化性溃疡的报道增多。胃溃疡多见,也可发生十二指肠溃疡。临床表现多不典型,GU 多位于胃体上部甚至胃底部、溃疡常较大,易误诊为胃癌。

6. 无症状性溃疡　指无明显症状的消化性溃疡者,因其他疾病做胃镜或 X 线钡餐检查时偶然被发现;或以出血、穿孔等并发症为首发症状,甚至于尸体解剖时始被发现。这类消化性溃疡可见于任何年龄,但以老年人尤为多见。NSAIDs 引起的溃疡近半数无症状。

7. 食管溃疡　与酸性胃液接触的结果。溃疡常发生于食管下段,多为单发,约为 10% 为多发,大小不一。本病多伴有反流性食管炎和滑动性食管裂孔疝的患者。也可发生于食管胃吻合术或食管空肠吻合术以后,由于胆汁和胰腺分泌物反流的结果。主要症状是胸骨下段后方或高位上腹部疼痛,常在进食或饮水后出现,卧位时加重。

8. 难治性溃疡　难治性溃疡诊断尚无统一标准,通常指经正规治疗无效,仍有腹痛、呕吐和体重减轻等症状的消化性溃疡。因素可能有:①穿透性溃疡、有幽门梗阻等并发症;②特殊部位的溃疡,如球后、幽门管溃疡等;③病因未去除(如焦虑、紧张等精神因素)以及饮食不洁、治疗不当等;④引起难治性溃疡的疾病,如胃泌素瘤、甲状腺功能亢进引起胃酸高分泌状态。随着质子泵抑制剂的问世及对消化性溃疡发病机制的不断认识,难治性溃疡已减少。

(三)实验室和特殊检查

1. 胃镜检查　是确诊消化性溃疡首选的检查方法。胃镜检查不仅可对胃、十二指肠黏膜直接观察、摄像,还可在直视下取活组织作病理学检查及幽门螺杆菌检测,因此,胃镜检查对消化性溃疡的诊断及胃良、恶性溃疡鉴别诊断的准确性高于 X 线钡餐检查。例如:在溃疡较小或较浅时钡餐检查有可能漏诊;钡餐检查发现十二指肠球部畸形可有多种解释;活动性上消化道出血是钡餐检查的禁忌证;胃的良、恶性溃疡鉴别必须由活组织检查来确定;另外,胃镜还可以根据内镜表现判断溃疡的分期。

2. X 线钡餐检查　适用于对胃镜检查有禁忌或不愿接受胃镜检查者。溃疡的 X 线征象有直接和间接两种:钡剂填充溃疡的凹陷部分所造成的龛影是诊断溃疡的直接征象,对溃疡有确诊价值。在正面观,龛影呈圆形或椭圆形,边缘整齐。因溃疡纤维组织的收缩,四周黏膜皱襞呈放射状向壁龛集中,直达壁龛边缘。在切面观,壁龛突出胃壁轮廓以外,呈半圆形或长方形,四壁一般光滑完整。胃溃疡的龛影多见于胃小弯。十二指肠溃疡的龛影常见于球部;局部压痛、十二指肠球部激惹和球部畸形、胃大弯侧痉挛性切迹均为间接征象,仅提示可能有溃疡。

3. 幽门螺杆菌检测　应当注意,近期应用抗生素、质子泵抑制剂、铋剂等药物,因有暂时抑制幽门螺杆菌作用,会使上述检查(血清学检查除外)呈假阴性。

4.胃液分析和血清胃泌素测定　一般仅在疑有胃泌素瘤时作鉴别诊断之用。

(四)诊断和鉴别诊断

慢性病程、周期性发作的节律性上腹疼痛,且上腹痛可为进食或抗酸药所缓解的临床表现是诊断消化性溃疡的重要临床线索。但应注意,一方面有典型溃疡样上腹痛症状者不一定是消化性溃疡,另一方面部分消化性溃疡患者症状可不典型甚至无症状,因此,单纯依靠病史难以做出可靠诊断。确诊有赖于胃镜检查。X线钡餐检查发现龛影亦有确诊价值。

1.内镜检查　内镜检查不仅可对胃、十二指肠黏膜直接观察、摄影,还可在直视下活检做病理检查。它对消化性溃疡的诊断和良、恶性溃疡鉴别诊断的准确性高于钡餐检查。内镜下溃疡可分为三个病期,即A期、H期和S期。

2.鉴别诊断　胃镜检查如见胃、十二指肠溃疡,应注意与引起胃、十二指肠溃疡的少见特殊病因或以溃疡为主要表现的胃、十二指肠肿瘤鉴别。本病与下列疾病的鉴别要点如下:

(1)胃癌:内镜或X线检查见到胃的溃疡,必须进行良性溃疡(胃溃疡)与恶性溃疡(胃癌)的鉴别。Ⅲ型(溃疡型)早期胃癌单凭内镜所见与良性溃疡鉴别有困难,放大内镜和染色内镜对鉴别有帮助,但最终必须依靠直视下取活组织检查进行鉴别。恶性溃疡的内镜特点为:①溃疡形状不规则,一般较大。②底凹凸不平、苔污秽。③边缘呈结节状隆起。④周围皱襞中断。⑤胃壁僵硬、蠕动减弱(X线钡餐检查亦可见上述相应的X线征)。活组织检查可以确诊,但必须强调,对于怀疑胃癌而一次活检阴性者,必须在短期内复查胃镜进行再次活检;即使内镜下诊断为良性溃疡且活检阴性,仍有漏诊胃癌的可能,因此对初诊为胃溃疡者,必须在完成正规治疗的疗程后进行胃镜复查,胃镜复查溃疡缩小或愈合不是鉴别良、恶性溃疡的最终依据,必须重复活检加以证实,尽可能地不致于把胃癌漏诊。

(2)胃泌素瘤:亦称 Zollinger－Ellison 综合征,是胰腺非 β 细胞瘤分泌大量胃泌素所致。肿瘤往往很小(<1cm),生长缓慢,半数为恶性。大量胃泌素可刺激壁细胞增生,分泌大量胃酸,使上消化道经常处于高酸环境,导致胃、十二指肠球部和不典型部位(十二指肠降段、横段、甚或空肠近端)发生多发性溃疡。胃泌素瘤与普通消化性溃疡的鉴别要点是该病溃疡发生于不典型部位,具难治性特点,有过高胃酸分泌(BAO 和 MAO 均明显升高,且 BAO/MAO >60％)及高空腹血清胃泌素(>200pg/ml,常>500pg/ml)。

(3)功能性消化不良:患者常表现为上腹疼痛、反酸、嗳气、胃灼热、上腹饱胀、恶心、呕吐、食欲减退等,部分患者症状可酷似消化性溃疡,易与消化性溃疡诊断相混淆。内镜检查则示完全正常或仅有轻度胃炎。

(4)慢性胆囊炎和胆石症:对疼痛与进食油腻有关、位于右上腹,并放射至背部,伴发热、黄疸的典型病例不难与消化性溃疡相鉴别。对不典型的患者,鉴别需借助腹部超声或内镜下逆行胆管造影检查方能确诊。

(五)并发症

1.上消化道出血　溃疡侵蚀周围血管可引起出血。上消化道出血是消化性溃疡最常见的并发症,也是上消化道大出血最常见的病因(占所有病因的 30％～50％)。DU 并发出血的发生率比 GU 高,十二指肠球部后壁溃疡和球后溃疡更易发生出血。有 10％～20％的消化性溃疡患者以出血为首发症状,在 NSAIDs 相关溃疡患者中这一比率更高。出血量的多少与被溃疡侵蚀的血管的大小有关。溃疡出血的临床表现取决于出血的速度和量的多少。消化性溃疡患者在发生出血前常有上腹痛加重的现象，但一旦出血后，上腹疼痛多随之缓解。部分患者，尤其是老年患者，并发出血前可无症状。根据消化性溃疡患者的病史和上消化道出血的临床表现，诊断一般不难确立。但需与急性糜烂性胃炎、食管或胃底静脉曲张破裂出血、食管贲门黏膜撕裂症和胃癌等所致的出血鉴别。对既往无溃疡病史者，临床表现不典型而诊断困难者，应争取在出血24~48小时进行急诊内镜检查。内镜检查的确诊率高，不仅能观察到出血的部位，而且能见到出血的状态。此外，还可在内镜下采用激光、微波、热电极、注射或喷洒止血药物、止血夹钳夹等方法止血。

2. 穿孔 溃疡病灶向深部发展穿透浆膜层则称并发穿孔。溃疡穿孔在临床上可分为急性、亚急性和慢性三种类型，其中以第一种常见。急性穿孔的溃疡常位于十二指肠前壁或胃前壁，发生穿孔后胃肠的内容物漏入腹腔而引起急性腹膜炎。穿孔时胃肠内容物不流入腹腔，称为慢性穿孔，又称为穿透性溃疡。这种穿透性溃疡改变了腹痛规律，变得顽固而持续，疼痛常放射至背部。邻近后壁的穿孔或穿孔较小，只引起局限性腹膜炎时称亚急性穿孔，症状较急性穿孔轻而体征较局限，且易于漏诊。溃疡急性穿孔主要出现急性腹膜炎的表现。临床上突然出现剧烈腹痛，腹痛常起始于中上腹或右上腹，呈持续性，可蔓延到全腹。GU穿孔，尤其是餐后穿孔，漏入腹腔的内容物量往往比DU穿孔者多，所以腹膜炎常较重。消化性溃疡穿孔需与急性阑尾炎、急性胰腺炎、宫外孕破裂、缺血性肠病等急腹症相鉴别。

3. 幽门梗阻 主要是由DU或幽门管溃疡引起。溃疡急性发作时可因炎症水肿和幽门部痉挛而引起暂时性梗阻，可随炎症的好转而缓解；慢性梗阻主要由于瘢痕收缩而呈持久性。幽门梗阻引起胃滞留，临床表现主要为餐后上腹饱胀、上腹疼痛加重，伴有恶心、呕吐，大量呕吐后症状可以改善，呕吐物含发酵酸性宿食。严重呕吐可致失水和低氯低钾性碱中毒。久病后可发生营养不良和体重减轻。体检时可见胃型和胃逆蠕动波，清晨空腹时检查胃内有振水声，胃管抽液量＞200ml，即提示有胃滞留。进一步作胃镜或X线钡剂检查可确诊。

4. 癌变 少数GU可发生癌变，DU则不发生癌变。GU癌变发生于溃疡边缘，据报道癌变率在1%左右。长期慢性GU病史、年龄在45岁以上、溃疡顽固不愈者应提高警惕。对可疑癌变者，在胃镜下取多点活检做病理检查；在积极治疗后复查胃镜，直到溃疡完全愈合；必要时定期随访复查。

三、治疗

治疗的目的是消除病因、缓解症状、愈合溃疡、防止复发和防治并发症发生。消化性溃疡在不同患者的病因不尽相同，发病机制亦各异，所以对每一病例应分析其可能涉及的致病因素及病理生理，给予恰当的处理。针对病因的治疗如根除幽门螺杆菌，有可能彻底治愈溃疡病，是近年消化性溃疡治疗的一大进展。

（一）一般治疗

生活要有规律，工作宜劳逸结合，避免过度劳累和精神紧张，如有焦虑不安，应予开导，必要时给予镇静剂。原则上需强调进餐要定时，注意饮食规律，避免辛辣、过咸食物及浓茶、咖啡等饮料，如有烟酒嗜好而确认与溃疡的发病有关者应戒烟、酒。牛乳和豆浆能稀释胃酸于一时，但其所含钙和蛋白质能刺激胃酸分泌，故不宜多饮。服用NSAIDs者尽可能停用，即使未用亦要告诫患者今后慎用。

(二)治疗消化性溃疡的药物及其应用

治疗消化性溃疡的药物可分为抑制胃酸分泌的药物和保护胃黏膜的药物两大类,主要起缓解症状和促进溃疡愈合的作用,常与根除幽门螺杆菌治疗配合使用。现就这些药物的作用机制及临床应用分别简述如下:

1. 抑制胃酸药物　溃疡的愈合特别是 DU 的愈合与抑酸治疗的强度和时间成正比,药物治疗中 24 小时胃内 pH>3 总时间可预测溃疡愈合率。碱性抗酸药物(如氢氧化铝、氢氧化镁和其他复方制剂)具有中和胃酸作用,可迅速缓解疼痛症状,但一般剂量难以促进溃疡愈合,目前已很少单一应用碱性抗酸剂来治疗溃疡,仅作为加强止痛的辅助治疗。常用的抗酸分泌药有 H_2 受体拮抗剂(H_2-RAs)和 PPIs 两大类。壁细胞通过受体(M_1、H_2 受体、胃泌素受体)、第二信使和 H^+-K^+-ATP 酶三个环节分泌胃酸。H^+-K^+-ATP 酶(H^+ 泵、质子泵)位于壁细胞小管膜上,它能将 H^+ 从壁细胞内转运到胃腔中,将 K^+ 从胃腔中转运到壁细胞内进行 H^+-K^+ 交换。胃腔中的 H^+ 与 Cl^- 结合,形成盐酸。抑制 H^+-K^+-ATP 酶,就能抑制胃酸形成的最后环节,发挥治疗作用。PPIs 作用于壁细胞胃酸分泌终末步骤中的关键酶 H^+-K^+-ATP 酶,抑制胃酸分泌作用比 H_2 受体拮抗剂更强,且作用持久。一般疗程为 DU 治疗 4~6 周,GU 治疗 6~8 周,溃疡愈合率用 H_2 受体拮抗剂为 65%~85%,PPIs 为 80%~100%。

质子泵抑制剂(PPIs)作用于壁细胞胃酸分泌终末步骤中的关键酶 H^+-K^+-ATP 酶,使其不可逆失活,因此抑酸作用比 H_2-RAs 更强且作用持久。与 H_2-RAs 相比,PPIs 促进溃疡愈合的速度较快、溃疡愈合率较高,因此特别适用于难治性溃疡或 NSAIDs 溃疡患者不能停用 NSAIDs 时的治疗。对根除幽门螺杆菌治疗,PPIs 与抗生素的协同作用较 H_2-RAs 好,因此是根除幽门螺杆菌治疗方案中最常用的基础药物。使用推荐剂量的各种 PPIs,对消化性溃疡的疗效相仿,不良反应较少,不良反应率为 1.1%~2.8%。主要有头痛、头昏、口干、恶心、腹胀、失眠。偶有皮疹、外周神经炎、血清氨基转移酶或胆红素增高等。长期持续抑制胃酸分泌,可致胃内细菌滋长。早期研究曾发现,长期应用奥美拉唑可使大鼠产生高胃泌素血症,并引起胃肠嗜铬样细胞增生或类癌。现认为这是种属特异现象,也可见于 H_2 受体阻断剂等基础胃酸抑制后。在临床应用 6 年以上的患者,血清胃泌素升高 1.5 倍,但未见壁细胞密度增加。

研究表明,PPIs 常规剂量(奥美拉唑 20mg/d、兰索拉唑 30mg/d、泮托拉唑 40mg/d,雷贝拉唑 20mg/d)治疗十二指肠溃疡(DU)和胃溃疡(GU)均能取得满意的效果,明显优于比受体拮抗剂,且 5 种 PPI 的疗效相当。对于 DU,疗程一般为 2~4 周,2 周愈合率平均为 70% 左右,4 周愈合率平均为 90% 左右;对于 GU,疗程一般为 4~8 周,4 周愈合率平均为 70% 左右,8 周愈合率平均为 90% 左右。其中雷贝拉唑在减轻消化性溃疡疼痛方面优于奥美拉唑且耐受性好。雷贝拉唑在第 4 周对 DU 和第 8 周对 GU 的治愈率与奥美拉唑相同,但雷贝拉唑对 24 小时胃内 pH>3 的时间明显长于奥美拉唑 20mg/d 治疗的患者,能够更快、更明显地改善症状,6 周时疼痛频率和夜间疼痛完全缓解更持久且有很好的耐受性。埃索美拉唑是奥美拉唑的 S-异构体,相对于奥美拉唑,具有更高的生物利用度,给药后吸收迅速,1~2 小时即可达血药峰值,5 天胃内 pH>4 的平均时间为 14 小时,较奥美拉唑、兰索拉唑、泮托拉唑、雷贝拉唑四种 PPI 明显增加。且持续抑酸作用时间更长,因此能够快速、持久缓解症状。研究表明,与奥美拉唑相比,埃索美拉唑治疗 DU4 周的愈合率相当,但在缓解胃肠道症状方面(如上腹痛、反酸、烧心感)明显优于奥美拉唑。最新上市艾普拉唑与其他 5 种 PPIs 相比在结构上新添了一个吡咯环,吸电子能力强,与酶结合容易。相对于前 5 种 PPIs,艾普拉唑经 CYP3A4 代谢而不是经 CYP2C19 代谢,因此完全避免了 CYP2C19 基因多态性对其疗效的影响。PPIs 可抑制胃酸分泌,提高胃内 pH 值,有助于上消化道出血的预防和治疗。奥美拉唑可广泛用于胃、十二指肠病变所致的上消化道出血,泮托拉唑静脉滴注也常用于急性上消化道出血。消化性溃疡合并出血时,迅速有效地提高胃内 pH 值是治疗成功的关键。血小板在低 pH 值时不能聚集,血凝块可被胃蛋白酶溶解,其他凝血机制在低 pH 值时也受损,而 pH 值为 7.0 时胃蛋白酶不能溶解血凝块,故胃内 pH 值 7.0 时最佳。另外,静脉内使用 PPI 可使胃内 pH 值达到 6.0 以上,能有效改善上消化道出血的预后,并使再出血率、输血需要量和紧急手术率下降,质子泵抑制剂可以降低消化性溃疡再出血的风险,并可减少接受手术治疗的概率,但对于总死亡率的降低并无多少意义。消化性溃疡合并出血时静脉注射 PPIs 制剂的选择:推荐大剂量 PPIs 治疗,如埃索美拉唑 80mg 静脉推注后,以 8mg/h 速度持续输注 72 小时,适用于大量出血患者;常规剂量 PPIs 治疗,如埃索美拉唑 40mg 静脉输注,每 12 小时 1 次,实用性强,适于基层医院开展。

目前国内上市的 PPIs 有奥美拉唑(omeprazole)、兰索拉唑(lansoprazole)、泮托拉唑(pantoprazole)、雷贝拉唑(rabeprazole)、埃索美拉唑(esomeprazole),以及最近上市的艾普拉唑(ilaprazole)。第一代 PPIs(奥美拉唑、泮托拉唑和兰索拉唑)依赖肝细胞色素 P450 同工酶(CYP2C19 和 CYP3A4)进行代谢和清除,因此,与其他经该同工酶进行代谢和清除的药物有明显的相互作用。由于 CYP2C19 的基因多态性,导致该同工酶的活性及第一代 PPIs 的代谢表型发生了变异,使不同个体间的 CYP2C19 表现型存在着强代谢型(EM)和弱代谢型(PM)之分。另外,抑酸的不稳定性、发挥作用需要浓聚和酶的活性、半衰期短等局限性影响了临床的应用;影响疗效因素多(如易受进餐和给药时间、给药途径的影响);起效慢、治愈率和缓解率不稳定,甚至一些患者出现奥美拉唑耐药或失败;不能克服夜间酸突破等,由此可见,第一代 PPIs 的药效发挥受代谢影响极大,使疗效存在显著的个体差异。第二代 PPIs(雷贝拉唑、埃索美拉唑、艾普拉唑)则有共同的优点,起效更快,抑酸效果更好,能 24 小时持续抑酸,个体差异少,与其他药物相互作用少。新一代 PPIs 的进步首先是药效更强,这和化学结构改变有关,如埃索美拉唑是奥美拉唑中作用强的 S—异构体,把药效差的 L—异构体剔除后,其抑酸作用大大增强。而艾普拉唑结构上新添的吡咯环吸电子能力强,与酶结合容易,艾普拉唑对质子泵的抑制活性是奥美拉唑的 16 倍,雷贝拉唑的 2 倍;其次新一代 PPI 有药代动力学方面优势,如雷贝拉唑的解离常数(pKa)值较高,因此在壁细胞中能更快聚积,更快和更好地发挥作用。再次,新一代 PPIs 较少依赖肝 P450 酶系列中的 CYP2C19 酶代谢。另外,第二代 PPIs 半衰期相对较长,因此保持有效血药浓度时间较长,抑酸作用更持久,尤其是新上市的艾普拉唑,半衰期为 3.0~4.0 小时,为所有 PPIs 中最长的,因而作用也最持久(表 4—4)。

表 4-4　常用抗酸分泌药物（剂量 mg）

药物	每次剂量	治疗溃疡标准剂量	根除 H.pylori 标准剂量
PPIs			
奥美拉唑	20	20qd	20bid
兰索拉唑	30	30qd	30bid
泮托拉唑	40	40qd	40bid
雷贝拉唑	10	10qd	10bid
埃索美拉唑 H2-RAs	20	20qd	20bid
西咪替丁	400 或 800	400bid 或 800qn	
雷尼替丁	150	150bid 或 300qn	
法莫替丁	20	20bid 或 40qn	

2.保护胃黏膜药物　替普瑞酮、铝碳酸镁、硫糖铝、胶体枸橼酸铋、马来酸伊索拉定（盖世龙）、蒙托石、麦滋林、谷氨酰胺胶囊等均有不同程度制酸、促进溃疡愈合作用。

（三）根除幽门螺杆菌治疗

对幽门螺杆菌感染引起的消化性溃疡，根除幽门螺杆菌不但可促进溃疡愈合，而且可以预防溃疡复发，从而彻底治愈溃疡。因此，凡有幽门螺杆菌感染的消化性溃疡，无论初发或复发、活动或静止、有无并发症，均应予以根除幽门螺杆菌治疗。

在根除幽门螺杆菌疗程结束后，继续给予一个常规疗程的抗溃疡治疗（如 DU 患者予 PPIs 常规剂量、每日 1 次、总疗程 2～4 周，GU 患者 PPIs 常规剂量、每日 1 次、总疗程 4～6 周，是最理想的。这在有并发症或溃疡面积大的患者尤为必要，但对无并发症且根除治疗结束时症状已得到完全缓解者，也可考虑停药。

（四）NSAID 溃疡的治疗、复发预防及初始预防

对服用 NSAIDs 后出现的溃疡，如情况允许应立即停用 NSAIDs，如病情不允许可换用对黏膜损伤少的 NSAIDs 如特异性 COX-2 抑制剂（如塞来昔布）。对停用 NSAIDs 者，可予常规剂量常规疗程的 H_2-RA 或 PPIs 治疗；对不能停用 NSAIDs 者，应选用 PPIs 治疗（H_2-RA 疗效差）。因幽门螺杆菌和 NSAIDs 是引起溃疡的两个独立因素，因此应同时检测幽门螺杆菌，如有幽门螺杆菌感染应同时根除幽门螺杆菌。溃疡愈合后，如不能停用 NSAIDs，无论幽门螺杆菌阳性还是阴性都必须继续 PPIs 或米索前列醇长程维持治疗以预防溃疡复发。对初始使用 NSAIDs 的患者是否应常规给药预防溃疡的发生仍有争论。已明确的是，对于发生 NSAIDs 溃疡并发症的高危患者，如既往有溃疡病史、高龄、同时应用抗凝血药（包括低剂量的阿司匹林）或糖皮质激素者，应常规给予抗溃疡药物预防，目前认为 PPIs 或米索前列醇预防效果较好。

（五）难治性溃疡的治疗

首先须作临床和内镜评估，证实溃疡未愈，明确是否 H.pylori 感染、服用 NSAIDs 和胃泌素瘤的可能性，排除类似消化性溃疡的恶性溃疡及其他病因如克罗恩病等所致的良性溃疡。明确原因者应作相应处理，如根除 H.pylori 停用 NSAIDs。加倍剂量的 PPIs 可使多数非 H.pylori 非 NSAIDs 相关的难治性溃疡愈合。对少数疗效差者，可做胃内 24 小时 PH 检测，如 24 小时中半数以上时间的 pH 小于 2，则需调整抗酸药分泌治疗药物的剂量。

（六）溃疡复发的预防

有效根除幽门螺杆菌及彻底停服 NSAIDs,可消除消化性溃疡的两大常见病因,因而能大大减少溃疡复发。对溃疡复发的同时伴有幽门螺杆菌感染复发(再感染或复燃)者,可予根除幽门螺杆菌再治疗。下列情况则需用长程维持治疗来预防溃疡复发:①不能停用 NSAIDs 的溃疡患者,无论幽门螺杆菌阳性还是阴性(如前述);②幽门螺杆菌相关溃疡,幽门螺杆菌感染未能被根除;③幽门螺杆菌阴性的溃疡(非幽门螺杆菌、非 NSAIDs 溃疡);④幽门螺杆菌相关溃疡,幽门螺杆菌虽已被根除,但曾有严重并发症的高龄或有严重伴随病的患者。长程维持治疗一般以 PPIs 常规剂量的半量维持,而 NSAIDs 溃疡复发的预防多用 PPIs 或米索前列醇,已如前述。半量维持疗效差者或有多项危险因素共存者,也可采用全量分两次口服维持。也可用奥美拉唑 10mg/d 或 20mg 每周 2～3 次口服维持。对维持治疗中复发的溃疡应积极寻找可除去的病因,半量维持者应改为全量,全量维持者则需改换成 PPI 治疗。维持治疗的时间长短,需根据具体病情决定,短者 3～6 月,长者 1～2 年,甚至更长时间。无并发症且溃疡复发率低的患者也可用间歇维持疗法,有间歇全量治疗和症状性自我疗法(symptomatic self control,SSC)两种服法,前者指出现典型溃疡症状时给予 4～8 周全量 PPIs 治疗,后者指出现典型溃疡症状时立即自我服药,症状消失后停药。

（七）消化性溃疡治疗的策略

对内镜或 X 线检查诊断明确的 DU 或 GU,首先要区分有无 H. pylori 感染。H. pylori 感染阳性者应首先抗 H. pylori 治疗,必要时在抗 H. pylori 治疗结束后再给予 2～4 周抗酸分泌治疗。对 H. pylori 感染阴性者包括 NSAIDs 相关性溃疡,可按过去的常规治疗,即服用任何一种 PPIs,DU 疗程为 4～6 周,GU 为 6～8 周。也可用胃黏膜保护剂替代抗酸分泌剂治疗GU。至于是否进行维持治疗,应根据溃疡复发频率、患者年龄、服用 NSAIDs、吸烟、合并其他严重疾病、溃疡并发症等危险因素的有无,综合考虑后决定。由于内科治疗的进展,目前外科手术主要限于少数有并发症者,包括:①大量出血经内科治疗无效;②急性穿孔;③瘢痕性幽门梗阻;④胃溃疡癌变;⑤严格内科治疗无效的顽固性溃疡。

（八）预后

由于内科有效治疗的发展,预后远较过去为佳,死亡率显著下降。死亡主要见于高龄患者,死亡的主要原因是并发症,特别是大出血和急性穿孔。

四、胃大部切除术的并发症

胃大部切除术后除可发生一般腹部手术后的并发症外,还可能发生许多特殊的并发症,这些并发症之发生系因胃大部切除后胃肠道的生理改变,或由于手术技术操作方面存在缺点所引起。

（一）术中邻近重要器官的损伤

1. 损伤胆总管　在胃溃疡做胃大部切除时比较少见,在十二指肠球部后壁溃疡作胃大部切除术时容易发生胆总管和胰管的损伤。这是由于球部溃疡因周围炎症广泛粘连常致局部解剖不清,或瘢痕挛缩致胆总管牵扯至幽门附近,如果勉强切除溃疡,则可能使胆总管被误结扎,或部分缝扎,或使胆总管被误切开或切断。胆总管损伤若未及时发现,则可因损伤情况不同而在术后出现各种临床表现。胆总管若被切开或切断,术中可见肝下有胆汁存积,术后即出现胆汁性腹膜炎或胆外瘘。胆总管若被结扎,则术后数日即可出现逐渐加深的黄疸。若被部分缝扎,黄疸可在术后两周或数月后才出现。胆总管损伤后如及时发现,应按损伤情况处理。若胆总管已切开者,可经胆总管壁上裂口或另作切口置入"T"管。若胆总管已横断者,可作胆总管十二指肠吻合,或胆总管空肠 Roux－Y 吻合术。为了防止这种损伤,在进行腹腔探查时必须检查溃疡所在位置及其瘢痕组织浸润的范围,估计切除溃疡确有困难或溃疡切除后不能妥善地闭合残端时,绝不能勉强将溃疡切除,而应采用幽门窦旷置术。

2. 损伤胰腺　胃或十二指肠后壁穿透性溃疡,其基底部已是胰腺组织,若勉强切除这类溃疡的底部,必将损伤胰腺实质或胰管,易致术后急性胰腺炎或胰外瘘。为了预防胰腺的损伤,可采用幽门窦旷置术,或溃疡底留在胰腺上不予切除。

3. 损伤横结肠系膜血管　在胃大部分切除术中,分离胃结肠韧带时,由于术者不熟悉其局部解剖关系,靠近横结肠大块钳夹,切断胃结肠韧带,误将横结肠系膜及其血管一并切断、结扎。若横结肠中动脉被结扎切断,横结肠边缘血管损伤致肠管已失去生机者,应将坏死的肠管切除,并作横结肠端端吻合术。

(二)术后出血

1. 术后吻合口出血　术后一般从胃管减压可以吸出少量血液。这是手术时积留在胃内的血液,12～24 小时后逐渐减少或消失。如果从胃管减压持续不断地吸出较大量血液,则表示有胃内出血。胃内出血的原因可能为:胃肠吻合口止血不够妥善致术后吻合口有活跃性出血。这种出血多由于胃切端黏膜下小血管漏扎或在肠钳控制下施行胃肠吻合而未作黏膜下血管结扎所致。严重早期吻合口出血应立即行手术止血。再次手术时,可以在吻合口近端切开胃前壁,用吸引器吸净胃内的血液,仔细检查吻合口和小弯侧断端缝合处,找出出血点后,用"8"字缝合法止血,如发现吻合口边缘广泛渗血,可加缝一道连续缝线止血。如诊断为术后吻合口出血,经手术探查未发现吻合口有明显出血者,则应进一步探查出血是否来自食管、胃底曲张静脉破裂、被遗留的溃疡或癌肿出血,或十二指肠残端出血。胃大部切除术中为了预防术后吻合口出血,胃断端黏膜下血管应予以一结扎或缝扎止血,胃肠吻合完毕后,应将肠钳稍稍松开,检查有无漏扎的小血管出血,如吻合口有出血时,应加作"8"字形缝合止血。

2. 溃疡旷置术后继续出血　十二指肠后壁溃疡并发急性上消化道出血作急性胃大部切除术时,有时溃疡无法切除,若仅作溃疡旷置术,则术后仍有上消化道大出血时,处理上往往困难。预防这种情况发生,应在胃大部切除术中将十二指肠前壁切开,显露溃疡面,缝扎溃疡底部出血点,或缝扎溃疡底部周围血管,并加作胃十二指肠动脉结扎术,然后缝闭十二指肠残端,并用大网膜覆盖。

(三)十二指肠残端破裂

十二指肠残端破裂是胃大部切除术后严重的并发症之一,一般均发生在十二指肠溃疡病例。十二指肠残端瘢痕较大以致缝合困难或残端愈合不良,而输入空肠管又有梗阻,胆汁、胰液、肠液都淤积在十二指肠腔内,则肠腔内压力不断增高,引起残端破裂。破裂多发生于术后5～8 天,可突然发生右上腹部剧烈疼痛,随即出现弥漫性腹膜炎。一旦十二指肠残端破裂应即手术,于右肋缘下作一小切口,插一导管至腹腔,持续吸引,吸尽腹腔内胆汁和胰液,以免十二指肠液进入腹腔。瘘管多能在 3 周左右自动闭合。

为了预防或减少十二指肠残端破裂的发生,如果在十二指肠病例作胃大部切除术时能正确处理十二指肠残端,可以避免这个严重的并发症发生。对局部炎症广泛和瘢痕组织浸润范围较大的十二指肠球部溃疡,估计不能切除或切除后不能满意地闭合其残端时,应采用幽门窦旷置术。如果事先估计不足,已把幽门部血供切断,无法施行幽门窦旷置术而断端缝合得不够满意,可以采用十二指肠造口术,并用大网膜覆盖残端,残端附近置腹腔引流管,术后经常保持十二指肠造口导尿管引流通畅,腹腔引流管应在术后 5～7 天拔除,十二指肠造口导尿管可在术后 10～14 天拔除。

(四)梗阻

胃大部切除术后常可发生梗阻,引起呕吐,一般有下列几种情况:

1. 胃排空障碍　胃大部切除术后胃排空障碍可由于吻合口梗阻或胃的张力减退所致。吻合口梗阻发生的原因,有吻合口过小,吻合时胃肠壁内翻过多;缝合处胃肠壁炎性水肿与痉挛;吻合口水肿,胃的张力减退可为血钾过低所致。其临床表现为食后上腹饱胀,呕吐,吐出物为食物。如为吻合口过小或内翻过多所致的梗阻,一般在术后 2～3 天开始出现吻合口通过障碍,为持续性,不能日趋缓解,因吻合口水肿者多出现在术后 6～10 天,多为暂时性的。治疗原则应根据引起梗阻的性质而定。如狭窄的性质一时不易确定时,应先采用非手术疗法。大多数患者经适当非手术疗法后梗阻症状可以自行消失。如果不是由于吻合口狭窄,一般经胃管减压 4～10 天后均能恢复,但亦有的病例须持续减压 2 周以上者。

2. 输入空肠段梗阻　术后发生输入空肠段梗阻常见的原因为:①胃大部切除术做胃空肠吻合术时,若将胃向下过度牵拉,则完成吻合后胃向上收缩,如输入空肠段留得过短可被拉紧,则使输入空肠在吻合口处或十二指肠空肠曲处形成锐角。②输入空肠段过长发生扭曲,则吻合口近端肠腔内胆汁、胰液及肠液等不易排出,而淤积在近端空肠和十二指肠内。

以上这些情况均可引起输入空肠段内胆汁、胰液、肠液的滞留,使肠祥扩张,直至肠内压力很高时,产生强烈的蠕动,克服部分的梗阻,将大量的液体倾入胃内,引起呕吐,临床症状多出现在术后数日内,也可以出现在术后任何时间。一般表现为上腹胀,或疼痛、恶心、呕吐,吐出物为大量胆汁,其量一次可达 500ml 以上,如梗阻为不完全性,术后发生间歇性呕吐。

输入空肠段梗阻的治疗应根据梗阻的程度及原因而用不同的处理方法,通常输入空肠段梗阻引起的呕吐,均可用空肠输入段与输出段的侧侧吻合来治疗。

预防输入空肠段的梗阻应注意避免输入空肠段过长或过短,输入肠段应在无张力的情况下留置的长度应适当。

3. 输出空肠段梗阻　输出空肠段梗阻是胃大部切除术后较为常见的并发症,常见原因为:①输出空肠段与吻合口粘连后形成锐角,或粘连带压迫肠管。②内疝:胃大部切除,结肠前胃空肠吻合,在吻合的空肠与横结肠系膜或横结肠之间有一间隙,小肠可以钻入这个间隙引起内疝。内疝可以发生在术后第 3～6 天,亦可在几个月或几年以后。③套叠:输入空肠段套叠为输出段肠梗阻的少见原因之一。若发生逆行性套叠,套入部尚可经吻合口进入胃内。④输出空肠段功能性障碍:其原因为输出空肠段痉挛或麻痹,致胃肠道内容物通过发生暂时性障碍。

输出空肠段梗阻多发生在术后 2 周内,也可发生在术后数月或数年内。临床表现为上腹饱胀、恶心呕吐,呕吐物多为胆汁和食物,如梗阻原因为内疝、套叠、粘连或粘连带等往往出现阵发性腹痛。输出空肠段的机械性梗阻常需再次手术解除梗阻。如出现绞窄性肠梗阻的临床表现,则需进行急诊手术:内疝嵌顿者,应将嵌顿的肠段复位与缝闭吻合口后下孔隙。若嵌顿的肠段已绞窄坏死者,应将坏死肠段切除并行肠吻合术。输出空肠段套叠者,应行肠套叠整复术。为了防止内疝,空肠输入段应该避免过长,有人主张手术时将空肠与横结肠或横结肠系膜间的间隙缝闭,以防小肠进入此孔隙而形成内疝。

(五)胃回肠吻合

这是一种严重的手术错误,而非并发症,为了防止这种错误发生,下面加以简述。

胃回肠吻合是胃大部切除术中一种完全可以避免的错误,造成这种错误的原因是由于术者工作粗心大意,从腹腔内拉出一段小肠,拉其一端不动,没有认清楚 Trize 韧带的解剖关系,便误认为这段肠管是上段空肠,仓促地进行胃肠吻合。这种错误吻合发生后致小肠几乎全部废用,食物进胃后直接入吻合口经末段回肠至结肠迅速排空,引起营养吸收障碍和水、电解质平衡失调。临床表现为进食后即出现腹泻,每日 3～5 次或更多一些,粪便呈糊状或水样,及含有未消化的食物,呕吐粪便样内容物或嗳气时有粪样的臭味。体重不断下降,并出现贫血、水肿、营养不良,钡餐检查可以确诊。胃回肠吻合的处理原则是尽早明确诊断,尽早施行矫正手术,术前必须输血及纠正水与电解质紊乱。手术方法是切除胃回肠吻合口及一部分胃和回肠,作回肠端端吻合与胃空肠吻合。

为了防止胃回肠吻合的错误,关键在于辨认清楚十二指肠空肠曲。方法是助手提起横结肠,术者在横结肠系膜下方的根部,脊柱左侧即可看到十二指肠空肠曲及其悬韧带,提起上段空肠,施行胃空肠吻合术。

(六)倾倒综合征

胃大部切除术后,由于丧失了幽门括约肌的调节作用,食物由胃迅速排出进入上段空肠,又未经胃肠液混合稀释仍保留在高渗溶液状态,将大量细胞外液吸收到肠腔,使血容量骤然减少,而肠腔突然膨胀,释放 5—羟色胺,肠蠕动加速,在立位时肠曲下坠,牵拉系膜,刺激腹膜后神经丛,引起症状。

早期倾倒综合征多出现在手术后的 4～6 天进流质或半流质饮食较多时,而且在进食后立即或 10 分钟后发生。饮食的性质与症状有密切关系,进牛奶或甜食后最易引起症状,并且症状亦较重。

典型症状为两方面的症状。一组是胃肠道症状,如上腹部膨胀、恶心呕吐、肠鸣音增多、腹泻等,另一组是心悸、脉快出汗、发热、乏力、头昏、苍白等,症状都以立位和坐位时为重,卧位可以减轻症状。

术后早期出现的倾倒综合征,多数症状较轻,宜少食多餐,避免或少用甜食或其他能引起症状的食物,餐后平卧约 20 分钟等,经过一个时期的胃肠道适应和饮食的调节,症状可以消失或易于控制。

(七)低血糖综合征

多发生在进食后 2～3 小时,故亦称晚期倾倒综合征。表现为心慌、出汗、眩晕、乏力、苍白、手颤、嗜睡等症状。发生的机制为食物迅速进入空肠后,葡萄糖吸收加速,血糖骤然升高,刺激胰岛素分泌增加而发生反应性低血糖。进食后即能缓解。

(八)碱性反流性胃炎

胃大部切除术后,由于丧失了幽门括约肌,胆汁持续反流入胃,其含有的胆盐、卵磷脂破坏了胃黏膜屏障作用,使胃液中氢离子大量逆向弥散,促使肥大细胞释放组胺,引起胃黏膜充血、水肿、炎症、出血、糜烂等病变。表现剑突下持续烧灼痛,进食后加重,呕吐物有胆汁,胃液低酸或缺乏等症状。

胃镜检查,胃黏膜充血、水肿、轻度糜烂,活检常显示慢性萎缩性胃炎。

为了预防此症,有人采用保留幽门或替代幽门括约肌功能的胃切除术。本症药物治疗效果不显著,严重者应手术治疗,改行 Roux－en－Y 型空肠吻合术,以避免胆汁反流入胃,疗效较好。

(九)吻合口空肠溃疡

吻合口空肠溃疡是一严重并发症,多发生于十二指肠溃疡行胃大部分切除术后,常发生于术后 2 年内。溃疡多在吻合口的空肠侧,症状和原来的溃疡相似,疼痛较剧,局部常有压痛,极易并发出血。其原因为胃切除不够,或行旷置手术时未彻底切除胃窦部黏膜所致。药物治疗无效,宜作手术治疗。

(十)营养性并发症

胃部分切除术后,有些患者可发生消化、吸收功能改变和营养障碍,影响的程度常与胃部分切除的多少成正比。表现营养不足,体重减轻。体重不足的主要原因可能是胃切除过多的小胃综合征、严重的倾倒综合征、胃肠排空过速所致的食糜不能充分和消化液混合,食物在胃肠内没有足够的消化时间,致吸收功能不足,亦常有较多脂肪从大便排出。治疗的方法是饮食调节,应多餐,供应充分热量。

营养障碍的另一表现是贫血,缺铁性贫血(低色素小细胞性贫血)较常见,也可发生大细胞性贫血。胃大部切除后约 30％患者有缺铁性贫血,以女性患者较为多见。贫血多不严重。导致贫血的主要原因是胃切除后胃酸减少,影响了铁质的吸收,可给予铁剂治疗。巨幼红细胞性贫血(高色素大细胞性贫血)由于胃切除后,成血内因子缺乏所致,可用维生素 B_{12}、叶酸、肝制剂等治疗。

(十一)迷走神经切断术后并发症

有的常见并发症和胃大部切除术后相似,如倾倒综合征,但较轻,严重者不多,应用高选择迷走神经切断术(高选迷切)后很少发生。

1.胃潴留 高选迷切术后较少见,多在术后 3～4 天,拔胃管后上腹饱胀不适,呕吐胆汁和食物。钡餐可见胃扩张、大量潴留、而无排空,手术后胃张力差,蠕动消失所致。以上症状一般可在 10～14 天逐渐自行消退,也有更长时间者。一般不需手术治疗,可采用禁食、胃肠减压、温盐水洗胃、纠正低钾等治疗。

2.吞咽困难 术后早期开始进固体食物时出现,下咽时胸骨后疼痛,钡餐见食管下段贲门痉挛,常见的原因是迷走神经切除后食管下端的运动失调或食管炎,大多于 1～4 个月自行消失。

3.溃疡复发 溃疡复发率较高是目前顾虑较多的主要问题,据报道,一般溃疡复发率在 3％～10％,高于胃大部切除术的 1％,常为手术切断迷走神经不彻底所致。该神经变异较多,在高选迷切时游离食管下段不够长或遗漏切断胃壁后支所致。

(葛全兴)

第六节　胃功能障碍性疾病

一、胃排空异常

(一)胃排空紊乱类型

1.排空延迟 儿童及成人肥厚性幽门梗阻、胃窦癌、消化性溃疡致幽门狭窄及胃息肉脱垂均可引起胃排空的机械性梗阻。有些患者并无胃出口机械性梗阻,但因有胃功能障碍,也可引起胃排空延迟。远端胃功能障碍时,由于研磨食物的功能受损,表现为固体食物排空延迟,而近端胃功能障碍时,由于胃腔内压力降低,固体及液体排空均延迟。临床上表现为食欲不振、餐后持续上腹饱满、恶心、呕吐和腹痛等。此外,代谢紊乱如低血钾、高血钙、低血钙、低血镁、甲状腺功能减退、尿毒症、肝性脑病、高血糖、酸中毒、腹部手术后及病毒性胃肠炎时均可有暂时性胃排空迟延(表4-5)。

表4-5 胃排空延迟的原因

急性	慢性
创伤	糖尿病
手术后肠梗阻	甲状腺功能减退
胃恶性肿瘤	全身性硬皮病
粪石	系统性红斑性狼疮
急性胃肠炎	皮肌炎
过度营养	肌营养不良
代谢性疾病	家族性自主神经功能异常
高血糖,酸中毒,低血钾,高血钙,	神经精神因素
低血镁,肝性脑病,黏液性水肿,甲亢	神经性厌食,贪食症
生理因素	淀粉样变
迷走神经兴奋,胃扩张,胃内压力增高	恶性贫血
药物	脊髓灰质炎
抗胆碱能药,抗抑郁药,尼古丁,鸦片	消化性溃疡
制剂,右旋多巴,前列腺素,避孕药,	迷走神经切除术后
β-肾上腺素阻滞剂,高密度酒精激素	肿瘤引起的胃轻瘫
激素	特发性胃节律紊乱
促胃液素,胰高糖素,雌激素,胆囊	慢性病毒感染
收缩素,前列腺素	假性梗阻(神经肌肉病变)

胃手术后,一般将无胃出口梗阻而不能进固体或液体持续3周以上者作为术后持久胃排空延迟。迷走神经切断加幽门成形术后1.4%的患者,迷走神经切断加胃窦切除术后2.4%的患者有持久的非机械性胃排空延迟。在胃次全切除患者中有3%胃排空延迟。萎缩性胃炎有固体食物和液体排空延迟。胃食管反流病有固体或液体排空延迟。朱有玲等报告GERD时36.7%患者有胃排空延迟,提示存在胃运动功能障碍。幽门前溃疡及同时有胃和十二指肠溃疡病者有胃排空延迟。某些药物,如鸦片类、抗胆碱能制剂可引起胃排空延迟。β肾上腺能药物,如异丙肾上腺素、舒喘宁引起排空延迟。高浓度酒精使液体排空延迟。

2.排空加速 胃排空加速见于卓-艾综合征患者,部分患者十二指肠溃疡患者胃固体排空加快,而液体排空正常。胃手术后患者在餐后10~30分钟出现的上腹饱胀、恶心、呕吐、腹泻、软弱为早期倾倒综合征。餐后1~3小时发生心悸、出汗、软弱者为迟发倾倒综合征。胃排空过快为引起倾倒综合征的主要原因。胰腺外分泌不足和乳糜泻可引起胃排空加快(表4-6)。

表4-6　胃排空加速因素

手术后
幽门成形术后
胃大部切除术后(巴氏Ⅰ式或Ⅱ式)
疾病
十二指肠溃疡
胃泌素瘤
甲状腺功能亢进
乳糜泻
激素
甲状腺素
胃动素
抑胃肽
药物
红霉素
罗红霉素
克拉霉素

3.手术后胃轻瘫　发生急性手术后胃轻瘫其机制之一是因胃电活动节律紊乱所致,即胃动过速是由胃窦的异位起搏点所致,其特征是存在一高出正常频率的异常节律。表现为胃收缩过速的异常电节律,这种快速的电活动常常伴随运动静止状态,因此,没有与胃收缩过速相应的压力测定结果。临床上表现为腹胀满、恶心和呕吐。有关手术后胃轻瘫的病理生理尚不明了。

(二)胃排空异常诊断

胃排空过快或延缓在临床症状上有较大的重叠,表现为上腹胀、早饱、上腹痛、恶心等症状,但当排空过快时,除上述症状外,常常伴有腹泻、肠痉挛以及血管舒缩症状等"倾倒综合征"样症状。两者在治疗上有差异,因此鉴别很重要。

胃排空及胃动力常用的检查方法见表4-7。当患者有消化系统症状,而通过一系列的检查排除器质性病变时,应考虑进行必要的动力学检测。有下列情况时应考虑作动力功能检查:①不明原因胃潴留;②功能性消化不良患者伴有明显的胃排空延迟症状者;③伴有影响胃动力的全身性疾病如糖尿病胃轻瘫。

表4-7　胃动力及胃排空的检测方法

胃内压测定	胃排空测定
灌注式测压法	闪烁扫描技术
气囊式测压法(恒压检测仪)	超声检查
无线电遥测法	放射线不透光标志物法
微型腔内换能器法	胃表面阻抗
	胃体表胃电图
	呼吸氢试验
	药代动力学间接检测法
	磁性示踪法

1. 胃窦幽门十二指肠压力测定

(1)适应证:①有消化不良症状,经内镜或 X 线检查排除器质性病变;②如有梗阻症状但经内镜划造影排除机械性梗阻;③一些内分泌、代谢性和精神性疾病如有明确胃排空延缓者。

由于胃在消化间期和消化期(进餐后)有不同形式的收缩运动,应用仪器记录分析,能帮助阐明动力障碍的性质和部位,与胃排空检查有互补作用,测压的指标包括:①消化间期的移行性运动复合波(MMC)各相的时限及所占比例;②消化期的收缩次数,收缩幅度和动力指数等。如餐后胃窦收缩频率<50 次/h,平均幅度<30mmHg/2h 内,常表明动力降低,但测压技术分析比较复杂,记录时间长,受试者要配合插管和记录,在临床上难以推广。通过生理多导仪进行压力测定,可以发现超过 70%胃轻瘫患者有胃或肠压力的异常,主要有胃窦运动低下、幽门痉挛、胃窦幽门十二指肠运动失调和 MMC 缺失。

(2)临床意义:胃窦幽门十二指肠测压有助于区分肌源性还是内源性或外源性神经病变。累及肌肉病变者常有正常的动力形式,但压力异常。相反,影响内源性或外源性神经病变者常表现有 MMC 的形式和推进异常以及不能将消化间期动力形式转换为消化期动力形式,在临床上表现为假性肠梗阻的表现。胃窦幽门十二指肠测压通常适用于可疑有胃轻瘫的患者,如糖尿病胃内压力降低为诊断提供一个依据。

2. 胃电图 用 24 小时携带式胃电图监测变化,胃排空迟缓时如功能性消化不良,糖尿病性胃轻瘫、胃切除术后时,表现胃电过缓,慢波频率为 1~2.4cpm(正常 2.4~3.7cpm)。

3. X 线摄影 一般说来,不透 X 线标志物常为不消化固体标志物,在消化期末胃强烈收缩时排出胃腔。如果这种不消化的固体标志物在胃内滞留很长时间,就可以诊断为胃排空延迟。

4. B 型超声 禁食一夜后仍可发现有胃内食物残留,进标准餐后可发现胃体、胃窦运动低下或不协调,该方法简单、易行,无创伤性,患者易于接受,且在生理状态下观察,它不但可以了解胃排空功能,而且可以观察胃运动情况。常用的方法有:单切面实时超声显像法、胃窦容积测定法、全胃容积测定法等。其动态观察胃、十二指肠运动的指标有:胃窦收缩频率和幅度、胃窦运动指数、幽门开放时间、胃、十二指肠运动协调性和十二指肠—胃反流征。使用单切面实时超声显像法显示其液体餐胃半排空时间测定与核素法相近,但实时超声更能精确地检测流体餐胃运动的功能。缺点是:①不适合测定固体胃排空,故而应用受到限制;②如胃腔内或邻近肠腔气体较多可影响检查结果;③无法测定胃大部切除术后患者胃排空情况。

摄入试餐,常用无气水:常为温开水、蒸馏水、矿泉水,试餐后动态监测胃腔不同切面的径线变化,可计算出不同时间某一部分的体积和面积变化,从而获得胃排空情况。由于受到试餐成分、容量、检查方法等的影响,正常结果差异较大,侯晓华报告用温水试餐,胃半排空时间为 23.5±5.94 分钟,刘永华用营养物液 400ml 胃半排空时间为 56±12 分钟。

5. 放射性核素扫描测定 原理是将核素结合在液体或固体餐中,用带计算机的 1 照相机连续记录在此过程中胃的影像和胃区内放射性下降的情况,并计算出胃排空时间。一般采取液体胃排空、固体胃排空以及液体—固体胃排空联合测定,该方法简单、安全、重复性好,能定量以及符合生理状况等特点,目前被认为是测定胃排空的金标准。Wengrower 等发现 88%的特发性胃轻瘫患者有明显的液体排空障碍,其半排空时间为 36~180 分钟,而正常人为 8~26 分钟。它显示的是生理状态下的排空过程,但由于费用昂贵在国内难以普及。

胃排空测定分液体和固体两种试餐,多用固体试餐。显像剂目前多用 $^{99m}Tc-sc$(^{99m}锝—

硫化胶体)。固体试餐(油煎鸡蛋＋方便面)正常胃半排空时间为 60.4＋16.2 分钟(北京协和医院)。

6.呼气试验　用稳定和不稳定放射性核素碳标记在胃内不吸收,而于小肠快速吸收的物质,后者在肝脏中氧化逸出 CO_2,CO_2 经血液至肺,从呼吸道中呼出,测定呼出气体中的被标记 CO_2 的含量变化,就能够间接地反映胃排空情况。目前有 ^{13}C－醋酸盐呼气试验测定液体胃排空,^{14}C 或 ^{13}C－辛酸呼气试验测定固体胃排空,一般间隔 10～15 分钟采集呼出气体,共 4 小时,每一个时间点采集 2 个标本,用 β 放射闪烁计数器测定呼出气体 ^{14}C 含量,或用放射性核素质谱仪或气相色谱仪测定呼出气体 ^{13}C 含量,根据特定公式计算出胃排空时间。由于呼气试验与放射性核素对比研究有良好的相关性,受到的放射性损伤小,操作简便,无侵入性,重复性好,值得在临床上推广。

7.磁共振成像术(MRI)　用钆络合物(Gd－DOTA)为顺磁性 MRI 造影剂,摄入后用 MRI 进行多层横断面扫描,即可显示主体影像,随着 Gd－DOTA 和食物一齐从胃内排出,MRI 显示的胃主体影像发生一系列变化,从而获得胃排空结果。MRI 无创伤性,避免了系统误差和个体误差,不受胃内气体、胃分泌的影响,同时了解胃排空和胃分泌功能,还能在重建的三维胃主体结构了解胃轮廓,研究胃排空和解剖结构的关系,与核素法比较,有良好的相关性、准确性高。

(三)胃排空紊乱的治疗

1.胃排空延迟(胃轻瘫)的治疗　继发于全身或代谢性疾病如糖尿病胃排空延迟,重要的是对原发病的治疗。促动力剂(prokinetic agents)是治疗胃轻瘫的理想药物。

(1)饮食:因胃轻瘫患者难以容受常规三餐容量,故建议患者少量多餐。此外,由于胃轻瘫患者易形成粪石,需少用豆科类蔬菜。限制饮食中的脂肪含量可促进胃的蠕动。

(2)药物:对胃排空有促进作用的药物可用于治疗胃轻瘫。促动力剂是指能增强胃肠道收缩力和加速胃肠运转和减少通过时间的药物。当患者仅有症状时,可用间歇治疗,疗程 4～8 周,当有基础疾病或重度症状时,应持续治疗。由于口服时促动力药在胃内的排空也受到延迟,故药物的起效减慢,静脉用药或肌内注射可改变这种情况。

1)莫沙比利(mosapride,贝络纳,加斯清,瑞琪):药理作用与西沙比利相同,是强效选择性 $5-HT_4$ 受体激动剂,其无多巴胺受体阻断及直接刺激胆碱能受体的作用,所以无相关的副作用。副作用较少,孕妇和哺乳期妇女、儿童及青少年、有肝肾功能障碍的老年患者慎用。常用剂量为 5mg,每日 4 次,餐前 30 分钟和晚上 9 时服药。

2)盐酸伊托必利(itopride hydrochloride,为力苏,eithon):本品具有多巴胺 D_2 受体措抗活性和乙酰胆碱酯酶抑制活性,通过两者的协同作用发挥胃肠促动力作用。由于拮抗多巴胺 D_2 受体活性的作用,因此,尚有一定抗呕吐作用。

本品口服后在胃肠迅速吸收。经肝脏首过代谢,其相对生物利用度约 60%,食物对本品生物利用度没有影响。在肝脏主要通过黄素单加氧酶途径转化代谢。其代谢产物主要肾排泄。清除半衰期约 6 小时。其促动力作用在治疗剂量范围内与剂量呈线性相关。

为力苏用于因胃肠动力学减慢引起的消化吸收不良症状,包括上腹部饱胀感、上腹痛、食欲不振、恶心和呕吐等症状,如功能性消化不良、食管反流病、慢性胃炎、胃轻瘫等。

成人每次 50mg,3 次/d,餐前口服。根据患者年龄和症状可相应调整课题。若用药 2 周后症状改善不明显,宜停药。

不良反应很少（<0.1%）发生皮疹、潮红和瘙痒等过敏现象。偶尔（0.1%<5%）发生腹泻、便秘腹痛和唾液增加等症状。偶尔出现头痛、易激惹和眩晕、白细胞减少、尿素氮和肌酐水平增高、胸背痛和疲乏感等。

3）胃肠运动节律双向调节剂：目前用于临床的制剂有马来酸曲美布汀、马来酸三甲氧苯丁氨酯片（cerekinon，舒丽启能、援生力维、诺为等）。

直接作用于消化吸收道平滑肌，调节异常的消化吸收道运动。

胃肠运动低下状态时：①抑制 K^+ 的通透性，引起去极化，从而促进平滑肌收缩，使运动增加；②作用于肾上腺素能神经受体，即作用于外周（ENS）阿片受体 μ_2 受体，抑制去甲基肾上腺素释放，从而增加运动节律；③解除对胆碱能神经的抑制性调节，使乙酰胆碱释放增加，促进平滑肌收缩使运动增加。

胃肠运动亢进状态时：①抑制 Ca^{2+} 的通透性，抑制平滑肌收缩，使运动减少；②主要作用于胆碱能神经 κ 受体，抑制乙酰胆碱释放，从而改善运动亢进状态。

药理作用：①胃运动调节作用，可使胃自律运动的振幅减小，使其趋于规律的节律性收缩；抑制运动功能亢进肌群的运动，可增进运动功能低下肌群的运动。②诱发成人生理性消化道推进运动，用于治疗便秘。③使胃排空减弱得到改善，同时还可使胃排空功能亢进得到抑制。④对肠运动作用可抑制大肠运动亢进，对肌肉紧张度低有增加紧张的作用。⑤食管下段括约肌调节作用降低四肽促胃泌素负荷引起的内压上升，同时也能使肠促胰液素引起的内压的降低得到回升。⑥对消化道平滑肌的直接作用使胃肠蠕动增强。

常用剂量：100～200mg，3 次/min。饭前 15～30 分钟，口服。治疗肠易激综合征 8 周为 1 个疗程，治疗胃轻瘫可用更长时间。

（3）针灸治疗：药物治疗无效时，可采用针灸治疗。针刺常用一些与胃肠道有关穴位，可明显促进胃肠蠕动，增加胃肠道的排空。文献采用针灸法，主穴为足三里（双）、三阴交（双）、太溪（双）、中脘。配穴为纳呆、乏力者加脾俞、阴陵泉；怕冷、尿多者加肾俞；呕吐频繁加内关，均取双侧。

2. 胃排空加速的治疗

（1）胆碱能受体拮抗剂（抗胆碱药）：阻滞 M 胆碱受体，能解除平滑肌的痉挛，抑制腺体的分泌和胃肠运动等。副作用较多，常有口干、眩晕，严重时瞳孔散大、皮肤潮红、心率加快、兴奋、烦躁、谵语、惊厥。青光眼及前列腺肥大患者禁用。常用药物：①阿托品：0.3mg，3～4 次/d，疼痛重时可肌内注射 0.5mg；②山莨菪碱（654－2）：口服，一次 5～10mg，3 次/d，疼痛重时可肌内注射或静脉注射，成人一般剂量 5～10mg，1～2 次/d，也可经稀释后静脉滴注。

（2）钙离子拮抗剂：是一类选择性地减少慢通道的 Ca^{2+} 内流，因而降低细胞内 Ca^{2+} 的浓度而影响细胞功能。钙拮抗剂可减轻胃肠平滑肌收缩。常用制剂有：①硝苯地平（商品名，心痛定）：口服，5～10mg，15～30mg/d，不良反应常见面部潮红、心悸、窦性心动过速。低血压患者慎用；孕妇禁用。②匹维溴铵（商品名得舒特）：作用于平滑肌细胞，能减少平台期慢波，抑制钙内流，故而可减少肠道的收缩活动，产生抗痉挛作用，恢复正常的肠道动力。且对心血管平滑肌细胞的亲和力很低，故不会引起心血管系统的不良反应，副作用少，患者对药物的耐受性好。少数患者服药后可有腹痛、腹泻或便秘，偶见皮疹、瘙痒、恶心、口干等。儿童和孕妇禁用。用法：口服，每次 50mg，3 次/d，必要时每日可增至 300mg。切勿嚼碎，于进餐前整片吞服，不宜躺着和在就寝前吞服药片。

（3）胃肠激素：①胃泌素和胆囊收缩素（CCK）：它们广泛存在于胃肠道和神经系统（NS），可抑制近端胃收缩，加强幽门收缩，抑制胃排空。其机制可能是：直接作用、神经反射和中枢作用。②PP 肽族：以酪酪肽（PPY）为主，它能明显抑制胃平滑肌收缩，引起胃松弛，抑制胃排空。其作用机制为 PPY 与胃部胆碱能神经元突触前的 PPY 受体结合，抑制胆碱能神经递质传递。PPY 与胃平滑肌上受体结合后动员细胞内 Ca^{2+}，抑制腺苷酸环化酶活性，使胞内 cAMP 水平下降，影响平滑肌活动。而神经肽 Y（NPY）结构与 PPY 相似，广泛分布于 NS，其作用机制相似，但有关 NPY 对胃运动和胃排空影响的报道目前还比较少。③促胰液素、胰高血糖素族：胰高血糖素（GIU）和促胰液素（Sec）均能抑制胃排空。④VIP 在胃肠道和 NS 浓度最高，是被公认为 NACA 抑制系统的神经介质，以 CAMP 为第二信使介导 VIP 的生理效应——抑制胃排空。⑤其他尚有甘丙肽（Gal）、生长抑素（SS）、胃动素（MOT）、阿肽（OP）等均为抑制性物质，可导致胃排空延迟。值得提出的是，胃肠激素尚未广泛用于胃排空加速。

二、功能性消化不良

消化不良（dyspepsia DP）一词来自希腊文，是指持续性或反复发作性的上腹部不适，还可包括下列症状中的一项或数项：餐后饱胀、腹部胀气、嗳气、早饱、厌食、恶心、呕吐、烧心、胸骨后痛、反胃等。

功能性消化不良（FD）是一常见的症候群。FD 的发病情况由于其定义内涵和研究方法不同，国际上各家报告差异很大，据估计，国内 FD 在社会人群中患病率在 10%～30%，占消化内科门诊就诊人数的 40% 左右。

（一）病因与发病机制

1. 胃酸　有关 FD 与胃酸分泌相关性的研究，并未发现 FD 与胃酸分泌的高低有确切的相关性，Collen 等研究 66 例 FD 患者基础胃酸与正常对照比较无差异，临床上 80% 的 FD 患者应用抗酸治疗无效均说明 FD 发病与胃酸分泌高低无确切相关性。但 FD 患者对五肽胃泌素刺激试验呈高酸分泌反应，部分 FD 患者可诱发上腹部症状的加重，提示可能存在对酸的敏感性增加。

2. 慢性胃炎和十二指肠炎　有 50%～80% 的 FD 患者伴有慢性胃炎，20% 患者伴有十二指肠球炎。张锦坤等报告 267 例非溃疡性消化不良患者中。75% 内镜诊断为慢性胃炎，组织学 63% 为浅表性炎症。也有人观察到伴有十二指肠炎（非糜烂型）的 FD 患者，接受酸灌注试验时诱发腹痛症状，说明十二指肠存在对酸的敏感性，可能是这部分患者发生消化不良症状的机制。

3. 幽门螺杆菌感染　幽门螺杆菌（H. pylori）感染与 FD 之间关系颇有争议：

（1）H. pylori 与 FD 人发病关系密切：其根据①在慢性胃炎患者 85% 有 H. pylori 感染。②研究发现，有嗳气、腹胀的 FD 患者 H. pylori 感染率高，这部分患者胃酸分泌增加，当根治 H. PYLORI 后其胃酸分泌正常，推测 H. pylori 与 FD 相关机制可能是通过 H. pylori 刺激泌酸增高有关。③H. pylori 感染的 FD 患者胃排空延迟和胃运动减弱，根治 H. pylori 后胃动力恢复正常症状消失，而未根治 H. pylori 者，其消化不良症状持续存在，说明 H. pylori 感染与 FD 有关。

（2）H. pylori 感染与 FD 发病无直接关系：①流行病学调查并未证实 FD 患者的 H. pylori 感染率高于健康的群。②H. pylori 感染的 FD 患者症状积分与无 H. pylori 感染对照组并无显著差异。③FD患者,胃窦黏膜检出率为65%~75%。然而,有相当一部分本病患者临床症状很明显,而不能证实伴有 H. pylori 感染,况且,即使 H. pylori 阳性的 FD 患者,经治疗,H. pylori 根除后,其消化不良症状并不一定随之消失。④H. pylori 阳性组和阴性组的 FD 患者之间胃压力测定结果亦无明显差异。总之,H. pylori 在 FD 中的作用还需要作深入的研究。

4.胃肠运动功能障碍　有20%~50%患者有消化道运动功能障碍,涉及食管、胃、肠和胆道等功能异常,特别是胃的运动功能障碍被认为是 FD 发病的重要病理生理机制。

(1)胃排空迟缓:30%~50%的 FD 患者伴胃排空迟缓,以固体为主,也存在液体排空时间延长,特别是动力障碍样的 FD 更为明显。

(2)餐后胃窦动力低下:在某些功能性消化不良的患者,胃内压测定和 MMC 记录发现胃运动减弱,特别是在餐后消化间期 MMCⅢ相缺如或幅度下降,使胃清除不消化物质能力下降以及胃窦－幽门－十二指肠运动的协调性紊乱。

(3)十二指肠胃反流增加:过量的胆汁反流入胃与消化不良症状有关。FD 患者在禁食状态下,由于胃窦动力受损导致十二指肠－胃反流。但目前研究并不能确切 FD 的症状特点与十二指肠反流与否或反流程度的密切相关性。

5.胃电异常　Talley 等曾报告,伴有恶心呕吐患者的胃电图显示有胃电节律异常。FD 患者胃电节律紊乱包括胃动过速(tachygastrias)、胃动过缓(Bradygastrias)和混合型节律紊乱(mixed dysrhythmias)。FD 患者的胃肠运动功能障碍发生的机制可能与中枢神经系统的调节失调,内脏感觉异常,疼痛阈值低,肠神经系统障碍和激素等多种因素有关。

6.精神、心理因素和应激　通过问卷调查研究发现,FD 患者在个性异常,焦虑、抑郁、疑病等积分高于正常对照和十二指肠溃疡患者。女性 FD 患者,社会地位低下尤为明显。有研究报告,FD 患者生活中应激事件发生较频繁,并常伴有一些精神和心理方面的异常。但也有些研究未证实实验性急性压力对 FD 患者和健康人的胃排空,胃窦动力和 MMC 的影响有任何不同。一些环境食物等因素如饮酒、茶、咖啡及 NSAID 等与 FD 症状关系尚无定论,但不同个体的 FD 患者,可能对某种环境和食物不耐受。

总之,虽然精神应激与环境对 FD 有影响,但尚不能确定它们在 FD 发病中的确切作用和因果关系。

(二)诊断

1.临床表现及分型　FD 的常见症状为:上腹部不适或疼痛、腹胀或早饱、反酸、嗳气、烧心、恶心、呕吐、胸骨后疼痛等。

为了便于临床观察及选择治疗方法,根据症状特点1989年芝加哥 FD 专题国际会议将其分为5个亚型:①运动不良样亚型(DML):以腹胀、早饱、嗳气为主要表现。②溃疡样亚型(UL):以规律性餐前腹痛,进食后可缓解,反酸为主要表现。但胃镜检查并未证实有消化性溃疡。③反流样亚型(RL):突出表现为烧心、反酸或反胃。④吞气症(AL):反复嗳气、打嗝,可伴有上腹胀和恶心,嗳气后上腹不适症状常无明显减轻。情绪激动之后更明显。⑤非特异性型(US):消化不良的临床表现不能归入上述类型者,常合并肠易激综合征。

然而以上亚型之间存在重叠现象,并且很多 FD 患者常同时伴有胃食管反流和肠易激综合征的症候群,因此,根据国际标准Ⅱ将伴有烧心、反酸、吞咽疼痛等的消化不良患者从 FD 范围剔除,归入胃食管反流病,而将 FD 分为三个亚型即:

(1)溃疡样消化不良:它是以消化性溃疡的症状为特征而没有溃疡的存在。

（2）动力障碍样消化不良：胃排空延缓症状为主。

（3）非特异性消化不良：包括不适合于以上 2 组的消化不良。

2.详细了解病史和认真查体　对以消化不良就诊的患者，详尽的询问病史和查体是非常重要的。如果症状典型，如与进餐有关的腹痛、腹胀、早饱、嗳气，具有慢性，持续至少 4 周以上或多年反复发作的特点伴有或不伴有精神、心理或应激因素，基本可以排除器质性消化不良，但确定诊断 FD 前必须注意以下几点：

（1）"报警"信号有无：报警信号系指与器质性消化系疾病有关的症状、体征，如年龄 45 岁以上近期发病进行性加重，吞咽困难、呕血黑粪，贫血黄疸，发烧，体重下降等，提示有器质性疾病。

（2）诱发因素：询问有无诱发症状发作相关的应激事件，精神压力、心理因素，如果明确存在，提示 FD 可能。

（3）上腹痛的特点：如果以腹痛为主的主诉，应询问疼痛的部位，性质与进餐的关系和既往服用制酸药的反应等。以除外消化性溃疡或胆系疾病。

3.随访　初诊为 FD 的患者，应进行至少 4 周的随访，以排除器质性病变的早期表现。

4.FD 的诊断标准　必须满足：

（1）以下至少四种情况中的 1 条：①餐后饱胀不适；②早饱；③上腹痛；④上腹烧灼感。

（2）同时除外可引起上述事实症状的器质性疾病（包括内镜检查）。

诊断前症状出现了至少 6 个月，近 3 个月满足以上诊断标准。

FD 亚型：餐后不适综合征：

必须满足以下 1 条或 2 条：①发生在正常进食量后的餐后饱胀不适感，并且每周发作数次。②早饱感阻止了进常规量饮食，并且每周发作数次。

诊断前症状出现了至少 6 个月，近 3 个月满足以上诊断标准。

支持条件有：①上腹膨胀、餐后恶心或大量嗳气。上腹痛综合征可同时存在。②上腹痛综合征可同时存在。

上腹痛综合征：

必须满足以下所有条件：①每周至少 1 次，至少中等程度不同的上腹部疼痛或烧灼感。②疼痛为间断发作。③不是全腹痛、疼痛不在其他部位或胸部。④排便或排气后不能缓解。⑤不符合胆囊或 Oddi 括约肌功能疾病的诊断标准。

诊断前症状出状出现了至少三个 6 个月，近 3 个月满足以上诊断标准。

支持条件有：①疼痛可为烧灼样，但不向胸骨后传导。②疼痛的常由进餐诱导或缓解，但也可能是发生在禁食时。③餐后不知综合征可同时存在。

正确诊断 FD 是相当困难的，注意有无报警症状和应激等诱因。所谓报警症状是指近期有无明显原因的消瘦（体重减轻＞3kg）、贫血、消化道出血（如黑便）、吞咽困难、反复呕吐、发热、黄疸、腹痛或腹部肿块等。且无报警症状，多为功能性消化不良，可进行短期试验治疗，如无效应进行检查；而症状进行性加重，年龄大于 46 岁，或出现报警症状等，必须进行全面检查，以排除器质性病变。

根据国内学者的研究和大量临床实践，以及国外学者的观点，综合起来看，下述标准既严格规定了病例选择的范畴，又具有临床实用价值，亦便于国际间交流：①上腹痛、腹胀、早饱、嗳气、反酸、烧心、呕吐等上腹部症状超过四周；②内镜检查未发现溃疡、糜烂、肿瘤等器质性病变,未发现食管炎,也无上述疾病史;③实验室、B超、X线等检查排除肝胆胰及肠道器质性疾病;④无糖尿病、结缔组织病及精神病等全身性病变;⑤无腹部手术史;⑥追踪2~5年,2次以上胃镜检查未发现新的器质性病变。其中1~4项为临床诊断标准,5~6项为科研要求的附加标准。

内镜和影像检查的目的是除外有无器质性消化不良的病因,血生化、血糖的检测除外有无糖尿病、进行性系统性硬皮病等继发因素。

FD时有胃排空延迟,内脏高敏感性、心理和精神障碍、H. Pylori感染等,对FD的发病和诊断均有一定价值。

5.鉴别诊断　FD的鉴别诊断首先应与器质性消化不良相鉴别,因为这是关系到患者预后的大事。其次与其他慢性胃病如慢性胃炎、消化性溃疡及慢性胆囊炎相鉴别。

肠易激综合征患者可以有胃肠的症状,与FD患者的症状酷似,应将FD和IBS伴有FD症状的患者加以区别。此外,功能性胆道功能紊乱也可以表现为上腹部不适或疼痛,但常有一过性转氨酶、胰淀粉酶上升或胆道扩张,应予以除外。

(三)治疗

目前FD的治疗尚无特异手段,主要是对症治疗。多数学者主张尽量按临床分型并个体化用药。对症状较重或病程较长,已明显影响生活质量的病例,根据有无胃肠动力、感觉及心理障碍情况,制订治疗方案,使患者树立信心,配合治疗。不是所有的FD患者均需要药物治疗,安慰剂可能有效,少数患者可自行缓解。当症状对患者生活质量产生明显影响时,可以考虑采用间歇性的治疗(如2~4周)。

1.运动障碍型

(1)饮食控制:运动障碍型FD应避免摄入能诱发症状或产气过多的食物如红薯、土豆等。由于大量脂肪、蛋白质不利于胃的排空,应多次少餐。

(2)心理治疗或心理干预:Haug等指出,采用心理学方法治疗FD能缓解症状,提高生活质量。对于具有心理应激及自主神经功能紊乱的患者,心理干预在FD治疗中的作用尤为重要。要求医生具备足够的同情心、耐心及医学艺术。帮助患者正确认识症状发生的机制及诱因,建立战胜疾病的信心;疏导心理障碍及负性情绪,耐心解答患者提出的各种疑问,建立良性行为模式;与其家人一起,共同帮助患者制订出日常生活计划和实施步骤,确立正确的生活方式;针对症状,在给予一定的消化道药物的同时,适当加一些抗焦虑、抗抑郁的药物,如赛乐特、戴安神等;做好随访跟踪工作,建立良好的医患关系,使患者对治疗方案有更好的顺从性。

(3)促动力药物应用:常用的药物有胃复安、多潘立酮、西沙比利、莫沙比利、伊托必得及红霉素等。这些药物的促动力效应可能和阻断多巴胺受体(吗丁啉、胃复安)、刺激突触前的5-HT$_4$亚型受体(普瑞博思)和刺激胃动素受体(红霉素)有关。近年尚在研究中的药物有红霉素衍生物、胆囊收缩素拮抗剂、鸦片制剂拮抗剂等。

(4)根除H. pylori的治疗:H. pylori阳性、轻度慢性胃十二指肠炎,如对以上治疗疗效不佳时,可试用抗H. pylori的治疗。可试用胶体铋剂、奥美拉唑、阿莫西林、甲硝唑、四环素、痢特灵等。现有证据表明,在绝大多数H. pylori阳性的FD患者,根除H. Pylori的治疗并不能使患者的症状得以改善。

(5)抗焦虑及抗抑郁剂治疗:抗抑郁治疗能有效地缓解抑郁及消化不良症状,对内科治疗无效的FD患者应考虑使用抗抑郁剂。临床上常用多虑平(多塞平)、安定类及氟西汀类等。

FD 的抗抑郁治疗应首选氟西汀和帕罗西汀。氟西汀(fluoxetine,氟苯氧丙胺,百优解,优克),为非三环类新一代抗抑郁药,可选择性地抑制中枢神经系统 5－HT 的再摄取,延长和增加 5－HT 的作用,从而产生抗忧郁作用。20mg,1 次/d,病情需要时可增加到 80mg/d。老年人的起始剂量 10mg/d。副作用较轻,常见不良反应有失眠、恶心、易激动、头痛、运动性焦虑、精神紧张、震颤等,多发生在用药初期。有时出现皮疹。大剂量用药(每日 40～80mg)时,可出现精神症状。长期用药常发生食欲减退或性功能下降。帕罗西汀(paroxetine,氟苯哌苯醚,赛乐特 seroxat)具有很强的阻止 5－HT 再吸收的作用,常用剂量时,对其他递质无明显影响。通过组织 5－HT 的再吸收而提高神经突触间隙内 5－HT 的浓度,从而产生抗抑郁作用。用法:口服,平均 1 天剂量范围在 20～50mg,一般从 20mg 开始,1 次/d,饭时服用。连续用药 3 周。以后根据临床反应增减剂量,1 次增减 10mg,间隔不得小于 1 周。有癫痫或躁狂病史者慎用。妊娠和哺乳期妇女不宜使用。

2.反流样型

(1)饮食控制:注意生活规律,避免过劳及精神紧张,戒忌烟酒,少吃刺激性强的食物和生冷食物。尽量避免服用类固醇及非类固醇类抗炎药,必须服用者加用黏膜保护剂及抑酸剂。避免咖啡、巧克力、酸性食物及大量摄食,应减轻体重。

(2)促动力药:可增加 LES 压力,加速食管内酸清除,减少反流常与抗酸剂合用。

(3)抗酸剂:为传统治疗消化性溃疡的药物,原理是使酸碱中和,形成盐和水,从而提高胃液 pH 值,降低十二指肠酸负荷,减轻胃酸对十二指肠黏膜的刺激,以达到止痛效果。抗酸剂种类较多,由于单一制剂副作用较突出,其应用受到限制,目前多采用复方制剂。

1)罗内片:是碳酸钙及重碳酸镁复方制剂,为薄荷味咀嚼片,服用后直接中和胃酸,迅速解除疼痛症状。一般用量为 2 片,3 次/d。

2)达喜片:为"钙、镁、铝"三种药物的复方制剂,既中和胃酸,又吸附反流入胃内的胆汁酸盐。一般用量为 2 片,3 次/d。

(4)抑酸剂

1)抗胆碱能药:能够抑制迷走神经,阻断胃平滑肌上的胆碱能受体,从而减少胃酸的分泌。但由于抑制胃蠕动和延缓胃排空,当合并胃溃疡及上消化道出血时不宜使用;青光眼患者忌用;前列腺肥大者慎用。临床较常用的药物和用法:阿托品 0.3mg,3～4 次/d 口服,疼痛剧烈时可皮下或肌内注射 0.5mg;山莨菪碱每次 5～10mg,口服或肌内注射。

2)质子泵抑制剂:常用的质子泵抑制剂有奥美拉唑、兰索拉唑、潘托拉唑、雷贝拉唑、埃索美拉唑(耐信)。

(5)胃黏膜保护剂:可用胶体铋、果胶铋、胶体酒石酸铋(比特诺尔)、硫糖铝、施维舒(替普瑞酮,teprenone)等。

(6)其他治疗:调整内脏感觉的药物(如 5－HT 受体拮抗剂、阿片受体激动剂)及中医治疗。

三、胃节律紊乱综合征

(一)概述

正常人体胃的基本胃节律(BER)来自胃大弯上部的起步点(pacemaker),呈整齐而规则的慢波经胃体、胃窦纵环肌向幽门方向传播,频率约 3cpm。BER 是恒定不变和始终存在的。

慢波决定胃蠕动波的强度、节律、传导速度和方向。

有明显胃病临床症状的患者,具有胃功能性和(或)器质性疾病以及其他能够导致胃节律紊乱的全身性疾病,胃电图(EGG)检查有各种胃电节律异常,即可诊断为胃节律紊乱综合征(gastric dysrhythmia syndrome,GDS)。应该指出,在生理情况下,如幼年或老年期,精神或情绪波动时,进食后以及睡眠时,EGG在频谱、功率等方面可以出现变化,形成短暂的节律失常。胃节律紊乱可见于各种临床病例,并被认为与胃运动紊乱有关。

基本电节律是胃动力的基础,胃电节律失常可致胃的收缩及传导异常。胃动过速通常是由胃窦异位起搏所致,其逆向传导抑制了胃规律性的协调收缩。胃动过速与胃动力低下有关。胃动过缓,不管是源于原位病态起搏或异位起搏、抑或胃电传导中断所致,都常使胃动力下降。

(二)病因与发病机制

1.神经体液调节障碍 最主要的是胃兴奋性和抑制性神经传递介质比例失调。胃平滑肌细胞对兴奋性和抑制性刺激阈值的改变,在中枢神经系统内各种不同的脑肠肽可以决定胃的兴奋或抑制运动效应。其他体液因素失常,还包括胃泌素、胃动素、5-羟色胺、PGE_2、高血糖素、胰岛素等。

2.组织病理改变 各种疾病引起胃黏膜下神经丛的炎症和结缔组织增生,以及全身性疾病对自主神经的广泛损害,后者是糖尿病性胃轻瘫的重要因素。

3.临床常见的疾病

(1)胃功能性疾病:功能性消化不良、神经性厌食、胃迷走神经功能亢进、不明原因的恶心呕吐等。

(2)胃器质性疾病:慢性胃炎、糜烂出血性胃炎、胆汁反流性胃炎、胃食管反流病、消化性溃疡、幽门梗阻、胃排空障碍、胃恶性肿瘤、胃大部分切除术后、迷走神经切除术后等。

(3)全身性疾病:糖尿病性胃轻瘫、特发性胃轻瘫、缺血性胃轻瘫及各种原因引起的胃轻瘫、系统性硬皮病、妊娠、恶心呕吐、小肠动力障碍如肠易激综合征(1BS)、假性肠梗阻、机械性肠梗阻及麻痹性肠梗阻、门静脉高压症并肝功能受损、肝性脑病、尿毒症并血液透析者、颅脑疾病和外伤、运动病等。

(4)药物的影响:胰高血糖素、胰岛素、肾上腺素、吗啡、阿托品、多巴胺、酚妥拉明、内啡肽、生长抑素、PGE_2。

当然,其他诸如胃肠激素失衡、胃电生理异常以及饮食成分改变均可导致胃节律紊乱。

(三)诊断与鉴别诊断

1.胃节律紊乱综合征的临床表现 本征的主要症状有:恶心和(或)呕吐、上腹饱胀、上腹疼痛、食欲不振、早期饱食感、体重减轻、抗酸解痉健胃等治疗效果不明显。体征有上腹饱胀压痛和(或)有关器质性疾病的相应体征及其实验室检查的阳性结果。有人主张上述临床表现应持续半年以上。

进行胃排空测定时,均有不同程度的胃排空功能障碍,主要是排空延缓,其机制及表现有:①胃窦、幽门和十二指肠的协调功能减退;②胃窦功能紊乱或减弱;③进餐后胃底松弛障碍,餐后主功率下降;④胃的BER节律异常,有慢波低平、异位节律和节律失常。

2.胃节律紊乱综合征的胃电图与诊断 胃电图是诊断胃节律紊乱的有效方法。该症的诊断目前主要依赖于EGG。从胃电图记录上可获得胃电慢波频率、振幅、规律性。如用多个电极进行记录,还可以获得慢波传播方向、胃电活动是否耦联等信息。应用频谱方法,不仅能提供有关频率的参数,还能提供有关功率的参数。

(1)胃节律紊乱的胃电参数测定分析

1)主频(dominant frequence,DF):主频系胃电图频谱上规律出现的峰值,代表胃电慢波的节律,正常主频为 2.4～3.7cpm。主频＞3.7cpm 为胃动过速(tachygastria,TG),多伴有快速节律失常(tachyarrythmia),主频＜2.4cpm 为胃动过缓(bradygastria,BG),多伴有缓慢节律失常(bradyarrhythmia);如百分率应该≥70％,如果有过多的胃动过速、胃动过缓、混合性节律失常,主频波幅低平等改变,使主频百分率＜70％,即为胃节律紊乱。

2)主功率比(dominant power ratio,DPR):主功率是指胃电慢波频率的规律和幅值而言,慢波频率愈规则幅值愈高,主功率也愈大。一般认为主功率大小并不重要,主要是测定餐后/餐前主功率之比(DPR)。在正常情况下,餐后由于胃收缩活动增加,主功率总是增大,DPR＞1;但是在某些病态下,餐后主功率反而下降,DPR＜1,提示餐后胃动力低下,或空腹情况下胃过度扩张。

3)主频变异系数(dominant frequenc instability coefficient,DFIC)和主功率变异系数(dominant power instability coefficient,DPIC):通过对胃电频谱及功率的统计分析,评定 DF 和 DP 的变异系数,是以各该标准差与平均主频及平均主功率的均数之比,分别为主频变异系数或主功率变异系数。

4)节律紊乱百分率(dysrhythmia percentage,DP):除测定主频百分率外,再分别测定主频低下、胃动过速、胃动过缓及其他节律异常的百分率,对界定胃节律紊乱有重要的诊断意义。

因此,胃节律紊乱综合征(GDS)在 EGG 频谱上的主要表现是:①主频百分率(DF％)＜70％;②餐后/餐前主功率比(DPR)＜1;③主频变异系数(DFIC)和主功率变异系数(DPIC)可显示胃电慢波和主功率的微小异常;④主频低平、胃动过速、胃动过缓及其他节律异常明显增加。

异常 EGG 应符合:①原始 EGG 信号可显示胃动过速(＞3.75cpm,持续数分钟)、胃动过缓(＜2.4cpm,持续数分钟)、无特异节律模式(无序)或餐后 EGG 振幅不增加。②电脑分析显示主峰值未出现在正常 3cpm 范围内,而出现在异常范围的时间超过 30％。在异常范围内的峰值应与原始 EGG 描记图上的异常相对应。还有空腹或餐后 EGG 总功率在胃动过速频率范围内的分布超过 20％,或在胃动过缓范围内的分布超过 80％。给予热量餐后主频的功率不增加。

(2)胃电图类型

1)根据胃电频率可分为:①胃电节律过缓;②胃电节律过速;③混合性胃电节律紊乱(指过速和过缓);④无胃电节律。

2)根据胃电节律紊乱发生的时间,又可分为:①餐前、餐后胃电节律正常;②餐前胃电节律正常、餐后胃电节律紊乱;③餐前胃电节律紊乱,餐后正常;④餐前、餐后胃电节律均紊乱。

3)根据胃电功率,可有:①餐后功率增加;②餐后功率无变化;③餐后功率降低。

(四)治疗

1.治疗原发病　GDS 不是孤立的一种病症,是由胃和全身的各种功能性、器质性疾病所伴发,故治疗原发病很重要。

2.促动力药物治疗 胃电节律紊乱与胃动力低下有关,用促动力药治疗可使 FD 患者在临床症状改善的同时伴有胃电图的改善。常用制剂有吗丁啉、西沙比利、莫沙比利、红霉素、拟胆碱能药、前列腺素、纳洛酮等。

3.针灸治疗 药物治疗无效时,可采用针灸治疗。针刺常用一些与胃肠道有关的穴位,可明显促进胃肠蠕动,增加胃肠道的排空。文献采用针灸法,主穴为足三里(双)、三阴交(双)、太溪(双)、中脘。配穴为纳呆、乏力者加脾俞、阴陵泉,怕冷、尿多者加肾俞,呕吐频繁者加内关、公孙,均取双侧。

4.胃生物电反馈治疗 应用胃生物电反馈治疗,其原理是利用电子技术产生的与人体胃 BER 相似的胃生物电信息,经体表输入到患者胃部,驱动胃起步点所产生及传播的 BER 跟随生物的电信息,逐渐恢复正常的功能活动,达到治疗的目的。治疗主频一般采用 3.0cpm,如果患者的主频大于或小于 3.0cpm 时应选择最佳治疗频率,后者系指应取患者频率期正常 3.0cpm 方向上 0.2～0.3cpm 为初治的治疗频率,参照疗程次数及好转情况逐步过渡到 3.0cpm 的治疗频率。电流强度以 0.2～0.5mA 为宜,峰值范围为 $150～250\mu V$,以获得最佳治疗效果,治疗时间为 20 分钟,1 次/d,10 次为 1 个疗程,如需延长疗程,在新疗程开始前需做 EGG,以便调整治疗参数。本疗法无创伤、无痛苦,患者乐于接受,疗效优于对照组。

四、糖尿病性胃轻瘫

(一)概述

糖尿病性胃轻瘫(diabetic gastroparesis)系指病史较长的糖尿病患者伴有胃动力障碍、胃排空延迟、无机械性梗阻的一组综合征,糖尿病性胃轻瘫是一种继发性胃排空迟缓的动力紊乱。特点是胃潴留,存在严重的固体和液体排空延迟。常见的临床症状为恶心、呕吐、上腹饱胀、早饱、上腹痛、厌食等。50%～70%的糖尿病患者存在胃运动功能障碍,主要表现为:①近端胃张力性收缩减弱及容纳舒张功能下降;②胃窦收缩幅度降低,频率减少;③胃推进性蠕动减慢或消失;④胃固体和液体排空延迟;⑤MMCⅢ相缺如或幅度明显下降;⑥幽门功能失调,紧张性和时相性收缩频率增加;⑦胃电节律紊乱;⑧胃扩张的感觉阈值降低,造成餐后胃运动失常。糖尿病性胃轻瘫不仅因上消化道症状影响患者的生活质量,还影响血糖的控制,增加慢性并发症的发生和发展。因此,积极诊断与治疗糖尿病性胃轻瘫对糖尿病患者极为重要。

本病的发病机制尚不十分清楚,可能与周围自主神经病变、Cajal 间质细胞的缺失或减少、消化道激素分泌异常、高血糖等因素有关。高血糖通过多元醇途径使细胞内山梨醇增加,肌醇减少,神经细胞变性,迷走神经脱髓鞘改变。迷走神经损害使近端胃的容受性松弛及适应性松弛缺乏,胃内压力升高,胃运动功能减弱,胃排空延迟。ENS 受损使胃的远端运动减弱,胃排空延迟,特别是胃的 MMCⅢ 期的缺乏或减弱,是糖尿病性胃轻瘫的一个特征性改变。Cajal 间质细胞分布于胃平滑肌内,它不仅能起搏有节律的胃电活动,还能将产生的电节律传递给平滑肌细胞。近来,有研究者认为 Cajal 间质细胞的缺失或减少,在糖尿病性胃轻瘫的发病机制中起着关键性的作用。研究发现,糖尿病者的胃排空率在高血糖时比正常血糖时慢。高血糖除可直接影响自主神经功能、胃肠道激素分泌外,抑制胃的消化间期 MMCⅢ 期,使胃排空延迟。

(二)诊断与鉴别诊断

1.诊断 糖尿病性胃轻瘫的诊断应首先排除上消化道和肝胆胰腺器质性病变,然后进行胃排空和动力检查。

诊断条件为：①血糖升高；②恶心、呕吐、上腹胀痛，厌食；③在空腹一夜之后，清晨胃液中尚有食物残存；④放射线检查发现胃内有停滞；⑤内窥镜检查无机械性梗阻；⑥同位素标记试餐排空延迟。

糖尿病自主神经病变可能导致传入神经通路敏感性降低。由于胃排空延迟，导致胃潴留，可有反复胃石形成。呕吐者常伴有反流性食管炎。多见于糖尿病病程较长者，常合并自主神经病变、视网膜病变及肾脏病变。大多数患者无明显临床症状。较少患者(大约10%)出现上腹胀、早饱、嗳气、恶心、呕吐、上腹痛、体重减轻及胃石形成等症状，症状通常在餐后最为严重，主要是固体食物排入小肠困难。

(1)胃镜检查：可排除其他胃肠病变，并能观察胃的蠕动情况及有无胃潴留。

(2)胃排空检查：包括：①核素扫描技术：用 γ 照相扫描检测胃内液体及固体食物的胃排空时间。用^{99m}锝^{111}铟双标记的固体和液体试验，测定各个时间的胃排空率及胃半排空时间，正常人液体食物胃半排空时间为 30～45 分钟，固体食物为 60～110 分钟。糖尿病胃轻瘫者胃排空及半排空时间都明显延长。该方法准确、可靠、重复性好，不影响正常生理。核素技术被认为是胃排空检测中的"金标准"，但价格昂贵，方法复杂，难以在临床推广。②不透X线标志物胃排空检查：不透X线标志物是不消化固体标志物，在消化期末胃强烈收缩时排出胃腔，如 6 小时发现胃内仍残留标志物，提示不消化的固体排空延迟，该方法简便、敏感性高，但需确定特殊试餐。③X线检查法：标准试餐加硫酸钡剂，通过X线观察胃排空的时间，其可靠性欠佳，如钡剂与食物混合不均，将影响检查结果。但X线法仍能完全观察到胃的潴留情况。④超声检查法：超声能直接准确地测量胃液体的排空时间，并能观察胃、幽门和十二指肠的运动情况。仅限于胃液体排空的检查，并要求检查者有一定的经验和技术，肥胖患者不适合本方法。

(3)胃电图(EGG)描记：通过胃电图描记的方式可以了解胃电活动的概况。EGG 能显示糖尿病性胃轻瘫患者胃电活动的失常(如节律紊乱、胃动过缓或过速)。该方法简便、安全，但只能用于胃电活动变化的检查。

(4)胃内压力测定：常用的胃肠道测压方法是传感器法，即将特制的导管插至胃、十二指肠，应用毛细管灌注系统，通过生理多导仪进行检测，其要点是保证导管的侧孔位置固定在胃窦、幽门管、十二指肠。胃内压力测定发现糖尿病性胃轻瘫患者近端胃的张力性收缩减弱、胃窦的蠕动性收缩强度减弱且收缩的频率减少，而幽门的紧张性收缩多有增加。

(5)核磁共振(MRI)技术：能直接测定胃排空时间及胃运动功能异常情况。

(6)间接测定技术：有人用醋氨酚吸收试验间接测定胃液体的排空时间，口服醋氨酚后在胃内不吸收，在小肠近端快速吸收，通过测定血液中醋氨酚的浓度，吸收高峰浓度时间为胃排空时间，此法与核素扫描技术及超声检查有高度的相关性，对糖尿病患者胃排空障碍的检出率为51.16%。说明该方法可靠、实用，方法简便，可在基层单位推广。

2.鉴别诊断　常需与下列疾病相鉴别：

(1)胃和十二指肠溃疡：患者常有典型的规律性上腹痛，胃溃疡表现为餐后上腹痛，十二指肠溃疡的疼痛常发生在夜间和空腹，部分患者无典型的上腹痛，仅有上腹不适。内镜和(或)上胃肠道钡餐造影可确诊。

(2)胃癌：对于年龄较大的患者，除上腹不适外，伴有食欲减退、体重减轻、贫血时应依靠胃镜及镜下活检做出诊断。

（3）胆石症：典型患者常于餐后，尤其进油腻食物后出现右上腹痛，疼痛常较重，并伴有肩背部放射痛，超声及 X 线等影像学检查可确诊。

（4）胰腺癌：年龄较大的患者出现中上腹及后背疼痛，同时伴有食欲减退、体重减轻时应考虑胰腺癌，可通过超声、CT 等影像学检查明确诊断。

（5）慢性胰腺炎：当患者出现上腹痛及后背痛时，也应考虑该病。确诊依据血及尿淀粉酶增高，CT、ERCP 等检查。

（6）便秘：诊断依赖病史及排除器质性肠道疾病。

（三）治疗

1. 基础治疗

（1）治疗原发病：血糖水平的高低与胃排空的关系十分密切，应积极使糖尿病患者血糖控制在理想水平，有效地控制血糖特别是早期控制糖尿病将会减轻消化道运动障碍的程度并减缓神经肌肉病变，部分改善糖尿病性胃轻瘫的胃排空延迟。

（2）饮食治疗：应以少食多餐为宜，低脂饮食可减轻胃轻瘫的症状。应避免进食不易消化的蔬菜，防止形成植物胃石。

2. 促动力药物治疗　胃动力药将明显增加糖尿病患者的消化道运动功能，改善糖尿病性胃轻瘫的症状。胃肠动力药物必须定时服用，应餐前半小时左右服药，可使血药浓度在进食时达高峰。

（王燕君）

第五章　小肠疾病

第一节　肠结核

一、概述

肠结核(tuberculosis of intestine)是由结核杆菌侵犯肠道引起的慢性特异性感染,绝大多数继发于肠外结核(主要是肺结核),称为继发性肠结核,仅有肠结核而无肠外结核者称为原发性肠结核。过去本病在我国比较常见。建国后由于人民生活水平的不断提高、卫生保健事业的发展及肺结核患病率的下降,本病已逐步减少。新近几年来由于肺结核病患病率有所上升,肠结核的发病率也有增加的趋势。

肠结核多见于青少年及壮年,发病年龄2～72岁,年龄在30岁以下者占71.5,40岁以下者占91.7％,21～40岁占59.7％;女性多于男性,发病比例为1.85：1。40岁以上男女发病率相似。

二、病因和发病机制

结核杆菌侵犯肠道主要是经口感染,90％以上由人型结核杆菌引起,少数饮用未经消毒的带菌牛奶或乳制品,也可发生牛型结核杆菌所致的肠结核。

肠结核病患者多有开放性肺结核,因经常吞下含结核杆菌的痰液,致使引起本病。或经常和开放性肺结核病患者共餐,忽视餐具消毒隔离,也可致病。此外,肠结核也可由血型播散引起粟粒型肺结核;或由腹腔内结核病灶,如女性生殖器官的直接蔓延引起。结核病的发生是人体和结核杆菌相互作用的结果。结核杆菌经各种途径进入人体后,不一定致病。只有当入侵的结核杆菌数量较多,毒力较大,并有机体免疫异常,肠功能紊乱,引起局部抵抗力削弱时,才会发病。

结核杆菌进入肠道后好发于回盲部,其次为升结肠,少见于空肠、横结肠、降结肠、十二指肠和乙状结肠等处。其机制为:①含结核杆菌肠内容物在回盲部停留较久,结核杆菌有机会和肠黏膜密切接触,增加了肠黏膜的感染机会。②回盲部有丰富的淋巴组织,而结核杆菌容易侵犯淋巴组织,在这里生长繁殖。

三、诊断

(一)临床表现

1.腹痛　是本病常见的症状之一。疼痛多位于右下腹,也可在中上腹或脐周,系回盲部病变引起的牵涉痛,一般为隐痛或钝痛,有时在进餐时诱发,由于回盲部病变使胃－回肠反射或胃－结肠反射亢进,进食促使病变肠区痉挛或蠕动加强,从而出现疼痛与排便,便后可有不同程度的缓解。在增生型肠结核或并发肠梗阻时,有腹绞痛,常位于右下腹,伴有腹胀、肠鸣音亢进、肠型与蠕动波。

2.大便习惯异常　由于病变肠区的炎症和溃疡使肠蠕动加快,肠排空过快,以及由此造成继发性吸收不良,因此,腹泻是溃疡型肠结核的主要临床表现之一,腹泻常具有小肠性特征,溃疡型肠结核大便每日 2～4 次,外观糊状,无黏液及脓血,不伴里急后重。但病变严重、范围广泛时大便次数可达每日 10 次,粪便中出现黏液、脓液,甚至血便,间有便秘,大便呈羊粪样,隔数日后又有腹泻,呈现腹泻便秘交替。在增生型肠结核多以便秘为主要表现。

3.腹部包块　主要见于增殖型肠结核,系由极度增殖的结核性肉芽肿使肠壁呈瘤样肿块。在少数溃疡型肠结核合并有局限性结核性腹膜炎者因其病变肠区和周围组织粘连或包括有肠系膜淋巴结结核,也可出现腹部包块。常位于右下腹,一般比较固定,中等质地伴有轻重不等的压痛。

4.全身症状和肠外结核的表现　常有结核毒血症,以溃疡型肠结核为多见,表现轻重不一,多数人为午后低热或不规则热、弛张热或稽留热,伴有盗汗。患者倦怠、消瘦、苍白,随着病情发展而出现维生素缺乏、脂肪肝、营养不良性水肿等表现。此外,也可同时有肠外结核,特别是肠系膜淋巴结结核、结核性腹膜炎、肺结核的有关表现。少数患者由于慢性穿孔可有瘘形成;偶有急性肠穿孔,严重者可并发腹膜炎、感染性休克而致死。增生型肠结核一般病程较长,但全身情况较好,无发热或有时低热,多不伴有活动性肺结核或其他肠外结核证据。

5.腹部体征　无肠穿孔、肠梗阻或伴有腹膜结核或增生型肠结核病的病例,除在右下腹部及脐周有压痛外,通常无其他特殊体征。有关肠梗阻和腹膜炎的症状、体征参见本书有关章。

(二)实验室检查

1.血象与血沉　可有外周血红细胞减少,血红蛋白下降,在无并发症的患者白细胞计数一般正常。

2.结核菌素试验　多采用皮内注射法(Mantoux 法)。记录硬结大小为判定标准。硬结直径≥5mm 为阳性反应,5～9mm(＋);10～19mm(2＋);≥20mm(3＋),有水泡坏死或淋巴细胞管炎;<5mm 为阴性反应。

3.粪便检查　溃疡型患者的大便多为糊状或水样,一般不含黏液或脓血,肉眼血便少见。常规镜检可见少量脓细胞和红细胞。在病变广泛涉及结肠远端者可呈痢疾样大便,但属罕见,极易误诊。粪便浓缩法抗酸杆菌或粪便结核杆菌培养阳性率均很低,对诊断的价值不大。

(三)X 线检查

X 线钡餐造影包括双重对比或钡剂灌肠检查对肠结核病的诊断具有重要意义。对有并发肠梗阻者,因为钡餐可加重肠梗阻,最好进行钡灌肠。对病变累及结肠的患者宜加用钡剂灌肠检查。在溃疡型肠结核,可见病变的肠段有激惹现象,钡剂进入该处排空很快,充盈不佳,而病变上下两端肠区钡剂充盈良好,称为 X 线钡影跳跃征象。在回盲结核,由于盲肠和其邻近回肠有炎症、溃疡,该处往往不显影或显影极差,回肠末端则有钡剂潴留积滞。病变的肠段如能充盈,可因黏膜遭破坏而见皱襞粗乱,肠的边缘轮廓不规则,且由于某种原因溃疡,而显示锯齿状征象。当病变发展过程中纤维板丧失,有时可见肠腔普遍狭窄,肠段收缩变形,回肠盲肠正常角度丧失,回盲瓣感化并且盲肠内侧压迹,伴有肠功能紊乱常使钡餐在胃肠道运动加快,于 12 小时内几乎全部排空,小肠有分节现象,并见钡影呈雪花样分布。病变广泛开展并涉及各段结肠者,其 X 线征象可酷似溃疡性结肠炎的表现,但结肠结核病多同时累及回肠末端,病变则以结肠近端为主,下段即使被累及,病变也较轻。

增殖型肠结核主要表现为盲肠或同时升结肠近段,回肠末端的增生性狭窄、收缩与畸形,可见钡影充盈缺损,黏膜皱襞紊乱,结肠袋形消失,往往因部分梗阻而使近端肠区明显扩张。

（四）PCR 检测

用 PCR 检测肠活检组织中结核杆菌 DNA 可与克罗恩病相鉴别。该方法的敏感性为 64.1%,特异性为 100%,准确性为 79.7%,阳性与阴性预计值分别为 100% 和 68.2%,表明该方法是鉴别肠结核病与克罗恩病极有价值的一种新方法。

综上所述,本病主要的诊断要点包括:①青壮年患者,常有肠道外结核,特别是开放性肺结核患者。②具有发热、盗汗、腹痛、腹泻、便秘等症状。③是右下腹压痛,肿块,原因不明的肠梗阻。④X 线钡剂检查发现回盲部出现激惹现象,钡剂充盈缺损、狭窄征象。本病早期由于症状不明显,或缺乏特异性,因而诊断较为困难。有时甚至经 X 线钡剂检查也难以确定病变性质,需行纤维结肠镜检查才能确诊。增殖型肠结核有时甚至需要剖腹探查才能确诊。

四、鉴别诊断

（一）阿米巴性或血吸虫性肉芽肿

肠道阿米巴病或血吸虫病在其慢性期于回盲部形成肉芽肿病变时,常有腹痛、便秘等与肠结核的表现相似,但此类患者均有相应的感染史,较明显的腹泻、脓血便史,粪便中可查到病原体如阿米巴滋养体、包囊或血吸虫卵,必要时可进行粪便孵化找血吸虫毛蚴,纤维结肠镜可见相应病变。对特异性治疗反应好。

（二）克罗恩病

欧阳钦指出,CD 与肠结核(ITB)在临床表现、内镜及组织学检查等方面存在许多相似之处,因此鉴别诊断不易。一项全国多中心研究工作显示,CD 的误诊率达 56.7%,误诊疾病以 ITB 最多(30.8%)。近年来研究报告,在结核病高发的发展中国家,CD 与 ITB 的误诊率可达 50%～70%。当 ITB 被误诊为 CD 而使用激素或免疫抑制剂时,可导致结核扩散,甚至死亡;反之,患者将承受不必要的抗结核病药物带来的不良反应,并延误 CD 治疗。因此,鉴别 CD 和 ITB 具有重要的临床意义。李玥建议应根据患者的症状、体征、辅助及实验室检查,建立一个标准化、细致、量化的评分标准,以帮助我们大家鉴别 CD 和 ITB,从而有针对性地进行诊断性抗结核病治疗或抗 CD 治疗。下列几点可供鉴别时参考:①克罗恩病无肺结核或肺外结核的证据,病程一般比肠结核更为漫长,常有缓解与复发趋势。肠梗阻、粪瘘等并发症比肠结核更为常见。②大便检查无结核杆菌,X 线发现病变以回肠末端为主,常见肠多段累及。病变之间有正常肠区,呈现所谓脱漏区征象。③抗结核治疗无效。④手术探察无结核证据,切除标本包括肠区与肠系膜淋巴结病理检查无干酪样坏死证据,镜检与动物接种均无结核杆菌发现。⑤肠结核可在肠壁或肠系膜淋巴结干酪坏死或结核病变找到结核杆菌而克罗恩病则无结核杆菌。⑥肠结核手术切除病变后的复发率比克罗恩病低,克罗恩病术后 5 年复发率一般为 50%。克服 CD 诊断的瓶颈,除深入研究各项诊断指标外,还应加入现代影像技术(如显微内镜、小肠 CT 成像、小肠磁共振三维成像、超声造影等)、病原学检测(如结核病杆菌培养和优化的 PCR 检测)以及免疫学方法(如 CD 相关抗体检测、结核特异性干扰素 γ 释放试验)。有人提出,盗汗、长期溃疡和肉芽肿是鉴别克罗恩病与肠结核最重要的特征。当不能鉴别 ITB 和 CD 时适当的诊断性抗结核病治疗是必要的。

（三）结肠癌

本病因有腹痛、腹泻、腹部包块及进行性消瘦等症状,因此必须与肠结核加以鉴别。结肠癌有以下特点：①发病年龄大，常在40岁以上，无结核史。②病程进行性发展，无盗汗、发热等结核中毒症状，但全身消耗体征较明显。③腹部肿块初期可移动，其粘连固定不如肠结核显著，压痛不明显，但表面呈结节感，质地较坚硬。④X线检查的主要发现是病变部位有钡剂充盈缺损，但较局限，不累及回肠。⑤肠梗阻发生率高，且出现较早。⑥纤维结肠镜检查可发现肿物，活检及涂片检查可以明确诊断。

（四）溃疡性结肠炎

本病以脓血便为主，这在肠结核极少见。溃疡性结肠炎如累及回肠者，其病变必累及整个结肠，并且以乙状结肠、直肠最为严重，乙状结肠镜或直肠镜检查可以做出鉴别。

（五）术后假膜性小肠结肠炎

术后假膜性小肠结肠炎主要累及小肠与结肠，腹泻发生率略低，预后差，病死率高，粪便培养可发现金黄色葡萄球菌。发生原因与肠道供血不足有关。

（六）肠易激综合征

肠易激综合征是以与排便相关的腹部不适或腹痛为主的功能性肠病，往往伴有排便习惯与粪便形状异常，症状持续存在或反复发作，须排除引起这些症状的器质性疾病。

（七）肠淋巴瘤

肠淋巴瘤病情发展迅速，恶化比肠结核病快，腹块出现较早。X线显示扩张肠段黏膜皱襞有破坏，可伴有淋巴结及肝脾大，肺门淋巴结肿大，抗结核病治疗无效。如果说病变在回盲部，结肠镜检查并活检往往会有阳性，倘若临床鉴别有困难应及早手术探查。

（八）耶尔森菌肠炎

耶尔森菌常侵犯末端回肠，使肠壁增厚，肠黏膜炎症改变，肠系膜淋巴结肿大，其表现与回肠结核相似。但耶尔森菌肠炎病较短暂，能自愈，此与肠结核可区分，如果在急性期取粪便、血液或组织标本培养，该菌可能阳性。血清凝集试验测定抗体滴度升高对诊断该病亦有帮助。

（九）其他

多数情况下肠道菌群失调为排除性诊断，在作出诊断前应认真寻找和排除其他病因引起的腹泻或结肠炎，如其他感染性肠炎（如肠结核、细菌性痢疾、阿米巴肠炎、血吸虫病等）、IBD、病毒性肠炎、缺血性肠炎、放射性肠炎、胶原性肠炎、白塞病、结肠息肉病、憩室炎和其他药物相关性腹泻等。

五、治疗

本病的治疗主要是消除症状，改善全身情况，防止肠梗阻、肠穿孔等并发症发生。肠结核病早期病变是可逆的，因此应强调早期治疗；如果病情已发展到后期，即使给予合理足量的抗结核病药物治疗，也难免发生并发症。

（一）休息与营养

结核病患者尤其有毒性症状者，休息与营养为治疗的重要环节。摄入不足者应作补充性胃肠营养，甚至短期胃肠外营养；积极补充维生素，注意水、电解质平衡。对活动性肠结核须卧床休息，积极改善营养，必要时给予静脉内高营养治疗。

腹痛较剧者可给予解痉镇痛药，对不完全肠梗阻患者应进行胃肠减压和静脉补充液体，并注意纠正电解质和酸碱失衡。病因治疗用抗结核药物。抗结核治疗同样遵循五大原则，选药时初治病例仍首选第一线药物(异烟肼、利福平、吡嗪酰胺、链霉素或乙胺丁醇),当对一线药产生耐药性时,应以药敏为依据,选择敏感药物治疗。还要看是否同时有其他部位结核病。

（二）抗结核治疗

抗结核病治疗的原则是早期、联合、全程、规律及适量用药。化疗方案视病情轻重而定。过去采用长程标准化疗,疗程 1 年。目前为使患者早日康复,防止耐药性产生,多采用短程化疗,6～9 个月为 1 个疗程。一般用异烟肼与利福平两种杀菌药联合。在治疗开始 1～2 周即有症状改善,食欲增加,体温与粪便性状趋于正常。对严重肠结核,或伴有严重肠外结核病者宜加链霉素或吡嗪酰胺或乙胺丁醇联合使用,疗程同前。抗结核治疗方案如下:

1.2SHRZ/4HR　即前 2 个月用链霉素、异烟肼、利福平和吡嗪酰胺四药联合,继以异烟肼、利福平联合治疗 4 个月。

2.2EHRZ/4HR　即将上述方案中链霉素改为乙胺丁醇。

3.2SHR/6HR　即前 2 个月仅用链霉素、异烟肼、利福平三药,继以异烟肼、利福平联合治疗 6 月。

4.复治病例　认真分析复发原因,更换治疗方案;选用初治时未曾用过的药物,至少三联,每日给药;病情控制后换用二联,完成疗程。

（三）手术治疗

适应证:①增殖型结核引起完全性肠梗阻、不完全性肠梗阻;②大出血经内科治疗无效者;③急性穿孔或局限性穿孔伴有脓肿形成或瘘管形成;④腹部包块不能排除癌肿者;⑤肠道大量出血经积极抢救不能满意止血者。手术前及手术后均需进行抗结核病药物治疗。

（四）对症治疗

腹痛可用阿托品、山莨菪碱、匹维溴胺。腹泻严重者应注意水电失衡现象,并给合理补充,并发不完全肠梗阻腹胀明显增加者给予胃肠减压。

（张晓玲）

第二节　病毒性胃肠炎

一、病因与发病机制

（一）诺瓦克(Norwalk)病毒

Norwalk 是 1972 年在美国俄亥州的 Norwalk 地区性一次非细菌性胃肠炎流行中经免疫电镜首次被发现的病毒颗粒,其后,又发现了与 Norwalk 形态上相似的病毒,如夏威夷病毒、马林病毒、雪山病毒等,但其抗原性与诺瓦克病毒不同,故称诺瓦克样病毒。

传染源主要是患者,发病 72 小时内半数患者的粪便中可检到病毒。通过污染的水源、食物中毒经粪一口途径或密切接触传播。进入人体后侵入小肠黏膜,使肠绒毛增宽变短,腺管增生黏膜固有层有圆形细胞和多形核细胞质浸润,病变一般在 2 周内恢复。诺瓦克病毒对糖和脂肪吸收不良,上皮细胞刷状缘的酶如碱性磷酸酶、蔗糖酶、海藻糖酶等活性降低,肠液大量增加由于某种原因肠腔内渗透压的改变,患者可有碳水化合物、木糖、乳糖缺少和一过性脂肪痢。潜伏期 4～77 小时,平均 24～48 小时。

（二）轮状病毒

轮状病毒(Rotavirus,RV)于 1973 年首次由 Bishop 在婴幼儿急性非细菌性胃肠炎患儿十二指肠上皮细胞活检中发现。人类轮状病毒(human Rotavirus)属于呼吸道肠道病毒科。RV 按其抗原性和核酸的不同,分为 A~F 6 个组,其中 A 组轮状病毒主要引起婴幼儿腹泻,称为典型轮状病毒,B 组轮状病毒主要引起成人腹泻,故称为成人轮状病毒(ADRV),D、E、F 组轮状病毒很少致病或不致病。

轮状病毒主要侵犯十二指肠及空肠上皮细胞,引起肠上皮的损害,病毒在肠绒毛细胞中复制,使肠绒毛变短钝,结构严重扭曲变形,类似黏膜萎缩,最后使细胞破坏而脱落。已脱落的肠壁微绒毛细胞,被隐窝底部具分泌功能的细胞加速上移至绒毛顶部所替代,这种情况下细胞功能不成熟,仍呈分泌状态,结果导致分泌增加,吸收外液减少,而发生腹泻。刷状缘多糖被破坏,导致木糖、乳糖、脂肪酸等吸收障碍,致使大量水分和电解质在肠腔内积聚和腔内渗透压增加,造成吸收不良及渗透性腹泻。婴幼儿患者潜伏期为 24~72 小时,成人患者潜伏期最短数小时,最长可达 1 周,平均 2~3 天。

（三）肠道病毒

肠道病毒属于微小 RNA 病毒科,在肠道增殖并从粪便排出。包括脊髓灰质炎病毒、柯萨奇病毒、埃可病毒(enteric cytopathogenic human orphan virus,ECHO)和新分离的 68、69、70、71 和 72 型肠道病毒。上述这些肠病毒除了可引起腹泻外还可引起中枢神经系统麻痹、脑膜脑炎、流行性胸痛、心肌炎、皮疹等。

（四）腺病毒

1976 年正式明确腺病毒是人类社会胃肠炎的病原之一。在腺病毒胃肠炎 70% 由 Ad_{40} 及 Ad_{41} 型腺病毒引起,其他型如 1~3、5~7、11、12、14、16、18、21、23 型也可为腹泻的病原。主要引起婴幼儿腹泻。婴幼儿感染率为 2%~52%。大龄儿童和成人少见。全年发病,以夏秋及冬末略多,可呈爆发流行。患者是重要的传染源,主要通过人与人接触传播,也可通过粪一口途径传播。潜伏期 7~10 天。

二、诊断

（一）Norwal 病毒性胃肠炎

1. 临床表现　多急性起病,主要表现有轻重不同的呕吐或腹泻,大便呈黄色稀水样,量中等,1 天 4~8 次不等,无黏液和脓血。其他症状有食欲不振、恶心、腹痛,有低热、全身肌肉痛,有的可伴有呼吸系统症状,病程 1~3 天,无后遗症。

2. 实验室检查　①血白细胞计数器正常或稍高,中性多核细胞相对偏高;②粪常规镜检无脓细胞和白细胞;③粪便及呕吐物电镜检查均可找到病毒颗粒,免疫电镜阳性率更高;④免疫定量法或 ELISA 法检查粪便中病毒颗粒、抗原和血清、分泌物中的抗体,几乎所有患者均阳性,血清抗体于起病 10~14 天升高;⑤用 PCR 法检测粪便及肠分泌物中病毒的 DNA 阳性率高。

（二）轮状病毒胃肠炎

1. 临床表现

(1)婴幼儿患者:发病多急,呕吐常为首发症状,腹泻 1 日数次不等,多为大量水样便,黄绿色,有恶臭,可有少量黏液,无脓血。半数以上的患儿有程度的脱水与酸中毒,可危及生命。

一般而言,发热、呕吐多在 48 小时内消退,而腹泻可持续 1 周以上。

(2)成年患者:多起病急,表现以腹痛腹泻为主,尚有恶心、呕吐等。大便多为黄色水样便,无黏液及脓血,腹泻一般每日 5～9 次或者数次不等。腹部压痛以脐周明显,部分口才可有脱水。病程短一般 3～5 天。

2.实验室检查 白细胞总数多数正常,粪便镜检多无异常。取粪便的提取液做免疫电镜检查可检出轮状病毒颗粒,用免疫斑点试验检测粪便上清液的病毒抗原阳性率和特异性均高。

(三)肠道病毒性胃肠炎

除临床表现外,主要依靠粪便及呕吐物电镜检查找到病毒颗粒,粪便滤液可用放免法或 ELISA 法检测病毒抗原进行确诊。

(四)腺病毒胃肠炎

1.临床表现 主要表现为腹泻,呈水样便,量或多或少。病程一般 4～8 天。大多数患者有呕吐,持续 1～2 天,少数患者有发热。约 20％患者有呼吸道症状。可有轻度脱水,少数可有中、重度脱水。

2.实验室检查 主要检测粪便中的腺病毒。可用电镜检查。粪便滤液用血凝抑制试验或 ELISA 法可检测腺病毒抗原,有助于对本病的诊断。应用聚丙酰胺凝胶电泳,亦可从粪便中测得腺病毒,阳性率高于电镜。

(五)其他病毒性胃肠炎

1.杯状病毒性胃肠炎 潜伏期 4～72 小时。病情轻重不一,有呕吐和腹泻,部分患者有低热及腹痛,病程 3～9 天。重型患者有腹部绞痛、严重的呕吐及腹泻,并出现不同程度的脱水及电解质紊乱。粪便电镜检查出杯状病毒则可确诊。

2.星状病毒胃肠炎 潜伏期 3～4 天,成人较婴儿症状轻,除腹泻外,部分患者有呕吐和低热。粪便中电镜检出星状病毒有诊断和鉴别诊断意义。

3.冠状病毒胃肠炎 主要引起新生儿及 2 岁以下婴幼儿急性胃肠炎,表现为腹泻,大便呈水样,每日 10 余次,少数可有血水样便。粪便电镜检查到病毒颗粒即可确诊。

4.小轮状病毒胃肠炎 本病多在冬季流行,密切接触者可能发病,发病后患儿几乎全有呕吐和腹泻,一般不发热,病程不超过 5 天。

三、鉴别诊断

(一)细菌性食物中毒引起的腹泻

许多细菌或细菌毒素,如沙门菌、变形杆菌、大肠杆菌、空肠弯曲菌及金黄色葡萄球菌等污染的食物均可引起恶心、呕吐、腹痛、腹泻等急性胃肠炎表现,故临床上常易误诊为病毒性胃肠炎。但本病由肠毒素引起,多有集体就餐、同时发病的流行病学史,潜伏期较短,有的仅几小时,特点是先吐后泻,以吐为主。起病时先有流涎、恶心,不久即出现频繁的呕吐,呕吐物常有黏液、胆汁或血液。腹泻虽为水样,但量较少,且多有恶臭,同时或先有腹上区不适,腹上、中部阵发性腹痛等。往往有进食不洁食物史。

(二)细菌性痢疾

细菌性痢疾为流行性,全身症状较重,多有发热,且较高,毒血症明显。腹痛腹泻较重,每天腹泻十多次或数十次,伴显著里急后重。腹部压痛多为左下腹。粪量少或无,为脓、黏液与鲜血相混,呈鲜红色或桃红色胶冻样,无粪臭。大便镜检有大量成堆脓细胞,分散多数新鲜红细胞,常见巨噬细胞。细菌性痢疾的细菌阳性率则在50%以上。偶见关节炎、周围神经炎和结膜炎。

（三）沙门菌胃肠炎

本病以腹泻为主,但腹泻时往往有部位不定的中度腹痛与腹部压痛,水样泻出物可伴恶臭。呕吐出现早,但较轻,且常有恶心,加之病程短,很少发生肌痉挛的表现,多有明显发热。从某种可疑食物与患者粪便中培养出同一病原菌,如肠炎沙门菌、鼠伤寒沙门菌或猪霍乱沙门菌等,则有确诊价值。

（四）霍乱

霍乱患者在吐泻的同时往注有恶心、腹痛,或有发热、上呼吸道症状,加之泻出物除呈水样外,常有黄绿色稀便或糊状便,夹杂着酸臭味,多见于秋、冬季。

（五）溃疡性结肠炎

溃疡性结肠炎临床表现有反复发作性腹泻、腹胀及脓血便,抗生素治疗无效。大便培养无致病菌。乙状结肠镜或纤维结肠镜检查,可见肠黏膜脆弱易出血,有散在溃疡。晚期患者钡灌肠X线检查,可见结肠袋消失,呈铅管样改变。

（六）阿米巴痢疾

阿米巴痢疾的腹泻呈血样大便,发病常无明显的季节性,不会造成流行,患者多无发热和全身毒血症状。腹痛多在右下腹,里急后重不明显,大便次数相对较少,每次的量较多,且因其病变部位较高,肠蠕动将肠道内的血液和大便均匀地混合,大便成为暗红色的果酱样,有明显的腥臭味,结肠镜检查其肠道可见散在较深的溃疡,且在大便中可找到阿米巴滋养体。

四、治疗

无特效疗法,主要的治疗措施为对症支持疗法。

（一）一般治疗

患者需要卧床休息,方便地进入厕所或得到便盆。暂停乳类及双糖类食物。此外,要给患者吃些容易消化吸收的清淡食物,如面条、米粥、肉汤等。因为进食太少,患者处于饥饿状态,会引起肠蠕动增加和肠壁消化液分泌过多而加重腹泻。

（二）病原治疗

1.干扰素和其他抗病毒药物　可以试用,但疗效不确切。病程早期应用大剂量人丙种球蛋白,能有一定效果。以对症治疗为主。

2.抗生素　不能乱用抗生素,抗生素不会杀病毒。同时,在人的肠道中生长着许多种细菌,它们按一定的比例组合,在肠道内形成一种相对平衡的生态环境,维护着人体的健康。乱用抗生素,会把对人体有益的细菌杀死,导致菌群失调,那些对抗生素不敏感的葡萄球菌、条件致病性大肠杆菌等会失去制约,乘机大肆繁殖,引起菌群失调性腹泻。

3.其他　硝噻醋柳胺,是噻唑烷类抗菌药物,0.5g,3次/d,用于治疗成人和青少年病毒性肠炎患者,能明显缩短病程。

（三）对症支持治疗

如果呕吐严重且已排除外科急腹症,可注射止吐药(如肌内注射晕海宁50mg,每4小时1次;每日肌内注射氯丙嗪25~100mg)或口服普氯哌嗪10mg,3次/d(栓剂,25mg,2次/d)。

严重腹痛,可每 4 小时或 6 小时 1 次肌内注射哌替啶 50mg。应该避免使用吗啡,因为其会加重肠道肌肉张力,从而加重呕吐。

当患者能摄入液体而无呕吐时,可逐渐在饮食中增加温和食物(谷类,明胶,香蕉,烤面包)。如果 12～24 小时以后,虽然有中度腹泻,但无严重的全身症状或便血时,则可以口服苯乙哌啶片剂或液剂(2.5～5mg,3～4 次/d),洛哌丁胺(2mg,4 次/d)或次水杨酸铋 524mg(2片或 30ml,6～8 次/d)。

同时要补充水分和电解质,可服用口服补液盐。一旦恶心,呕吐较轻或停止,应该摄入葡萄糖－电解质口服液,滤过的肉汤,或加盐的肉菜清汤以预防脱水或治疗轻微的脱水。即使患者仍有呕吐,也应该多次少量进食上述液体,因为容量补充后呕吐可以消除。儿童可能较快发生脱水,应该给予适当再水化液(有些市场上可以买到)。经常饮用的液体,例如碳酸盐饮料或运动型饮品,因缺乏正确的葡萄糖和钠的比例,不适于在不满 5 岁的儿童中应用。如果呕吐持久或存在严重的脱水,则需要经静脉适当补充电解质。

(张晓玲)

第三节　十二指肠炎

十二指肠炎(duodentis)是指由各种原因引起的十二指肠黏膜的慢性炎症。根据发病急缓分为急性与慢性两类。临床症状无特异性,主要通过内镜检查进行确诊。综合国内 12849 胃镜检查报告,占上消化道内镜检查的 17.4%。国外报告内镜检出率为 6%～41%。男女发病率为 2∶1,以青年居多,发病部位依次为十二指壶腹、Vater 乳头部、降部及纵行皱襞处。

一、病因与发病机制

慢性原发性十二指肠炎的发生可能与下列因素有关:①胃酸作用:高胃酸分泌导致十二指肠酸负荷增加,可能是慢性原发性十二指肠炎的病因之一;②幽门螺杆菌感染:十二指肠炎时幽门螺杆菌检出率为 53.1%。十二指肠炎时十二指肠黏膜伴胃上皮化生率达 53.1%～58.7%,化生区能检出 Hp,检出率随化生的程度增重而加大,最高可达 75%。已有证据表明,胃上皮化生、十二指肠炎与 Hp 阳性胃炎三者间有密切关系。

慢性继发性十二指肠炎常继发于消化系统及其他系统的疾病,如慢性胃炎、消化性溃疡、胆道疾病、慢性肝病、慢性胰腺炎、慢性肾炎和肾功能不全、慢阻肺和心功能不全、胃肠过敏症及其他少见病因。十二指肠溃疡和胃溃疡患者慢性继发性十二指肠炎发生率为 66.0%～95.7% 和 75.0%～92.0%;而慢性全胃炎时 80% 有慢性十二指肠炎,所有慢性胰腺炎患者都能发现慢性十二指肠炎,而慢性十二指肠炎的发展又可导致慢性胰腺炎的多次复发。慢性肝病时常引起整个胃肠道受累,其中包括十二指肠。45% 的胆道疾病患者发现慢性继发性十二指肠炎,其中无结石慢性胆囊炎患者为 35.0%～79.2%。慢性胆石症时为 67.4%～80%,在慢性肾衰竭终末期有 42.3% 的患者有慢性十二指肠炎。在 47.3% 慢性继发性十二指肠炎患者检出贾第鞭毛虫,表现为十二指肠的浸润性炎症。另外,嗜细胞性胃肠炎、克罗恩病以及十二指肠结核等,也可成为十二指肠炎的非寻常病因。

二、诊断

(一)临床表现

病变轻微者可无症状,诊断依靠内镜检查。即使有症状也无特异性,也需结合内镜所见或上消化道钡餐检查方能确诊。

1.上腹痛　约80%以上的患者有不同程度的上腹痛,有的比较剧烈。部分患者有饥饿痛、夜间痛、进食缓解的特点;部分患者饭后疼痛加重,两者约占半数病例,近半数患者疼痛无规律性。体征有上腹痛或偏右压痛。

2.消化不良的症状　消化吸收不良的症状突出,有食欲减退、反酸、嗳气、呃逆、上腹饱胀等,容易误诊为功能性消化不良。

3.上消化道出血　上消化道出血的发生率为3.4%～35.5%,多为黑粪或柏油样便,也有呕血者。有的出血为首发症状,是上消化道出血的常见原因之一。

(二)内镜检查

内镜下主要见黏膜呈点片状充血、水肿、反光增强;或红白相间,以红为主;黏膜呈点片状糜烂、出血;绒毛变平或缺失,如为萎缩型黏膜苍白,血管网显露;浅表型黏膜粗大不平,呈颗粒状或增生结节状隆起;十二指肠球形态变异,球腔缩小。根据镜下特征可分为浅表型、出血糜烂型、萎缩型和增生型4种。内镜检查有确诊价值,90%内镜可做出确诊,10%可通过活检得到确诊。

三、鉴别诊断

首先应与慢性胃炎鉴别,慢性十二指肠炎往往与慢性胃炎并存,而且两者临床表现相似,而在治疗上也基本一致,因此两者的鉴别意义不大。急性十二指肠炎应与急性胃炎鉴别。有时与急性胆囊炎极易混淆,应仔细加以鉴别。进行内镜和B超检查,可将两者鉴别。其次应与消化性溃疡尤其是十二指肠溃疡鉴别,有些患者出现规律性上腹痛、反酸、嗳气,酷似消化吸收性溃疡,后者内镜下可见溃疡病变可资鉴别。如为继发性十二指肠炎,常有原发病的一些表现,如慢性消化性溃疡、慢性胰腺炎、慢性肝病、胆道疾病等,有各自原发病的表现,不难鉴别。

四、治疗

(一)一般治疗

生活规律、劳逸结合,避免过度劳累和精神紧张。饮食应定时,要细嚼慢咽,防止辛辣、浓茶、咖啡、烟酒、过冷过热等刺激性食物。应根据患者各自的生活习惯调整生活方式和饮食习惯。

为了保护黏膜,减轻症状,可适当应用黏膜保护剂,如替普瑞酮(施维舒)、铝碳酸镁、胶体次枸橼酸铋(CBS)、马来酸伊索拉定(盖世龙)、麦滋林、蒙托石(思密达)、谷氨酰胺(自维)等。

(二)降低十二指肠酸负荷

现在常用质子泵抑制剂。如奥美拉唑、泮托拉唑、兰索拉唑、雷贝拉唑、埃索美拉唑等。选用质子泵抑制剂时应严格掌握适应证和禁忌证,防止滥用。近年来报告质子泵抑制剂的不良反应日渐增多,因此使用质子泵抑制剂时在用药过程中应及时了解有无不良反应发生。一般用药 2～4 周,如病情需要最多不超过 8 周。抗酸剂由于疗效差或副作用较大,目前已很少应用。

(三)根除幽门螺杆菌治疗

众所周知,幽门螺杆菌感染与慢性胃炎并十二指肠球炎、消化性溃疡及胃癌密切相关,因此,十二指肠球炎并发幽门螺杆菌阳性时,或并发慢性胃炎幽门螺杆菌阳性时,根除幽门螺杆菌治疗应列为首选。尽管十二指肠球炎至今尚无癌变的报告,但十二指肠球炎的发病与幽门螺杆菌感染有关,因此,根除幽门螺杆菌感染有其重要的临床意义。

(王燕君)

第四节　小肠克罗恩病

一、概述

克罗恩病(Crohn's disease,CD)1932 年首先由 Crohn 报告,旧称克隆病、局限性回肠炎、节段性肠炎、肉芽肿性小肠或结肠炎等称谓,1973 年世界卫生组织科学组织委员会正式命名为克罗恩病。是一种原因不明的非特异性肠道炎性疾病。本病与慢性非特异性溃疡性结肠炎统称为炎症性肠病(inflammatory bowel disease,IBD)。

本病分布于世界各地,在欧美国家常见,发病率和患病率分别为 5/10 万和 50/10 万。我国发病率较低,近 10 余年来由于人群饮食结构的改变,尤其是食物中脂肪及蛋白成分比例的提高,克罗恩病有逐年增加的趋势。据报道,日本的 CD 患者以年 15％ 的惊人速度增加。CD 可发生于任何年龄,但青壮年占半数以上。男女发病有差异。国外报道男女发病率相近或女多于男。而国内组均男多于女[(1.2～1.6)∶1]。

克罗恩病可发生于消化道任何部位,但以回肠末端与邻近右侧结肠为最多见,约超过半数,主要在回肠,少数见于空肠。局限在结肠者约占 10％,以右半结肠为多见,但可涉及阑尾、直肠、肛门。病变在口腔、食管、胃、十二指肠者少见。

肠道病变呈节段性分布,病变肠段与正常肠区界限分明。为肠壁全层性增殖性炎症,早期黏膜充血水肿,淋巴结肿大。肠黏膜面有多数匍行沟槽样或裂隙状纵形溃疡,可穿孔引起局部脓肿,甚至穿透到其他肠段、器官、腹壁形成内瘘或外瘘。有时见铺路卵石状假息肉形成。受累肠段因浆膜有纤维素性渗出,常和邻近肠段、其他器官或腹壁粘连。结节样非干酪性肉芽肿形成,使肠壁增厚,肠管局部狭窄,导致肠梗阻、继发性小肠吸收不良等并发症。

二、发病机制

有关克罗恩病的发病机制目前普遍认为,克罗恩病的起因是有遗传易感宿主,对肠道微生物产生了不恰当的炎症反应。遗传因素在宿主—微生物相互作用的过程中起到重要作用。

(一)先天性免疫反应性基因与克罗恩病

1. NOD$_2$ 与克罗恩病　 NOD$_2$ 是细胞内传感器的编码基因。NOD$_2$ 是一个认知受体类型

(pattern recognition receptor,PRR),可认知细菌细胞壁成分胞壁酰基二肽(MDP),MDP 与 NOD_2 结合后,激活炎症前细胞途径,主要调节核因子-κB(NF-κB)。上皮细胞、帕内特 (Panth)细胞、巨噬细胞、树突细胞和内皮细胞均表达 NOD_2。NOD_2 蛋白被细菌肽聚糖活化后,可激活核因子 κB 和有丝分裂原激活蛋白(MAP)激酶的信号传导途径,这可导致细胞因子,如 TNF、IL-1 和抗微生物肽的生成。缺乏 NOD_2 的小鼠不发生肠道炎症,在人也是如此。内毒素增加 CD 患者黏膜固有层 NOD_2 变异,引起 NF-κB 激活增加。研究证明,细菌在肠腔易位和(或)细菌产物进入肠黏膜可增加 NOD_2 变异引起炎症前信号级联的高度激活。新近报告,识别 NOD_2 受体调节人 FOXP3$^+$ T 细胞存活,在 Fas 丰富的环境中可保护对抗死亡受体介导的凋亡。

2.自噬基因与克罗恩病 近年研究自噬基因(ATG16L1)的等位基因变异可能伴有 CD。自噬作用是清除细胞内成分(包括细胞器、凋亡小体和微生物)的一种机制。Cheng 等报告指出,ATG16L T300A 多态性(ra2241889 的等位基因多态性)可伴有 CD。自噬基因在 CD 发病机制上比 UC 更为重要。

(二)T 细胞耐受性改变与炎症性肠病

天然的免疫细胞(中性粒细胞、巨噬细胞、树突细胞和自然杀伤 T 细胞)能识别普通微生物模式的受体(模式识别受体),这与适应性免疫系统受体的抗原特异性识别不同。肠道上皮表达各种天然免疫受体(Toll 样受体、树突细胞受体、T 细胞受体、巨噬细胞受体等),这些受体介导着对肠腔微生物丛的防御功能,同时也调节上皮细胞和抗原提呈细胞,以诱导出维持肠道免疫内环境稳定的耐受机制。派尔集合淋巴结、肠系膜集合淋巴结和固有层中的抑制性细胞因子 IL-10 和 TGFβ 都涉及肠道的 T 细胞耐受。通过 TGFβ 和视黄醛的作用,调节性 T 细胞可在派尔集合淋巴结、肠系膜集合淋巴结中分化。当调节 T 细胞发生过程和功能的缺陷,或小鼠反应的改变,可以导致肠道炎症发生。在 IL-10 缺乏的小鼠可自行发生结肠炎。另有报道,IL-10 与 UC 之间也存在遗传学相关性。

肠道树突细胞(DCs)在调节耐受和免疫之间的平衡上发挥轴心作用。CDs 启动调节 T 细胞反应,由单核细胞衍生的炎症性 DCs 表达 E-钙黏着蛋白,E-钙黏着蛋白阳性的 DCs 大量在肠系膜淋巴结和结肠蓄积,同时也看到 Toll 样受体也有很高的表达,激活后产生致结肠炎细胞因子,如 IL-6、IL-23,重要性在于适应性 E-钙黏着蛋白进入 T 细胞并在免疫缺陷的宿主贮存,增加肠 Th17 免疫反应引起结肠炎加剧。研究肯定了单核细胞衍生的炎症性 DC 是与肠炎的发生密切相关。

(三)T 细胞亚型与炎症性肠病

T 细胞(Th1、Th2、Th17)之间保持体内平衡。效应于细胞亚群(Th1、Th2、Th17 细胞)对防御病原体和避免肠道微生物丛过多地进入组织至关重要,这些细胞与调节性 CD4$^+$ 的扩增和过度活化,可导致肠道炎症。小鼠和人类的炎症性肠病研究显示,肠道 CD4$^+$ T 细胞亚群失调与 IBD 的发病机制有关。

FOXP3(人叉头蛋白 P3)是 CD4$^+$ T 细胞的亚群,与炎症的发生有关。IBD 炎症发生是因 CD4$^+$ T 调节细胞(Treg)和炎症前 Th17 细胞之间体内稳定丧失所致。在 IBD 患者的周围血调节 T 细胞减少,Th17 细胞增加,Treg/Th17 比率显著降低,IBD 患者肠黏膜 FOXP3、IL-

17α、IL—1β、IL—6 的表达增高。

Ahmed 等首次报告在炎症性肠病时 CD_{24} 上调，且刺激细胞能动性和集落形成。这可能受 Wnt 信号调节，导致集落形成能力和细胞移动增加。活动性 CD 时周围血单核细胞 $CD16^+$ 显著增加，并导致黏膜炎症细胞浸润。

（四）细胞因子与炎症性肠病

有许多细胞因子参与 IBD 的发病机制，其中 IL—23、IL—21、IL—33 相互间关系较多。活动性炎症性肠病时天然免疫细胞和适应性免疫细胞（B 细胞和 T 细胞）在固有层大量浸润。肠道黏膜中这些细胞的数量增加和活化，提高了局部 TNFα、IL—1β、IL—6、IL—12、IL—23、IFNγ、IL—23—Th17 途径细胞因子的水平增高。IL—23 由抗原呈递细胞分泌（由亚单位 P19 和 P40 组成）。IL—23 与 IL—23 受体复合物的结合引起 Janus 相关激酶（JAK2）—信号转导和转录激活（STAT3）的活化，从而调节转录活化。IL—23 导致 Th17 细胞增殖和（或）生存，TNF（配体）超家族成员 15（TNFS15）可增强 IL—23 的作用。IL—23 还通过 Th17 依赖性途径引起肠道炎症。在 UC 时 IL—23 特异性增加。它来自结肠上皮下肌成纤维细胞的衍生。IL—1β、TNFα 可显著增加 IL—33 mRNA 和蛋白表达，后者又受 P42/44 丝裂原激活蛋白激酶介导。IL—23 在 UC 的发病上发挥重要作用。新近报告，CD 时 CTLA4（细胞毒 T 淋巴细胞抗原 4）变异可由于 IL—23R 和 NOD_2 相互作用引起。

IL—21 有调节 T 细胞和 B 细胞功能，调节免疫和非免疫细胞活性，但 IL—21 产生过多可引起免疫炎症发生。新近一个报告提出 IL—21 抵抗炎症性肠病、免疫反应组织损伤。

Toll 样受体（TLR4）特异的调节表皮生长因子相关的生长因子，Epiregulin（EPl，表皮调节素）和 Amphiregulin（AR，双调蛋白，角化细胞内分泌因子）是表皮生长因子的受体配体。AR 是表皮生长因子家族新基因，是一种含 844 个氨基酸多肽的糖蛋白。TLR4 调节 EPl 和 AR 表达，通过 AR 表达激活 EGFR（表皮生长因子受体），引起肠上皮细胞（ICF）增殖。在黏膜损伤反应时 TLR4 也调节 GDFR 配体的表达。最近报告，高加索人 TLR4 D299G 和 T399 I 多态性是伴有发生 CD 和 UC 的危险性增加。

新近报告，IFNγ、IL—12 水平在 IBD 时增加。IFNγ 在 IBD 发病机制上的作用是通过 NO 途径发挥轴心的作用。磷酸肌醇—3 激酶亚单位 δp110（P13Kδp110）缺乏的小鼠导致巨噬细胞功能改变，在 P13Kδp110 巨噬细胞，见到 Toll 样受体信号增大和缺乏细菌活力。P13Kδp110 有牢固黏膜稳定性作用。野生型鼠结肠 P13Kδp110 表达显著上调，与肠细菌的引入，和 IL—10 一起发生严重的结肠炎。

过氧化物酶体增殖因子活化受体 γ2（PPARγ2）突变可引起溃疡性结肠炎。IBD 时对固有菌丛获得耐受与保护免疫反应之间体内稳定遭到破坏，PPARγ 像是肠炎症反应的调节者，加上 Toll 样受体（TLR—4）调节 PPARγ 在结肠上皮细胞的表达，TLRs 与 PPARγ 功能失衡可能引起 IBD 的开始，且一些基因多态性可导致对 IBD 的易感性。研究结果 UC 患者显示 PPARγPro 12 Ala 突变后，在病变黏膜发现 PPARγmRNA 表达损害，伴有 MyD88（髓样分化因子 88）、TLR4,5,9、NF—κB P65（核因子 κB P65）和 TNFαmRNA 水平上调。PPARγPro 12 Ala 流行率 UC 比 CD 和正常对照组高。最后认为，TLRs 和 PPARγ 之间失衡通过肠菌反应引起结肠炎。

近年发现,基质金属蛋白酶(MMPs)水平的改变与 UC 的发生有相关性。MMP－7 和 MMP－13 主要来自内皮细胞和白细胞,UC 患者的炎症细胞和内皮细胞有 MMP－7 和 MMP－13 的表达增加,MMP－28 减少,提示结肠炎伴有上皮破坏和隐窝结构消失。

在小鼠的试验模型 P120 连环素(catenin)对维持黏膜屏障功能和肠体内稳定状况具有重要作用。当 P120 连环素丢失,新生儿的黏膜上皮屏障被破坏,嗜中性粒细胞显著增高导致肠炎发生。

(五)基因组与炎症性肠病

UC 是消化道一个慢性、复发性炎症疾病,有复杂的基因和环境病原学。McGoven 等收集 2693 例 UC 和 6791 对照组,发现基因变异潜在发生溃疡性结肠炎的危险。59 个 SNPs(单核苷酸多肽)从 14 个独立的部位获得显著相关性,$P < 10^{-5}$,其中 7 个部位有过多的基因组(genome－wide)($P < 5 \times 10^{-8}$)。2009 例 UC 和 1580 对照组检验后,P120 连环素 13 个部位肯定与 UC 有显著相关性($P < 5 \times 10^{-8}$),包括免疫球蛋白受体基因(FCGR2A,Fey 受体 Ⅱ a 基因)、5p15、2p16 和 ORMDL3(orosomucoid1－like 3,血清类黏蛋白 3)。新近证实,染色体 7q22(809799)和染色体 22q13(IL17REL)与 UC 有相关性。在新西兰人群发现 PTPN2(酪氨酸磷酸化酶非受体 2 型基因)与 CD 相关。PTPN2 基因变异引起 CD 的发生。

(六)结语

越来越多的证据表明,炎症性肠病的发病机制与遗传、免疫和感染等因素有关,尽管近几年来做了大量的研究,然而大部分仍是在动物模型中进行,在人体内研究者较少。今后应对 IBD 的发病机制在广度和深度上作进一步系统深入的研究,从发病机制中探讨 IBD 的治疗策略,有望能改善 IBD 的预后。

三、临床表现与诊断标准

(一)临床表现

1.起病和病程　起病缓慢,病程较长,反复发作,活动期与缓解期交替,后期进行性发展。少数起病急或为潜隐性急性发作,酷似急性阑尾炎、急性病肠梗阻等急腹症。

2.胃肠道表现

(1)腹痛:常位于右下腹或脐周,可于餐后发生,一般为痉挛性阵痛,伴肠鸣音增多,排便后暂时缓解。当炎症波及腹膜或有腹腔脓肿形成时,可出现持续性疼痛。如发生穿孔、肠梗阻并发症时则可出现持续性剧痛、腹胀、恶心、呕吐,出现腹膜炎的症状和体征,严重者可有水电和酸碱平衡失调,甚至发生休克。少数急性回肠炎伴肠系膜淋巴结炎者,颇似急性阑尾炎,应做好鉴别,以免误诊。

(2)腹泻:先为间歇性,后为持续增长性。粪便糊状,次数不等,如累及结肠可有黏液脓血便。极少患者无腹泻。

(3)瘘管形成:溃疡穿孔至其他肠段、肠系膜、膀胱、阴道等,则形成内瘘;穿至腹壁或肛门可形成外瘘,出现相应表现,易并发感染。

(4)腹部肿块:CD 时腹部摸及肿块者较少见。多为痛性包块,由肠粘连、肠壁与肠系膜增厚、肠系膜淋巴结肿大、内瘘或局部脓肿形成等引起。以右下腹、脐周多见,边缘不清,质中等,固定,有压痛。

3.全身及肠外表现 急性期常有低—中等度发热,严重急性发作、穿孔、腹膜炎等时可有弛张高热伴中毒症状。病程长而严重者,出现贫血、消瘦、低蛋白血症、水电解质失衡等表现。少数患者可出现结节性红斑、关节炎、虹膜睫状体炎、慢性活动性肝炎和肝脾大等肠外免疫异常表现,个别患者可有杵状指。

4.实验室检查

(1)血液检查:常见贫血,白细胞增多,血沉加快。严重者血清 α_2 球蛋白增高,血清白蛋白、钾、钠、钙等均降低,凝血酶原时间延长。病变活动者,血清溶菌酶浓度增高,部分患者血清抗结肠上皮抗体阳性。$CD4^+$ 细胞增多,$CD8^+$ 细胞减少,$CD4^+/CD8^+$ 比值增高。

(2)粪便检查:隐血常阳性;有吸收不良现象表现者,粪中脂肪含量增加;病变累及左半结肠、直肠者,粪便可有黏液、脓细胞和红细胞。

5.影像学检查

(1)X 线小肠钡灌:采用经导管直接灌注法。注入甲基纤维素混合悬钡溶液或稀钡混悬液,必要时再注入空气。正常表现为连续柱状,肠壁光滑。充盈良好的肠腔宽度不超过 4cm,肠壁厚度不超过 2mm。空肠黏膜皱襞较回肠密集。

小肠 Crohn 病的早期 X 线表现为小肠黏膜皱襞增粗。病变发展,小肠黏膜皱襞的纵形裂隙状的溃疡形成,肠腔内出现在小息肉样或卵石样充盈缺损。病变后期,肠腔不规则狭窄。并发症包括瘘管、脓肿形成以及肠梗阻等。

(2)小肠 CT 诊断:小肠 CT 检查的口服对比剂分为阳性、阴性和中性三种。水是一种简便、患者乐于接受的中性对比剂,若配合 CT 增强检查,肠壁和肠系膜血管显示清晰。CT 小肠灌注检查常用的对比剂是 0.5%甲基纤维素水溶液或 1%稀钡混悬液。

小肠 CT 检查先作常规平扫,随后进行多期动态增强扫描,并在感兴趣区采用高分辨率薄层扫描(≤5mm 层厚)。若肠壁厚度达到或超过 4mm 则有肠壁增厚。小肠系膜淋巴结直径一般不超过 5mm,空回肠神经束呈圆形、卵圆形或短管状。

Crohn 病的早期小肠黏膜改变在 CT 上难以显示。多病灶严重病例,肠壁增厚呈节段性、跳跃式分布,肠腔狭窄变形甚至消失。CT 增强扫描浆膜内环和浆膜外环明显强化,呈"靶征"或"双晕征"。肠壁或肠周血管聚集扩张,呈"木梳状"。

(3)小肠 MRI 检查:小肠 Crohn 病的 MRI 表现主要包括肠壁增厚、异常强化和肠周改变。增厚的肠壁表现为"靶征"。增过日子的肠壁内多发等信号小结节为"肉芽肿征"。Crohn 病的特征性透壁异常在小肠灌肠 true-FISP(真实稳态进动快速成像)序列上清晰显示。MRI 对评估 Crohn 病的活动性具有很大价值。

6.结肠镜检查 病变呈节段性分布,黏膜充血、水肿、口疮样圆形或线样溃疡,或较深的纵形列沟,皱襞增厚,黏膜结节样或卵石样隆起,肠壁僵硬,肠管狭窄等改变。病变肠段之间的肠管黏膜正常,界线分明。黏膜活检有非干酪性结节性肉芽肿改变,据此可得到确诊。

(二)诊断与诊断标准

克罗恩病时腹痛是一个重要的症状表现。其特点为:①腹痛特征:多数病例有腹痛呈慢性反复发作性疼痛,出现持续性腹痛和明显压痛,提示炎症波及腹膜或腹腔内脓肿形成。②

腹痛部位与病变部位相对应,克罗恩病超过半数发生在回肠末端与邻近右结肠,因此多数患者疼痛部位多在右下腹部,若病变发生在食管或胃则可为胸骨后痛或上腹部痛,若病变发生在空肠或结肠则可有上腹部、中腹部或下腹部疼痛不等。③疼痛的性质:腹痛的发生可能与肠内容物通过炎症、狭窄肠段,引起局部痉挛有关。腹痛亦可由不完全性或完全性肠梗阻引起。痉挛性疼痛可于餐后发生,一般为痉挛性阵痛,伴肠鸣音增多,排便后暂时缓解。如发生穿孔、肠梗阻并发者,则可出现持续性剧痛。一般克罗恩病肠腔狭窄引起单纯性机械性肠梗阻,常为阵发性剧烈绞痛,系由肠梗阻以上部位的肠管剧烈蠕动所致。

临床上引起腹痛疾病很多,因此单靠腹痛不能对克罗恩病做出诊断,必须结合其他临床表现,如腹泻、腹部肿块、瘘管形成、肛门直肠脓肿形成及肛裂,此外可有发热、营养障碍、体重下降等全身症状及肠外表现,如关节炎、结节性红斑、坏疽性脓皮病、口腔黏膜溃疡、虹膜睫状体炎、硬化性胆管炎、慢性肝炎等,根据以上表现为诊断提供依据。X线检查和结肠镜检查具有辅助诊断价值。

1.诊断标准 中华医学会消化病学分会炎症性肠病协作组于2007年提出克罗恩病诊断标准,今介绍如下:

(1)临床表现:慢性起病、反复发作的右下腹或脐周腹痛、腹泻,可伴腹部肿块、肠梗阻、肠瘘、肛门病变反复口腔溃疡,以及发热、贫血、体重下降、发育迟缓等全身症状。阳性CD家族史有助于诊断。

(2)影像学检查:胃肠钡剂造影,必要时结合钡剂灌肠。可见多发性、跳跃性病变,呈节段性炎症伴僵硬、狭窄、裂隙状溃疡、瘘管、假息肉及鹅卵石样改变等。腹部B超、CT、MRI可显示肠壁增厚、腹腔或盆腔脓肿、包块等。

(3)结肠镜检查:结肠镜末端回肠。可见节段性、非对称性黏膜炎症、纵行或阿弗他溃疡、鹅卵石样改变,可有肠腔狭窄和肠壁僵硬等。胶囊内镜发现小肠病变,特别是早期损害意义重大。双气囊小肠镜可取活检。如有上消化道症状应做胃镜检查。超声内镜有助于确定范围和深度,发现腹腔内肿块或脓肿。

(4)活组织检查:内镜活检最好包括炎症与非炎症区域,以确定炎症是否节段性分布,每个人有病变的部位至少取2块组织。病变部位较典型的改变有非干酪性肉芽肿、阿弗他溃疡或裂隙状溃疡、固有膜慢性炎性细胞浸润、固有膜底部和黏膜下层淋巴细胞聚集,黏膜下层增宽、淋巴细胞管扩张及神经节炎,而隐窝结构大多正常,杯状细胞不减少。

(5)切除标本:可见肠管局限性病变、节段性损害、鹅卵石样外观、肠腔狭窄、肠壁僵硬等特征,镜下除以上病变外,病变肠段可见透壁性炎症、肠壁水肿、纤维化以及系膜脂肪包绕等改变,局部淋巴结可有肉芽肿形成。

在排除肠结核、阿米巴痢疾、耶尔森菌感染等慢性肠道感染、肠道淋巴细胞瘤、憩室炎、缺血性肠炎、白塞病以及UC等基础上,可按下列标准诊断:

1)具备上述临床表现者可临床疑诊,安排进一步检查。

2)同时具备1和2或3特征者,临床可疑诊为本病。

3)如再加上4或5项病理检查,发现非干酪性肉芽肿与其他1项典型表现或无肉芽肿而具备上述3项典型组织学改变面者,可以确诊,即临床拟诊,病理确认。

4)在排除上述疾病之后,亦可按 WHO 标准结合临床、X 线、内镜和病理检查结果推荐的6 个诊断要点进行诊断。

5)初发病例、临床与影像或内镜及活检改变难以确诊时,随访观察 3～6 个月。如与肠结核混淆不清者按肠结核做诊断性治疗 4～8 周,以观后效。

近年提出一些新的诊断试验,包括:①neoptein 检测:为一种分泌型蛋白,可反映 CD 的活动度,neoptein 由巨噬细胞分泌。巨噬细胞必须在特异性的、与 CD 免疫相关的 T 淋巴细胞作用下被激活,方能分泌 neoptein,因此认为是与 CD 活动相关的标志物。②英夫利昔单抗(infliximab):是抗肿瘤坏死因子(TNF－α)抗体,因此可用于判断 IBD 的活动度。③抗酿酒酵母抗体(ANCA):为一种抗多聚糖抗体,对 CD 特异性高,达 90%,敏感性 56%。④抗中性粒细胞浆抗体(ASCA):也是常用的鉴别诊断指标,但在我国检测 IBD 敏感性等方面均逊于国外。⑤其他抗多聚糖抗原决定簇抗体:ALCA、ACCA、AMAC,对 CD 特异性均在 82%以上,采用 EUSA 方法进行检测。⑥ASLA 和 ANCA 抗体组合:可提高诊断价值。

2.诊断内容　诊断成立后,诊断内容应包括临床类型、严重程度、病变范围、肠外表现和并发症,以利全面估计病情和预后,制订治疗方案。

(1)临床类型:可参考疾病的主要临床表现做出。按 2005 年蒙特利尔世界胃肠病大会CD 分类分为狭窄型、穿通型和非狭窄非穿通型(炎症型)。

(2)严重程度:CD 的严重度可参考消息临床表现做出。无全身症状、腹部压痛、包块与梗阻者定为轻度;明显腹痛、腹泻及全身症状与并发症定为重度;介于其间者定为中度。CD 活动指数(CDAI)可正确估计病情及评价疗效。临床上采用较为简便实用的 Harvey 和 Bradshow 标准(简化 CDAI)(表 5－1)。

表5－1　简化 CDAI 计算法

观察项目	记分方法
1.一般情况	0 良好　1 稍差　2 差　3 不良　4 极差
2.腹痛	0 无　1 轻　2 中　3 重
3.腹泻	稀便每日 1 次计 1 分
4.腹块(医师认定)	0 无　1 可疑　2 确定　3 伴触痛
5.并发症(关节痛、虹膜炎、结节性红斑、坏疽性脓皮病、阿弗他溃疡、裂沟、新瘘管及脓肿等)	每个 1 分

<4 分为缓解期;5～8 分为中度活动期分以上为重度活动期

(3)病变范围:参考影像及内镜结果确定,如肠道病变者可分为小肠型、结肠型、回结肠型。

(4)肠外表现及并发症:肠外可有口、眼、关节、皮肤、泌尿及肝胆等系统受累,并发症可有肠梗阻、瘘管、炎性包块或脓肿、出血、肠穿孔等。

3.诊断举例　克罗恩病小肠型、中度、活动期、肛周脓肿。

4.疗效标准　①临床缓解:治疗后临床症状消失,X 线或结肠镜检查炎症趋于稳定。②有效:治疗后临床症状减轻,X 线或结肠镜炎症减轻。③无效:治疗后临床症状、X 线、内镜及病理检查无改善。

四、鉴别诊断

克罗恩病诊断时应与引起腹痛、腹泻、发热、体重下降和瘘管形成的疾病进行鉴别。

(一)肠结核

肠结核与克罗恩病好发部位一致,临床表现相似,并发症相仿,且 X 线表现、肠镜检查也很相似,故需很好鉴别。肠结核患者常有结核病史,尤其是肺结核,有结核中毒症状,如乏力、下午发热、食欲减退,且抗结核治疗有效。如有肠瘘、肠壁或器官脓肿、肛门直肠周围病变、活动性便血、肠穿孔等并发症或病变切除后复发等,应多考虑克罗恩病。两者鉴别见表 5—2。

表 5—2　克罗恩病与肠结核的鉴别

鉴别要点	克罗恩病	肠结核
结核病史	无	常有
发病机制	与感染、免疫、遗传有关	结核杆菌感染引起渗出、干酪样坏死及增殖性组织反应
结核中毒表现	无	常有
鉴别要点	克罗恩病	肠结核
病理	非特异性炎症、黏膜下水肿、肠腔非干酪性肉芽肿性炎症、黏膜肌层出现裂隙和破裂、肠黏膜面纵形溃疡,无干酪样坏死	干酪坏死性肉芽肿或溃疡形成、病变组织渗出、增生、干酪样坏死,病变呈节段性分布
抗酸杆菌	无	有
结核菌素试验	(一)	(十)
瘘管形成	可有	少见
肛门直肠脓肿形成与肛裂	可有	无
抗结核治疗腹外合并疾病	无效	有效
(慢性肝炎、硬化性胆管炎、关节炎等)	可有	无

(二)急性阑尾炎或慢性阑尾炎急性发作

需与 CD 起病或慢性活动期患者相鉴别。阑尾炎一般腹泻少见,主要为麦氏点压痛,腰大肌征、闭孔内肌征(十),压痛及反跳痛明显,发病急、病程短、发热、白细胞总数及中性白细胞均增加。鉴别有困难时应剖腹探查。

(三)小肠恶性淋巴瘤

原发性小肠淋巴瘤指发生于淋巴结外的肠道原发性恶性淋巴瘤,来源于肠壁黏膜下淋巴组织。原发性小肠淋巴瘤占原发性胃肠道淋巴瘤的 20%～30%,可发生于任何年龄,以成年人多见,男性多于女性,好发于回肠(60%～65%),其次是空肠(20%～25%),十二指肠(6%～8%),其他(8%～9%)。其临床表现缺乏特异性,常以腹痛为主要表现,可伴有腹部不适、腹胀、腹部包块、出血、肠穿孔、恶心、呕吐、腹泻、黑便等其他表现,也可伴有发热、消瘦、食欲下降等全身症状。胃肠道黏膜相关淋巴组织(mucosa—associated lymphoid tissue,MALT)淋巴瘤现已证实其发生与幽门螺杆菌(Helicobacter pylori)感染密切相关。90%以上的胃MALT 淋巴瘤的胃黏膜中找到幽门螺杆菌,此类患者根除 Hp 后肿瘤可治愈。

（四）溃疡性结肠炎（UC）

CD 和 UC 统称为炎症性肠病，病理与发病机制相似，有人认为是一种疾病的不同表现。结肠镜和 X 线检查具有重要鉴别诊断价值（表 5-3）。

表 5-3 克罗恩病与溃疡性结肠炎的鉴别

鉴别点	克罗恩病	溃疡性结肠炎
发热	常见	不常见
便血	少见	极常见
腹泻	较少	常见
腹痛	痉挛性、肠梗阻时为持续性剧痛	有疼痛便意便后缓解规律中毒性巨结肠或累及腹膜时剧痛
肿块	常见	无
瘘管形成	常见	极少见
肠穿孔	常见，为局限性穿孔	少见，多与中毒性巨结肠扩张有关
中毒性巨结肠	罕见	可有，发生率 2.5%～15%
肠梗阻	常见	罕见
黏液脓血便	少见	有，常见
癌变	一般无	可有
病理	肠壁全层炎，呈节段性跳跃式分布，病变肠段之间黏膜正常，常见非干酪性肉芽肿，隐窝脓肿少见。病变之间黏膜增生呈卵石样，一般不癌变	弥漫性炎症，病变为连续性，溃疡浅，多累及黏膜及黏膜下层，无干酪性肉芽肿，隐窝脓肿常见。炎症性假性息肉可癌变，杯状细胞减少
结肠镜		
直肠受累	少见	绝大多数受累
肠腔狭窄	多见，偏心性	少见，中心性
病变特征	纵形或匐形溃疡或卵石样改变	浅溃疡，黏膜充血水肿

（五）盲肠或右半结肠癌

均有腹痛、腹泻或黏液便，但盲肠或右半结肠癌患者年龄多较大，多在 40 岁以上；腹泻多不明显；进展较快；腹块硬，有结节感；X 线钡灌肠见钡剂充盈缺损，病变肠壁僵硬，结肠袋不规则或消失，肠壁狭窄或扩张，结肠镜见息肉样病变呈卵圆形，表面有浅表溃疡，浸润型肿瘤侵及肠管全圈，使局部肠壁增厚，形成环状狭窄。根据以上特征与 CD 鉴别并不困难，如为结肠、盲肠癌肿块活检可确诊。

（六）急性出血性坏死性肠炎

急性出血坏死性肠炎是小肠的节段性出血坏死性炎症，起病急骤、病情重，与 CD 的鉴别要点见表 5-4。

表5-4　急性克罗恩病与急性出血性坏死性肠炎的鉴别

鉴别点	急性克罗恩病	急性出血性坏死性肠炎
病因	可能与感染、免疫、遗传因素有关	C型产气荚膜杆菌感染、胰蛋白酶减少或活性降低、饮食不当、变态反应
发病季节	无季节性	夏秋季多见
发病	较急	骤急
腹痛	多为痉挛性、多在右下腹	常为并发症状,疼痛位于脐部、左腹、右腹或全腹,为阵发性绞痛
腹泻、便血	少见	腹痛发生后发生腹泻,3~7次/d20余次,血水样便、高粱米泔水样便、果酱样便,可有严重出血
休克、高热、昏迷、抽搐	一般无	常见
腹部体征	右下腹压痛一般无反跳痛	腹部胀满、脐周、上腹或全腹压痛,麻痹性肠梗阻时肠鸣音减弱
病理	肠壁全层炎,呈节段性跳跃式分布,常见非干酪性肉芽肿	主要为肠壁小动脉内类纤维蛋白沉着,血栓形成造成小肠坏死出血。黏膜水肿、片状出血、溃疡形成

（七）缺血性肠炎

主要与急性 CD 或 CD 急性发作鉴别,缺血性肠炎以缺血性结肠炎为最多见,多因肠系膜动脉狭窄或闭塞、非闭塞性肠动脉缺血等原因引起。多发生在 60 岁以上的患者,以往无结肠疾病史,而突然出现急腹症表现、发病骤急,来势凶猛,表现腹痛、腹泻及便血、出血量少,疼痛常发作急骤,为痉挛性,多局限于左下腹,迅速发生脓毒症、休克的临床表现。X 线钡灌肠指压征或假瘤征,是本病的典型表现。发病 72 小时以内结肠镜见黏膜充血水肿,多见散在出血点、浅溃疡,这些改变与 CD 迥然不同。非闭塞性肠系膜动脉缺血（低流量综合征）多因冠心病、心肌病、心律失常或低血溶性休克所致,因此已往史了解,对缺血性肠炎诊断有帮助。

五、治疗

（一）营养治疗

CD 患者摄入不足,肠道吸收障碍、丢失增加等均造成营养不良,进而影响药物治疗效果。因此加强营养、纠正代谢紊乱、改善贫血和低蛋白血症具有积极治疗价值。宜进食高营养、多维生素易消化食物。完全胃肠外营养（TPN）仅用于严重营养不良、肠瘘及短肠综合征患者。既能纠正 CD 患者的各种营养不良,又可使肠道完全休息,有助于病灶修复。在有并发症的重症 CD 患者,TPN 的效果更加明显,但应用时间不宜太长。长期 TPN,可引起胃肠绒毛萎缩,胃肠道功能衰退。从 TPN 过渡到肠内营养必须逐步进行,大致可分为四个阶段:①肠外营养与管饲结合;②单纯管饲;③管饲与经口摄食结合;④正常膳。TPN 不能骤然停止,宜逐渐经过肠内营养以使残余肠道细胞得到再生及适应。当患者开始耐受肠内喂养,先采用低浓度、缓速输注要素膳或非要素膳,监测水、电解质平衡及营养素摄入量（包括肠外与肠内的）,以后逐渐增加肠内量而降低肠外量,直至完全撤销 TPN,进而将管饲与经口摄食结合,最后至正常膳。此外,还可常有铁、叶酸、维生素 B_{12} 和其他维生素和微量元素缺乏,也应适当给予补充。

（二）药物治疗

1.氨基水杨酸制剂

（1）水杨酸偶氮磺胺吡啶（SASP）：本品系因毒副作用大，已较少使用。

（2）5－ASA缓释剂：5－ASA是SASP在结肠分解后产生的发挥治疗作用的成分，故目前正研究多种5－ASA新制剂，即5－ASA的各种控释、缓释制剂、pH依赖制剂以各种载体取代磺胺的制剂，都是为了加强局部抗炎效果、减少副作用。常用的口服制剂有：①美沙拉嗪（asacol）：又称艾迪沙（etiasa），为丙烯酸树酯膜包裹的5－ASA微粒压片，在pH＞6时溶解，使5－ASA在末端回肠及结肠中缓慢释放，800mg相当于ASAP 1.5～2.0g。不良反应少，可有头痛、恶心、呕吐。②颇得斯安（pentasa）：系5－ASA微颗粒，包以半渗透性的乙基纤维素，对结肠病变疗效尤佳，3次/d，每次0.5g，是另一种缓慢释放形式的5－ASA，1.5g相当于SASP 3g。③奥柳氮（olsalazine）：其结构中由重氮键取代磺胺吡啶，并结合两分子5－ASA，药物到达结肠后在肠菌的重氮还原酶作用下，破坏重氮键分解出5－ASA，因此，该药在结肠中产生很高浓度的5－ASA，疗效确切。④肠炎复（salofalk）：750mg相当于SASP 1.5～2.0g，也是5－ASA缓释剂。⑤Claveral（Salofalk）：5－ASA和碳酸钠、甘油混合成片，外包树脂（eudragit－L），作用介于颇得斯安和第二代新型ASA制剂Acacol之间。⑥Acacol，5－ASA包以树脂（eudragit－S）。⑦巴柳氮（balsalazide）：balsalazide则是一种将5－ASA以重氮基连接在不起作用的携带物上的化合物，这种新的5－ASA化合物同样需要经细菌的偶氮基还原酶降解，方可释放出5－ASA。口服5－ASA的不良反应主要为水样腹泻，罕见的副作用有胰腺炎、心包炎、脱发、肾毒性。

另外，采用5－ASA肛栓剂或灌肠用药，也可提高直肠和远端结肠内药物浓度，并维持较长时间，明显提高了疗效，而全身不良反应轻微，且发生率明显降低。其不良反应主要为肛门刺激症状。肛栓剂用法为0.2～1.0g塞入肛门，2～3次/d，对阿司匹林过敏者避免使用。

SASP和新型5－ASA制剂除口服外，可作灌肠或滴注（如SASP 2g或Pentasa 1g）。

水杨酸也可和其他药物（肾上腺皮质激素等）联合或前后使用。

2.肾上腺皮质激素的应用　对中－重度CD有效，活动性CD治疗反应率＞75%，因其能降低毛细血管通透性，稳定细胞及溶酶体膜，调节免疫功能，减少白三烯、前列腺素和血栓素等炎性介质生成，具抗炎、抗毒等作用，目前仍是控制克罗恩病最有效的药物。用于急性发作或症状重的患者，大多可使症状明显减轻，病情好转。常予以口服或静脉注射，也可用于保留灌肠。重症病例静脉用药过渡到口服，口服过渡到氨基水杨酸类药物时宜有一段重叠时间，以防疾病复发。常用药物：

（1）泼尼松30～60mg，10～14天，有75%～90%病例症状缓解，以后减量以5～15mg/d维持，维持剂量因人而异。

（2）6－甲基泼尼松龙开始给48mg/d，逐渐减至12mg/d，先后2年。

（3）氢化可的松200～400mg/d或ACTH 40～60μg/d，静脉滴注，14天后口服泼尼松维持，也有每日分次静脉滴注64mg泼尼松龙－21－磷酸盐。重症时1g/d，冲击，用于不能耐受口服的患者。

皮质类固醇药物对急性活动期克罗恩病有效，但对静止期无效，亦不能预防复发。有些外科切除病灶的病例，不论有无残留病变，每日给以7.5mg泼尼松，前后3年。

直肠病变则宜直肠保留灌肠或滴注，如倍他米松（5mg）或氢化可的松琥珀酸盐（20～

100mg),灌肠时此类激素尚可与 SASP,锡类散等药物合并使用。此外,尚有用泼尼松龙和氢化可的松半琥珀酸盐作肛栓者。克罗恩病使用肾上腺皮质激素时应警惕紧急外科并发症,防止肠穿孔,大出血和继发感染发生。

布地奈德(budesonide)是一种糖皮质激素,因其针对 CD 的好发部位,在回肠和右半结肠缓慢释放,且因其能迅速在肝脏内失活,故虽有很强的肠道内抗炎作用,全身激素样副作用却很少。

3. 免疫调节剂 对肾上腺皮质激素与水杨酸类药物无效者,可使用硫唑嘌呤、6-巯基嘌呤(6-MP)、甲氨蝶呤和环孢素 A 等。

(1)硫唑嘌呤(azathioprine)和 6-巯基嘌呤(6-mercaptopurine,6-MP):主要用于对类固醇有依赖性和静止的 CD 患者,新近报告对活动性 CD 也有疗效。硫唑嘌呤迅速吸收且置换为 6-MP,然后代谢为作用终末产物,硫代次类核苷抑制核苷酸(ribonucleotide)合成和细胞增殖,这些药物也改变免疫反应途径,抑制自然杀伤细胞活性和抑制细胞毒细胞功能。硫唑嘌呤剂量为 2.0～2.5mg/(kg·d),6-MP 1.0～1.5mg/(kg·d),分 2 次口服。4 个月后 56% 患者有治疗反应,应用 1～3 年缓解率为 56%～84%。虽 CD 患者对硫唑嘌呤和 6-MP 常能耐受,但确实副作用大,有报告 92% 患者有白细胞减少。3%～5% 患者于治疗的几周内发生胰腺炎,药物撤除后迅速消失。其他毒副反应尚有恶心、发热、皮疹、肝炎和骨髓抑制。过去认为长期用药可致癌,新近研究认为硫唑嘌呤、6-MP 长期治疗并无致癌的危险性增加。

(2)甲氨蝶呤(methotrexate,MTX):MTX 抑制二氢叶酸还原酶引起 DNA 合成受损,IL-1 产生减少,T 细胞吞噬作用降低。可用于短期及长期治疗对肾上腺皮质激素产生抵抗和依赖的克罗恩病患者,每周 25mg 肌内注射或皮下注射可使肾上腺皮质激素完全停药,治疗至 16 周时 39% 患者病情缓解维持。治疗的毒副反应有粒细胞缺乏、肝纤维化、恶心、呕吐、腹泻,过敏性肺炎发生率低,联合应用叶酸可使反应减少。MTX 可致畸胎和流产,因此妊娠妇女禁用。

(3)环孢素 A(ciclosporine,CSA):CSA 可改变免疫炎症级联放大,有力的抑制 T 细胞介导反应,抑制 Th 细胞产生 IL-2,降低细胞毒细胞的募集反应,阻止其他细胞因子,包括 IL-3、IL-4、IFN-7 和 TNF-α 的释放,与硫唑嘌呤、6-MP、MTX 相比较,CSA 开始作用比较迅速,适用于病情较重或对类固醇有抵抗的 CD 患者。常用量 CSA4mg/(kg·d),口服 5.0～7.5mg/(kg·d)ASA 对瘘管形成患者静脉内注射 4mg/(kg·d)平均 7.9 天可获疗效,慢性活动性 CD 口服 CSA7.5mg/(kg·d)治疗有效。口服 5mg/(kg·d)可预防 CD 复发。治疗的毒副反应有高血压、齿龈增生、多毛症、感觉异常、震颤、头痛和电解质异常,肾毒性是 CSA 的重要首发症,一旦发生应减量或停药。偶有并发癫痫。机会感染如卡氏肺孢子虫肺炎也偶见。

类似 CAS 新制剂他克莫司(tarcrolimus,FK506)对儿童难治性 IBD 及成人广泛小肠病变患者治疗有效,且不良反应很小。另一新制剂吗替麦考酚酸酯(骁悉)可抑制淋巴细胞中肌苷单磷酸,从而抑制具有细胞毒性的 T 细胞增殖及 B 细胞抗体产生。1g,2 次/d,可改善 CD 症状,耐受性较好,还可减少肾上腺皮质激素的用量。

4. 细胞因子和细胞因子拮抗剂 目前抗 TNF-α 抗体、IL-2 抗体、抗 CS$_4$ 抗体、IL 10 及白细胞去除疗法等已在国内开始试用于临床,并取得了一些令人振奋的结果。重组抗 TNF 单克隆抗体(商品名为 inflixmab,或称 remicade)一般剂量为 5mg/kg,单次注射,可使难治性克罗恩病缓解 4 个月。inflixmab 起效快,通常 2 周内就发挥作用,单次治疗后可持续 30 周。但是大多数患者在抗体从血清中消失即 8~12 周后复发。每隔 8 周输注 inflixmab 可以维持疗效并达到 1 年缓解。inflixmab 是唯一能迅速控制克罗恩病瘘管的药物,但是连续 3 次输注(0 周、2 周、6 周)的效果不理想。复发的中数时间为 12 周。临床试验 inflixmab 治疗克罗恩病相当安全,最常见的副反应包括轻微的头痛、呕吐、上呼吸道感染和急性的输液反应。用 inflixmab 治疗过的患者中大约 13% 会发生 inflixmab 抗体,即 HACA(人类抗嵌合性抗体)。目前认为这些抗体的产生可能与输液反应有关。

人体化的抗 TNFα 单克隆抗体 CDP571 已开始在克罗恩病患者中研究试用,其他 TNF 抑制性治疗,包括核因子 κB(NFκB)反义寡核苷酸 P65,亦已开始在克罗恩病患者中研究试用。

5.抗生素类药物 虽然感染病因学说至今未被证实,但近年来甲硝唑治疗克罗恩病肛周和结肠病变取得很大成功。其作用机制可能与甲硝唑能对抗厌氧菌,且具有人体免疫调节作用有关。甲硝唑已是治疗克罗恩病性结肠炎、小肠炎、肛周疾病的一线用药,并能预防术后复发。常用剂量为 10~20mg/(kg·d),疗程一般在 2 个月以上。国内多家报道,用甲硝唑口服或灌肠均收到较好效果。不良反应有胃肠功能紊乱和周围神经病变等。广谱抗生素氨苄西林 4~8g/d,适用于出现并发症或病情严重时,近年提倡应用。喹诺酮类抗生素如环丙沙星、氧氟沙星等,可单用或与甲硝唑联用。抗菌药物可与皮质类固醇或硫唑嘌呤合用。

6.肠道菌群调整 已表明调整肠道菌群,可有益于 IBD 的治疗。促生疗法(probiotic therapy)现已认为是 21 世纪的一种治疗 IBD 的概念,即通过口服 Nissle 株大肠杆菌来预防克罗恩病和溃疡性结肠炎的复发。最近,有研究进一步表明,某些乳酸杆菌(Lactobacillus)株可通过上调肠道 IgA 及抗炎细胞因子(IL-6,IL-10)的分泌而发挥保护性免疫调节作用,已用于慢性 IBD 患者的治疗。亦有使用多种促生态制剂(乳酸杆菌、双歧杆菌)缓解疾病发作的报道。

7.奥曲肽及其类似物 vapreotide、P 物质拮抗剂及利多卡因胶灌肠剂通过影响肠血管通透性、肠道分泌,直接作用于免疫活性细胞,改变细胞因子释放或激活和促使肥大细胞脱颗粒反应,对 IBD 发挥治疗作用。

CD 患者药物治疗的选择见表 5-5。

表 5-5 CD 患者药物治疗的选择

疾病程度及情况	选择药物
轻度	SASP 或 5-ASA、口服氨基水杨酸、甲硝唑或环丙沙星、布地奈德
中度	SASP 或 5-ASA、口服皮质类固醇(布地奈德)、硫唑嘌呤或多或少-MP
重度	infliximab、全身使用皮质类固醇、静脉或皮下应用甲氨蝶呤
难治性	静脉内使用 infliximab
肛周疾病	口服抗生素(甲硝唑或环丙沙星)静脉内使用 infliximab、口服硫唑嘌呤或 6-MP
缓解	口服皮质类固醇、SASP 或 5-ASA 或甲硝唑、口服硫唑嘌呤或 6-MP

(三)活动性克罗恩病的内科治疗

1.根据疾病部位和活动度来考虑用药

(1)如为轻度活动性局灶性回盲部 CD:首选布地奈德 9mg/d(2a,B),5-ASA 益处有限

(1a,B),不推荐使用抗生素(1b,A)。一些轻症患者无需治疗(5,D)。

(2)中度活动性局灶性回盲部 CD:首选布地奈德 9mg/d(1a,A)。或全身肾上腺皮质激素治疗(1a,A),如果怀疑出现脓毒血症,可加用抗生素(5,D)

(3)重度活动性局灶性回盲部 CD:首选全身皮质激素(1a,A),对于复发病例,应加用硫唑嘌呤或 6-MP(1a,B),如果患者不能耐受,可考虑甲氨蝶呤(1a,B),对皮质激素或免疫调节剂难治性或不能耐受的患者,可加用 infliximab(1b,A),也可考虑外科手术治疗。

(4)广泛性小肠 CD:中、重度小肠 CD 采用全身皮质激素(1a,B),推荐使用硫唑嘌呤或 6-MP,若患者不能耐受,可考虑用甲氨蝶呤(1b,B),同时给予营养支持(4,C)。如果治疗失败,加用 infliximab(1b,B),也可考虑外科手术治疗。

2. 对皮质激素依赖性、难治性治疗　①皮质激素依赖性 CD:可采用硫唑嘌呤或 6-MP(1a,A),如果患者不能耐受或无效,可用甲氨蝶呤,如果上述治疗失败,加用 infliximab(1a,A),也可考虑外科手术治疗;②皮质激素难治性 CD:采用硫唑嘌呤或 6-MP(1a,B)如果患者不能耐受或无效,考虑用甲氨蝶呤(1b,B)。如果免疫调节剂治疗失败,或需要快速获得缓解,可加用 infliximab(1b,B),也可采用手术治疗。

3. 药物诱导缓解后的治疗　infliximab 治疗获得缓解后,硫唑嘌呤,6-硫基嘌呤或甲氨蝶呤均可用于维持治疗(2a,B)如果上述治疗失败,可考虑采用 infliximab 定期输注维持治疗(1b,B),对局限性病变应考虑外科手术治疗(4,D)。应用 5-ASA 获得缓解的患者应完全缓解后持续用药 2 年停药(5,D),对广泛性结肠炎患者,应考虑长期治疗以降低结肠癌发生的危险性(4,D),应用硫唑嘌呤维持治疗的患者,应于完全缓解后 4 年停药(2b,C)。

4. 治疗复发患者的治疗　①局灶性回盲部 CD 复发:如果患者复发,应加强维持治疗,可考虑手术治疗,皮质激素不应用于维持缓解;②广泛性 CD 复发:推荐用硫唑嘌呤维持缓解;③复发前用硫唑嘌呤或 6-MP 治疗患者的处理:复发时应加大硫唑嘌呤或 6-MP 的剂量,前者为 >2.5mg/(kg·d),后者 >1.5mg/(kg·d),对局灶性病变应考虑外科手术治疗。

证据级别分:1,2,3,4,5 级,每 1 级又分 a,b 二级,如 1a,2b。

推荐级别分:A,B,C,D 4 级。

(张晓玲)

第五节　急性出血性坏死性肠炎

一、病因与发病机制

急性出血性坏死性肠炎(acute hemorrhagic necrotic enteritis)是一种急性、暴发性疾病。临床上以腹痛、腹泻、便血、呕吐、腹胀、发热及中毒表现为主,成人和儿童均可发病。15 岁以下占 60% 以上。男女发病为(2~3):1 发病前可有饮食不当等诱因,以农村中发病较多。

急性出血性坏死性肠炎的病因和发病机制尚不十分明了。一般认为,本病的发生是由于多种因素共同作用的结果。内部因素为肠道局部缺血,胃肠分泌功能低下,导致肠道屏障功能缺损外部原因是主要是肠道病原体感染。现认为与 C 型产气荚膜芽胞杆菌感染有关,可能与 C 型产气荚膜芽胞杆菌产生的 B 毒素所致,B 毒素可影响人体肠道微循环而致斑片状、坏疳性肠炎。由于某种原因进食污染有致病菌的肉类食物(未煮熟或变质)，或肠内生态学发生改变(如从多吃蔬菜转变为多吃肉类)而利于该病菌繁殖；和(或)肠内蛋白酶不足(个体性或地区性)，或以具有胰蛋白酶抑制因子的甘薯为主食发，使 B 毒素的分解破坏减少，从而导致了发病。病变主要为肠壁小动脉内类纤维板蛋白沉着、栓塞而致小肠出血、坏死。疾病好发于空肠和回肠，也可累及十二指肠、结肠及胃，偶可累及全消化道。病变可局限于肠的一段，也可呈多发性。受累肠段肠壁水肿、增厚、质地变硬。病变常起始于黏膜，表现出为肿胀、广泛性出血，可延伸至黏膜肌层，甚至于累及浆膜，可伴不同程度的腹腔渗液，严重时可引起溃疡及穿孔。

二、临床表现

多急性起病，也有缓慢发病者。病情轻重不一，轻者仅表现腹痛、腹泻，病程通常 1～3 周，很少复发或留后遗症；重者可在 1～2 天后出现大量便血，并出现休克、高热等中毒症状和严重并发症。

(一)胃肠症状

1.腹痛　可见于 95％以上病例，腹痛常为首发症状。疼痛位于脐周、左腹、右腹或全腹。多为阵发性绞痛，疼痛亦可为持续增长性阵发性加剧。

2.腹泻、便血　腹痛发生后出现腹泻，一日 3～7 次不等，亦有达 20 多次者。粪便初为糊状带粪质，后渐为黄水样，继之呈血水样、高粱米泔水样或果酱样，甚至为鲜血或暗红色血块，此时粪质少而有恶臭。出血量多少不定，轻者可仅有腹泻，或为粪便潜血阳性。严重者一日血量可达数百毫升。腹泻和便血时间短者仅 1～2 天，长者可达月余。可呈间歇发作，或反复多次发作。

3.呕吐　常与腹痛、腹泻同时发生，呕吐物可为胃内容，或呈咖啡样、血水样，亦可呕吐胆汁。

(二)腹部体征

腹部胀满，有时可见肠型。脐周、上腹或全腹有明显压痛，部分患者肌紧张或反跳痛。早期肠鸣音亢进，中毒症状明显，或伴有麻痹性肠梗阻者，肠鸣音减弱或消失。

(三)全身表现

病情严重者，可出现水电解质紊、休克、高热、抽搐、神志模糊或昏迷等严重中毒症状。此种病例预后差。

(四)并发症表现及其他表现

严重病例可出现麻痹性肠梗阻、肠穿孔、急性一腹膜炎等并发症及相应表现。其他少见表现有肠系膜淋巴结肿大、黄疸、肝脏脂肪酸变性、间质性肺炎、肺水肿、弥散性血管内凝血(DIC)、肺水肿、急性肾衰、肾上腺灶性坏死等。

(五)临床类型

临床类型可根据其临床突出表现分为腹泻型、便血型、肠梗阻型、腹膜炎型和毒血症型 5 型。

(六)实验室检查和特殊检查

1.血象　白细胞增多，多在 12.0×10^9/L 以上，以中性粒细胞增多为主，并有核左移现象。

2.粪检 粪便呈血性,或潜血试验强阳性,可有少量或中等量脓细胞。

3.X线检查 腹部X线平片可见受累肠段(多为空肠)充气和液平面。肠穿孔者膈下可见游离气体。在急性期不宜做钡餐或钡灌检查,以免发生穿孔。急性期过后可作钡餐检查,如怀疑病变累及结肠者,应考虑做结肠镜检查。钡剂检查员显示肠黏膜粗糙,肠壁增厚,肠间隙增宽,肠壁张力和蠕动减弱,肠管扩张和僵直,部分病例可出现在肠痉挛、狭窄和肠壁囊样气肿。

三、诊断与鉴别诊断

(一)诊断

急性出血坏死性肠炎的诊断主要根据临床表现和相关的辅助检查。剧烈腹痛、便血、腹部压痛点不固定伴有严重毒血症时应怀疑本病可能。如同时能排除中毒性痢疾、绞窄性肠梗阻、肠套叠等诊断即可成立。辅助检查对诊断有很大帮助。血象显示周围血白细胞质增多,以中性粒细胞增多为主,常有核左移。红细胞质和血红蛋白常降低。粪便检查外观呈或鲜红色,或潜血试验强阳性,镜下见大量红细胞,偶见脱落的肠系膜,可有少量或中等量脓细胞。急性期不宜做钡餐或钡灌检查,以免发生穿孔。急性期过后可钡餐检查,以协助诊断。因此无早期诊断价值。

急性出血坏死性肠炎腹痛前有程度不同的前驱症状,如头痛、乏力、全身痛及食欲不振等。腹痛常常是突然发生,以左上腹或右下腹为主,有时却是脐周围或全腹部的持续性腹痛。临床上酷似肠梗阻或腹膜炎。除腹痛外常有腹泻或血便。患者发热,体温增高,甚至于发生中毒性休克。服务部广泛压痛,肠鸣音减弱或消失,偶尔在腹部触及包块。穿孔和腹膜炎时全腹压痛,有肌卫、反跳痛。腹腔试探穿刺发现红细胞和脓细胞提示有肠穿孔、肠坏死可能性。

(二)鉴别诊断

由于本病的临床表现与其他胃肠病有相似之处,因此易于混淆,应及时给予鉴别。

1.克罗恩病急性期 急性出血性坏死性肠炎与克罗恩病的急性期在病变与临床表现上却有许多相似之处。克罗恩病是一种非特异性遗传免疫力性疾病,常无明显发病季节性和发病诱因。青壮年多见,腹泻以单纯性水样便为主,很少便血或有中毒症状,甚至发生中毒性休克。易转为慢性。病变以增生为主,很少发生出血、坏死。根据以上可资鉴别。

2.中毒性痢疾 随着生活环境和自然环境的改善,对中毒性痢疾防治效果水平面的提高,本病的发病率有明显下降。中毒性菌痢发病骤急,开始即有高热、惊厥、神志模糊、面色灰暗、血压下降,可于数小时内出现脓血便,粪便中队脓血便外,找到吞噬细胞或大便培养出痢疾杆菌可作鉴别。

3.急性化脓性腹膜炎 主要是急性出血性坏死性肠炎早期与腹膜炎鉴别。尽管两种疾病有腹痛、恶心呕吐、感染中毒症状,但化脓性腹膜炎如为继发性,可继发于腹腔内器官操作穿孔、破裂或原发性腹膜炎常有肺炎、脓毒血症、泌尿生殖系统感染等引起。开始即有腹膜刺激征。急性出血坏死性肠炎早期一般无腹膜刺激征。腹痛、便血为主要症状。

4.急性阑尾炎 腹痛是急性阑尾炎的主要症状,多数人以突发性和持续性腹痛开始,少数人以阵发性腹痛开始,而后逐渐加重。腹痛开始多在上腹、剑突下或脐周围,经 4～8 小时或者 10 多个小时后,腹痛部位逐渐下移,最后固定于右下腹部,这种转移性右下腹痛约 80％的患者具有这一特征,所谓转移性右下腹痛,根据这一特征可与其他急腹症鉴别。

5. 急性胃黏膜病变　本病有用药、酒精中毒或应激如严重感染、休克、大手术、烧伤、创伤及精神高度紧张等应激,引起血管痉挛收缩,致使黏膜缺血缺氧,导致黏膜损害,发生糜烂和出血。因此,了解有无用药、酗酒或应激状态对诊断很有帮助。由于溃疡不侵及肌层,在临床上很少有腹痛,上消化道出血是其最突出的症状,表现呕血或黑便。出血严重者可发生出血性休克。

6. 十二指肠溃疡　疼痛部位在中上腹脐上方偏右,呈钝痛、烧灼痛或饥饿痛,有周期性、节律性发作,发生在饭后 1～2 小时,进食可缓解,常有嗳气、反酸、烧心、呕吐等症状。内镜检查可确诊。

7. 肠梗阻　腹痛、呕吐、腹胀、无大便、无肛门排气是肠梗阻的主要功能,临床症状不同。上述这些症状的出现在与梗阻发生的急缓、部位的高低、所有腔阻塞的程度有密切关系。肠梗阻的特点:①波浪式的由轻而重,然后又减轻,经过一平静期而再次发作。②腹痛发作时有气体下降感,到某一部位时突然停止,此时腹痛最为剧烈,然后有暂时缓解。③腹痛发作时可出现肠型或肠蠕动,患者自觉似有包块移动。④腹痛时可听到肠鸣音亢进。绞窄性肠梗阻由于某种原因有肠管缺血和肠系膜的嵌顿,则常常为持续性,伴有阵发性加重,疼痛也较剧烈。有时肠系膜发生严重绞窄,可无缘无故性剧烈腹痛。麻痹性肠梗阻的腹痛往往不明显,阵发性绞痛尤为少见,一般多为胀痛。肠梗阻时呕吐、腹胀明显,而便血不多。急性出血性坏死性肠炎时便血症状较重,X 线腹部平片小肠有比较弥漫的充气或液平面。

8. 肠型过敏性紫癜　儿童多见。腹痛剧烈伴呕吐、便血、易发生休克。常有腹膜刺激征与伴有肠麻痹和腹膜炎者不难鉴别。但肠型过敏性紫癜呕吐、腹胀更重,而便血不多。X 线腹部平片典型者常显示假肿瘤(充满液体的团袢肠段)、咖啡豆(充气的团袢肠段)影像。急性出血性坏死性肠炎时出血症状较重,X 线腹部平片小肠有比较弥漫的充或液平面。

四、治疗

急性出血性坏死性肠炎的治疗一般以内科治疗为主,治疗的要点是减轻消化道负担、纠正水和电解质紊乱、改善中毒症状、抢救休克、控制感染和对症治疗。

(一)一般治疗

腹痛、便血和发热期应完全卧床休息和禁食。这样有利于胃肠休息。直到呕吐停止、便血减少,腹痛减轻时方可进少量流质,以后逐渐加量,待无便血和明显腹痛时再改软食。禁食期间应静脉补充高渗葡萄糖、复方氨基酸、白蛋白、脂肪乳等。恢复饮食宜谨慎,过早摄食可能会导致营养不良,影响疾病的康复。腹胀和呕吐严重者应作胃肠减压。

(二)纠正水、电解质失衡

急性出血性坏死性肠炎时由于出血、呕吐、腹泻、发热,加上禁食,易于发生水、电解质及酸碱平衡失调,应及时给予纠正。

(三)抗休克

急性出血性坏死性肠炎时由于某种原因发热、呕吐腹泻、失血、禁食等因素容易引起休克,是引起患者死亡的主要原因,早期发现休克并及时处理是治疗本病的主要环节,应迅速补充血容量,改善微循环,除补充晶体溶液外,应适当输血浆、新鲜全血或人体血清白蛋白等胶体液。血压不升者,可酌情选用山莨菪碱为主的血管活性药物。为减轻中毒症状、过敏反应、协助纠正休克,可慎用肾上腺皮质激素治疗。可静脉滴注 3～5 天氢化可的松,成人 200～300mg/d,或地塞米松 5～10mg/d;儿童用氢化可的松 4～8mg/d,或地塞米松 1～2.5mg/d,病情好转应及时停药,因肾上腺皮质激素有加重肠出血和肠穿孔之危险,应用时必须谨慎。一般用 3～5 天。

（四）应用抗生素

控制肠道感染,宜尽早应用有效抗生素治疗。常用头孢类罗氏芬、先锋必、舒普深,喹诺酮类、大环内酯类等,酌情选择。

（五）对症治疗

腹痛严重者可给予度冷丁,高热、烦躁可给吸氧、解热剂、镇静剂或物理降温,便血量大时给予输血。

（六）中药

可用清热解毒、行气化滞、止血为主持中药治疗。常用方剂有黄连丸加减。常用的有黄连素、白头翁、马齿苋、银花、黄芩、赤白芍、广木香、秦皮、丹皮等。

（七）抗毒血清

采用 Welchii 杆菌抗毒血清 42000～85000U 静脉滴注,有较好疗效。

（段军）

第六节　机械性肠梗阻

一、病因与发病机制

机械性肠梗阻多系肠壁本身、肠腔或肠管外的各种器质性病变使肠腔变小,肠腔内容物通过受阻所致。

1.肠壁病变　如小儿先天性的肠狭窄、闭锁;后天性的肠道炎症如 Crohn's 病、肠结核等;损伤性疤痕狭窄,肠壁肿瘤侵及肠管周径大部或突入肠腔内;还有手术的肠管吻合口处水肿或病理以及肠管套叠等。

2 肠腔内因素　肠管堵塞见于粪石、蛔虫团及巨大的胆结石。

3.肠壁外病变　各种因素造成的肠管的病理性压迫。如腹腔炎症、损伤或手术引起的腹膜广泛粘连或形成的粘连带,还有腹内疝、腹外疝嵌顿、腹腔内巨大肿瘤和肠扭转等。

二、病理生理

肠梗阻后,机体为了克服梗阻障碍,肠管局部和机体全身将出现一系列复杂的病理生理变化(图 5—1)。

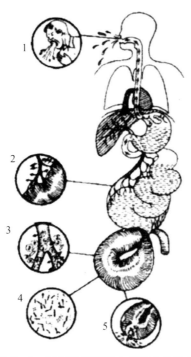

图5-1　肠梗阻局部和全身变化示意图

1.大量呕吐丢失消化液;混合型缺水,代谢性酸中毒;2.梗阻以上肠管膨胀、肠壁血运受阻血浆渗出,血液浓缩;3.绞窄性肠梗阻所致血浆和全血丢失,血容量进一步减少;4.肠壁通透性增加,肠内容及细菌外渗,毒素吸收所致毒血症;5.肠坏死、穿孔、腹膜炎、全身中毒、休克

（一）肠管局部

肠梗阻初期,梗阻的近段肠管为使肠内容物通过梗阻处,蠕动增加,便产生阵发性腹痛和肠鸣音亢进。以后肠管逐渐扩张,如梗阻部位长时间不能解除,肠壁收缩力逐渐减弱,最后肠壁平滑肌完全麻痹,肠动力完全紊乱,其蠕动减弱,以至肠鸣音消失。梗阻以上肠黏膜出现吸收障碍,分泌的消化液不能吸收,黏膜渗出增多,大量肠液积聚于肠腔。肠梗阻的腹痛可使食管上段括约肌反射性的松弛,吞咽时可吞下大量的空气约占肠腔内气体的70%。肠腔内由于大部分气体为氮气,很少向血液内弥散,故肠腔迅速膨胀,内压增高可达 7.5mmHg(18cmH$_2$O)以上,在强烈蠕动时,肠内压则可达30mmHg(40cmH$_2$O)。结肠闭袢性肠梗阻时闭袢肠管内压力高达37.3mmHg(50cmH$_2$O)以上。远高于静脉压,这导致肠壁血循环障碍,引起肠壁充血、水肿和液体外渗增加。同时由于缺氧、细胞能量代谢障碍,肠壁通透性增加,液体可自肠腔渗出到腹腔。肠壁压力增高,静脉淤血明显,可引起小血管破裂出血,黏膜下常见点状到片状出血灶,甚至肠壁坏死、穿孔,发生腹膜炎。

（二）全身变化

1.水、电解质紊乱　正常时胃肠道每天分泌7000～8000ml消化液,绝大部分通过小肠再吸收回到全身循环系统。仅约500ml到达结肠,仅约150ml经大便排出。肠梗阻时消化液的回吸收发生障碍,而且液体自血管内向肠腔继续渗出,大量积存于肠腔。实际上这些积存于肠腔内的液体等于丧失到体外。加上呕吐,不能进食,可迅速导致患者的血容量减少,血液浓缩。高位小肠梗阻时更易出现脱水。由于体液的丧失也导致大量的电解质(Na$^+$、K$^+$、Cl$^-$等)丢失,致使发生电解质紊乱。低血容量和缺氧情况下的组织细胞代谢所产生的酸性代谢产物剧增。此外,因缺水、少尿所造成的肾脏排酸障碍,因而可引起严重的代谢性酸中毒发生。

2.感染和中毒 肠梗阻尤其是低位肠梗阻,肠内容物郁积和肠内环境的改变,细菌大量繁殖,空肠内细菌数可达 $5×10^9/ml$,回肠内可达 $6×10^9/ml$。细菌多为革兰阴性菌,但也有大量厌氧菌繁殖。由于梗阻肠壁黏膜屏障机制受损,肠壁通透性增加,细菌产生的毒素大量被腹膜吸收,导致全身中毒血症。若肠梗阻持续存在,发展为绞窄时,则大量细菌可进入腹腔。不仅如此,这些细菌还可以直接进入血中,造成门静脉及全身性的菌血症及毒血症。最后引起中毒性休克。尤其是在患者已有水、电解质失衡和酸中毒的情况下,更会加重休克的严重性与顽固性。

3.休克 休克发生的原因:一方面因大量的急性失水导致血容量骤减,另一方面感染、中毒很容易造成休克。特别是绞窄性肠梗阻时,静脉受压,回流障碍,而动脉则仍在向绞窄的肠袢继续供血,实际上相当于动脉血不停地将血流到体外。故绞窄性肠梗阻早期则很易发生休克。

4.呼吸和循环功能障碍 肠管膨胀时腹压增高,横膈上升,腹式呼吸减弱,可影响肺内气体交换。同时还可使下腔静脉回流受阻,加上全身血容量骤减,致使心输出量明显减少。

三、临床表现

(一)症状

肠梗阻的共同症状是腹痛、呕吐、腹胀及停止排便排气。

1.腹痛 不同类型的肠梗阻有不同性质的腹痛。单纯性机械性肠梗阻一般为阵发性剧烈绞痛,系梗阻以上部位的肠管强烈蠕动所致。此类疼痛常可有下列特征:①阵发性疼痛,轻而重,然后又减轻,经过一平静期而再次发作。②腹痛发作时可感到有气体下降,到某一部位突然停止,此时腹痛最为强烈,然后有暂时缓解。③腹痛发作时可出现肠型或肠蠕动波,患者自觉似有包块移动。④腹痛时可听到肠鸣音亢进,有时患者自己可以听到。持续性腹痛伴有阵发性加重多见于绞窄性肠梗阻。持续性腹痛伴有腹胀常为麻痹性肠梗阻。持续钝痛伴有阵发性加剧而无缓解者,多提示肠系膜牵拉或肠管高度痉挛,常见于肠套叠、肠粘连、肠扭转造成的闭袢性肠梗阻,是绞窄性肠梗阻的早期表现。如腹部出现明显压痛,则表明肠梗阻后肠液渗漏腹腔,已形成腹膜炎。

2.呕吐 呕吐也是肠梗阻常见的症状,可反映出梗阻的部位和病变发展的程度。梗阻早期,呕吐为反射性,吐出物为胃液、食物,然后进入静止期。若梗阻未解除,梗阻部位为高位小肠,再发呕吐出现较频繁,且静止期短,呕吐的胃内容物中含有胆汁。如低位肠梗阻,静止期较长,1~2天后再发呕吐,呕吐内容物带有粪臭。呕吐物如呈棕色或血性,则肠梗阻可能已成为绞窄性。

3.腹胀 腹胀出现较迟。腹胀程度与梗阻部位有关。高位小肠梗阻腹胀不明显,而低位肠梗阻可表现为全腹膨胀,叩诊呈鼓音,并常伴有肠型。麻痹性肠梗阻,腹胀明显,但无肠型。闭袢性肠梗阻,则出现局部膨胀,叩诊有鼓音。结肠梗阻如回盲部关闭,可以显示腹部不对称的高度腹胀。

4.停止排便排气 完全性肠梗阻可出现停止排便排气。梗阻早期,肠蠕动增加,梗阻以下部位残留的气体和粪便仍可排出。此种现象应引起注意,以避免延误早期肠梗阻的诊断和治疗。绞窄性肠梗阻如肠套叠、肠系膜血管栓塞或血栓形成,肛门可排出血性液体或果酱便。

（二）体征

1.全身表现 单纯肠梗阻早期可无明显表现。晚期则会出现脱水、全身虚弱无力、眼窝凹陷、口干舌燥、皮肤弹性减弱,心率加快,严重缺水。绞窄性肠梗阻,可有休克表现。

2.腹部表现 常有不同程度的膨胀,有时可见肠型、肠蠕动。听诊肠鸣音亢进,呈高调金属音或气过水声。如为绞窄性肠梗阻晚期并发感染性腹膜炎,则出现麻痹性肠梗阻,肠鸣音则减弱或消失。单纯性肠梗阻腹壁软,按压膨胀的肠管有轻压痛。肠管内含有气体和液体,可闻震水音。绞窄性肠梗阻可出现局限性压痛及腹膜刺激征,有时可扪及绞窄的肠袢。叩诊时除有鼓音外,有时因腹腔有渗液,可出现移动性浊音。值得注意的是检查腹部时必须同时检查腹股沟部、脐部,以了解有无腹外疝嵌顿。

（三）化验检查

肠梗阻晚期,由于失水、血液浓缩,白细胞计数、血红蛋白、红细胞压积都有所增高,尿比重亦增高,血清 K^+、Na^+、Cl^- 浓度均有不同程度的降低。血清 pH 值及二氧化碳结合力以及尿素氮、肌酐、血气分析等检查可了解电解质和酸碱紊乱状况以及肾功能。绞窄性肠梗阻时白细胞一般可达$(1.5\sim2.0)\times10^9/L$ 以上,中性粒细胞也增高,且多伴有核左移现象。当肠坏死合并细菌感染时,白细胞增多,大便潜血阳性,肌酸磷酸激酶明显增高,甚至出现电解质紊乱和代谢性酸中毒。

（四）影像学检查

1.X 线检查 肠梗阻 X 片检查一般取直立位,或左侧卧位(体弱者)X 线平片检查。在梗阻发生 4～6 小时后,即可出现充气的小肠袢,而结肠内气体减少或消失。空肠黏膜的环形皱襞在充气明显时呈"鱼骨刺"状。肠梗阻较晚期时小肠袢内可见有多个液平面,呈典型的阶梯状并有倒 V 形扩张肠曲影。必要时重复 X 线平片检查对比观察平片上肠袢影像变化,有助于了解肠梗阻是否缓解或为进一步加重。

2.CT 检查 肠梗阻判断标准:①小肠肠管扩张,内径大于 2.5cm,或结肠内径大于 6cm;②见近侧扩张肠管与远侧塌陷肠管或正常管径的远侧肠管间的"移行带"即梗阻部位。腹部 CT 可以鉴别麻痹性肠梗阻与机械性肠梗阻。麻痹性肠梗阻的 CT 表现为成比例的小肠和结肠扩张,而没有扩张肠袢与塌陷肠袢之间的"移形带"。腹部 CT 还可以了解肠管梗阻部位,通过寻找扩张和非扩张段交界处,观察肠管腔内、肠管壁情况,有经验的临床医生可以判断出肿瘤、粪石、异物等梗阻原因,可以快速诊断肠扭转、肠套叠、血运性疾病等,从而给临床医生进行术前评估提供较为真实可靠的依据。

3.B 超检查 可以了解肠腔扩张情况,更为重要的是,B 超可以定位可能存在的腹水,可以指导临床医生进行诊断性腹腔穿刺,通过腹腔积液的性质,可以进一步指导下一步治疗。

4.消化道碘水造影 不全性肠梗阻患者,可行消化道碘水造影,该检查能动态、多时间地观察小肠蠕动功能、梗阻部位、梗阻处形态,从而为临床医生提供治疗依据。需注意的是,碘水能导致肠蠕动增加,故对于完全梗阻、怀疑有肠坏死或坏死趋势者禁用。

四、诊断与鉴别诊断

肠梗阻的诊断不仅是要确定肠梗阻的存在,而且还包括肠梗阻的部位、程度、有无肠袢绞窄以及引起梗阻的病因。典型的机械性肠梗阻具有阵发性腹部疼痛、呕吐、腹胀、腹部有肠型、肠鸣音亢进以及停止排便排气等表现。但在肠梗阻早期症状体征不明显时,诊断往往有些困难。因此根据上述肠梗阻的诊断要求,在诊断过程中需要解决如下几个问题。

(一)确定肠梗阻的存在

某些绞窄性肠梗阻的早期不具有腹痛、呕吐、腹胀、停止排气排便典型的四大症状和腹部压痛、肠蠕动波和肠型、高调肠鸣者等明显体征,往往与一些其他的急腹症如急性胰腺炎、输尿管结石、卵巢囊肿蒂扭转等相混淆,应做好与这些疾病的鉴别诊断。详细的病史和各项有关检查是必要的。X线平片对肠梗阻的诊断十分重要,可见肠管扩张、肠腔积气积液。站立位 X 线平片如见到小肠阶梯形液面和(或)"鱼刺征"为机械性肠梗阻的典型特征。因此对疑有肠梗阻的病例,要动态观察其症状、体征和其 X 线腹部平片。B 型超声检查用于肠梗阻诊断简便迅速,也便于对肠梗阻进行动态观察,其图像显示扩张积液的肠袢伴肠壁水肿是诊断肠梗阻的标准。B超诊断肠梗阻的敏感性达 94%,但对梗阻病因的诊断率为:32%~46%,如B超对少数积气型肠梗阻的诊断比较困难,对某些肠梗阻的确切梗阻部位或病因难以确诊。目前对绞窄性肠梗阻尚无可靠的特征图像。

(二)机械性梗阻与动力性梗阻的鉴别

机械性肠梗阻具有较典型的肠梗阻临床表现,如阵发性腹痛、肠鸣音亢进伴腹胀,常有肠型蠕动波。动力性肠梗阻往往继发于腹腔感染、腹外伤、腹膜后血肿、脊髓损伤、肠道炎性疾病等,多为持续性腹胀,无绞痛发作,肠鸣音减弱或消失,全腹膨胀、肠型不明显。痉挛性肠梗阻腹痛虽然较剧,突然发作和突然消失,但肠鸣音不亢进,腹胀也不明显,有时可扪及痉挛的肠管。机械性肠梗阻胀气只限于梗阻以上部位,充气肠袢大小不一。麻痹性肠梗阻则可见胃肠道普遍胀气,小肠充气肠袢大小较为一致。X 线平片动态观察对鉴别更有帮助。若为腹膜炎引起的麻痹性肠梗阻,腹腔内有渗出性积液,肠管漂浮其中,肠管间距增宽。痉挛性肠梗阻胀气多不明显,但有时可见肠管痉挛性狭窄。

(三)绞窄性肠梗阻的鉴别

绞窄性肠梗阻肠管存在着血运障碍,随时有发生坏死和腹膜炎的可能,在治疗上具有紧迫性。临床上绞窄性肠梗阻具有以下特征:①腹痛发作急骤、剧烈,疼痛持续,阵发性加重。并不因呕吐而减轻,有时可感到腰背疼痛。②呕吐出现早而且频繁,呕吐物有时为血性或粪臭味,或肛门排出血性液体。③腹胀不明显,有时局部膨隆,不对称,或可触及孤立肿大的肠袢。④有腹膜刺激征,或固定的局部压痛和反跳痛。⑤腹腔有积液,穿刺为血性液体。⑥早期出现休克征象,如病因未解除,则抗休克治疗其效果多不显著。⑦X 线平片的特征是显示孤立胀大的肠袢,位置固定不随时间而改变,肠腔内积液多,而积气少,肠间隙宽显示有腹腔积液。⑧血清无机磷显著增高。腹腔液中肌酸磷酸激酶的两种同工酶 C:PK-MB 及 CK-BB 显著增高,对判断绞窄性肠梗阻、肠坏死有重要意义。⑨经积极的非手术治疗而临床症状无明显改善。

(四)明确肠梗的部位

根据呕吐出现的早晚、吐出物的性质和腹胀的程度,可以判断高位或低位的小肠梗阻。但据此鉴别低位小肠和结肠的梗阻有时比较困难。结肠梗阻时腹痛较轻,呕吐较少,腹部膨胀多不对称。而且因结肠回盲瓣的作用,结肠梗阻时常可导致结肠高度膨胀的闭袢性肠梗阻。此外,结肠梗阻时胃肠减压效果常不满意。因其壁薄很易发生穿孔。X 线腹部平片检查,对判断肠梗阻部位有重要价值。典型的小肠梗阻造成的气胀阴影为阶梯状,常位于腹中央,其长轴是横贯的。完全性小肠梗阻,结肠内没有气体或仅有少量的积气。结肠梗阻多在腹周呈扩张结肠和袋形,而小肠胀气不明显。有时空肠的环状皱襞(Kerckring folds)的阴影与结肠袋的阴影相似,诊断上可能发生错误,故必须结合临床表现,用有机碘溶液进行消化道造影方可有助确诊。

(五)病因诊断

考虑病因时应详询病史并结合检查结果进行仔细分析。如有腹部手术史或腹部手术瘢痕者应可考虑为粘连性肠梗阻;有腹外伤史,可因既往考虑腹腔内出血引起的粘连;如为现病史应考虑有无腹膜后血肿所致麻痹性肠梗阻可能。伴有周身结核病灶者,可能为腹腔结核性粘连。如有心血管疾病,如心房纤颤、动脉粥样硬化或闭塞性动脉内膜炎的患者,须考虑肠系膜动脉栓塞。近期有腹泻者应考虑痉挛性肠梗阻的可能。便秘或饱餐后劳动或剧烈活动,则应考虑为肠扭转。腹部检查应包括腹股沟部以排除腹外疝嵌顿,直肠指诊应注意有无粪块填充、直肠内肿瘤。指套染有新鲜血迹应考虑有肠套叠可能。以年龄考虑,儿童多考虑蛔虫性肠套叠;老年人多考虑为肿瘤、肠扭转、粪块堵塞等。结肠梗阻病例90%为癌性梗阻。而腹部外科大手术、腹腔感染或严重腹部复合损伤是麻痹性肠梗阻、炎性肠梗阻的常见原因。

五、治疗

急性肠梗阻的治疗包括非手术治疗和手术治疗。治疗方法的选择应根据梗阻的原因、性质、部位以及全身情况和病情严重程度而定。首先应积极给予非手术治疗以纠正梗阻带来的全身性生理紊乱,改善患者一般状况,同时也为手术治疗创造条件。

(一)非手术治疗

1. 胃肠减压 胃肠减压是治疗肠梗阻的一项重要措施。胃肠减压可以减轻或解除肠腔膨胀,有利于肠壁血液循环的恢复,减少肠麻痹的发生。腹胀减轻还有助于改善呼吸和循环功能。胃肠减压可防止呕吐,还可避免吸入性肺炎的发生,有利于手术探查。通常用较短的单腔管(Evin管)或双腔管,放置在胃十二指肠内。保持通畅,可获得满意的减压效果。而对于低位小肠梗阻和麻痹性肠梗阻的减压,可采用双腔的较长的减压管(Miller－Abbol管)。管的远端有胶囊,通过幽门后,囊内注入空气,刺激肠管蠕动,可将此管带到梗阻部位,或在X线透视下放置。对低位肠梗阻可以达到有效的减压,缺点是操作费时费事。我院采用胃肠减压管接袋方法进行胃肠减压,而为避免尖端侧孔及开口吸附黏膜未使用接负压盒的方法,效果满意。

2. 纠正水、电解质紊乱和酸碱失衡 水、电解质的丢失是肠梗阻的主要病理生理改变之一。因此应首先补充液体和电解质。纠正酸碱平衡失调,使机体恢复和维持内环境的稳定,保持抗病能力,以争取时机在最有利的情况下接受手术治疗。肠梗阻造成的失水多为混合性,以细胞外液为主,基本上属于等渗性缺水。治疗上应迅速纠正细胞外液的不足,输入胶体液以扩容可获得较稳定的血容量,维持血压,但在治疗细胞组织代谢紊乱方面仍属不够。而输入电解质液后约1/4保留在血管内,其余3/4的液体通过微循环渗透到组织液中,使组织间液迅速得到补充。由此,细胞代谢才可得以正常进行,组织中的酸性代谢产物才能顺利运送,体内的酸碱失衡方可得以纠正。充盈的组织液可调节血容量的不足,维持循环动力学的稳定。输液原则应"先盐后糖""先晶体后胶体"。首先用等渗盐水纠正细胞外液的丢失,补充血容量,必要时给予适量的碱剂纠正酸中毒。当尿量>40ml/h,应适量补钾。少数患者出现抽搐,可补充适量的钙和镁盐。补钙每次 1.0g,可重复使用;25%硫酸镁 5~10ml,1 次即够。若血容量明显不足,血压下降者,为了迅速补充血容量,可先输入部分胶体液。最常用的是低分子右旋糖酐 500~1000ml,可达到迅速扩容,疏通微循环,恢复血流动力学的平衡,然后再补充电解质溶液。

绞窄性肠梗阻或单纯性肠梗阻晚期的患者常有大量血浆和血液的丢失,故治疗过程中还需补充一定的血浆和全血。

3.抗生素 肠梗阻后肠内容物淤积,细菌大量繁殖,可产生大量毒素,引起全身性中毒。严重的腹膜炎和毒血症是肠梗阻最常见的死亡原因。因此抗生素的应用十分重要。一般选用针对革兰阴性杆菌的广谱抗生素以及针对厌氧菌的甲硝唑。

4.抑制胃肠胰腺分泌 质子泵抑制剂,可抑制胃酸分泌,减少下游事件分泌及激活。醋酸奥曲肽是一种人工合成的天然生长抑素的八肽衍生物,它保留了与生长抑素类似的药理作用。能抑制胃肠胰内分泌系统的肽以及生长激素的分泌。生长激素释放抑制激素的药物作用有:抑制生长激素、甲状腺刺激激素、胰岛素、胰高血糖素的分泌;可以抑制胃酸分泌,可抑制胃蛋白酶、胃泌素的释放;减少胰腺的内外分泌以及胃小肠和胆囊的分泌,降低酶活性,对胰腺细胞有保护作用。通过以上抑制分泌药物减少肠道内负荷,增加了肠梗阻非手术治疗的成功率。

5.其他对症治疗 ①镇痛解痉:解痉能解除肠管痉挛性疼痛,避免肠管痉挛的收缩造成进一步的损害,如肠内压增高,蠕动亢进而加重肠扭转或肠套叠等。常用乙酰胆碱阻滞剂如阿托品或 654-2,如不准备急诊手术,切勿使用强效镇痛剂,如吗啡、度冷丁、冬眠灵等。②中药通理攻下、理气开郁、活血化瘀在治疗肠梗阻中有较好的疗效,尤其是对单纯性肠梗阻早期、蛔虫性肠梗阻的治疗较为适宜。此外,还有氧气驱蛔虫,生豆油灌注、中药灌注、针刺疗法治疗。③西甲硅油等物理性用药可以减少肠道内气液含量,降低肠腔内压力,改善肠壁血供。另外,单纯性肠梗阻,肠套叠、肠扭转的各种复位法包括钡灌肠、经乙状结肠镜插管,腹部按摩及颠簸疗法等。

在非手术治疗过程中应严格地观察患者的病情变化,如绞窄性肠梗阻经非手术治疗未能缓解应早期进行手术治疗,一般观察不宜超过 4~6 小时。对于单纯性肠梗阻可观察 24~48 小时。

(二)手术治疗

手术治疗是肠梗阻的一个重要治疗手段,其关键在于确定手术的时机及手术方法的选择。手术指征是:①确诊或疑诊为绞窄性肠梗阻者。②单纯性完全性肠梗阻采用积极非手术治疗 24~48 小时后仍不能缓解者,复发性粘连性肠梗阻(即原先因粘连手术治疗后再发生肠梗阻)非手术治疗无效或半年内多次急性肠梗阻发作者。

六、预后

目前肠梗阻仍有较高的死亡率,其预后与梗阻的病因、程度、性质、患者的年龄、全身状况以及是否及时的恰当的治疗都有密切的关系。单纯性肠梗阻死亡率在 3%左右。绞窄性肠梗阻如就诊早、处理及时,死亡率在 8%以下。文献报道,从病变性质和病因分析,肠系膜血管栓塞性梗阻死亡率最高,为 66.7%;绞窄性肠梗阻死亡率达 27.9%;肠扭转为 25%左右。从病程长短分析,发病少于 12 小时,手术死亡率为 1.8%;少于 24 小时为 5.8%;超过 36 小时者可达 25%。所以早期诊断、及时手术可谓是降低死亡率的关键。此外婴幼儿及老年患者的死亡率远较高。肠梗阻死亡的主要原因为中毒性休克,占 60%。其他还有腹膜炎、肺炎、肠瘘及全身脏器衰竭等。如诊断及时、恰当地处理,大部分死亡原因是可以避免的。

(段军)

第七节　肠套叠

肠管的一部分及其系膜套入其邻近的肠腔内谓之肠套叠。有原发性和继发性两类。前者远较后者多见,且多发生于小儿,后者多见于成人。临床上小肠套入结肠最常见,称为回一结肠型肠套叠,其他还有小肠套入小肠(小肠型)、结肠套入结肠(结肠型)等,均较少见。

一、病因

(一)原发性肠套叠

原发性肠套叠的肠段及其附近找不出明显的器质性病因,占小儿肠套叠的 75%～90%,而成人仅有 10%～15% 系原发性。婴幼儿肠套叠发病年龄多在 1 岁以下。5～9 个月乳儿发病率最高。多发于气候变化较大的季节,如春季多见,可能与此季节上呼吸道和淋巴结的病毒感染较多有关,此可致肠蠕动失去其正常的节律性,发生肠痉挛而促进肠套叠的形成。新生儿回盲部系膜常不固定,一般要在出生后数年内才逐渐固定附着于腹后壁。因系膜过长、松弛,致使回盲部游离度过大,而此可能是该部位肠套叠发病的重要解剖因素。

(二)肠道新生物

肠道新生物是成人肠套叠最常见的继发原因。如肠息肉、平滑肌瘤、脂肪瘤、纤维瘤以及癌肿、Meckel 憩室内翻于肠腔形成肿物等,均可引起继发性肠套叠。这是但为肿瘤所在部位的肠管常被导致蠕动节律失常,成为引起肠套叠的诱导点。

(三)手术、外伤

手术、外伤可诱发肠套叠。如胃大部切除术 Billroth Ⅱ 胃空肠吻合及胃肠 Roux－en－Y 吻合术后,可发生空肠胃套叠、输入袢套叠、输出袢套叠。这可能与肠管粘连,或肠黏膜下血肿引起肠道功能紊乱,或术后电解质失衡有关。

(四)肠道炎症

肠道炎症可引起肠蠕动功能紊乱,如局限性肠炎、非特异性回盲部溃疡、急慢性阑尾炎、肠结核、肠伤寒等都可导致肠套叠的发生。

二、临床表现

小儿肠套叠的临床典型的表现为阵发性腹痛、呕吐、血便和腹内肿块四联征及全身情况改变。

1.腹痛为肠套叠的主要症状。以典型的痉挛性腹痛就诊者为 90% 以上。腹痛突然发生,阵发性疼痛。患儿表现为突然性剧烈哭闹、尖叫,面色苍白,出冷汗,下肢屈曲或腹部翻挺。多于数分钟内平静,短时间隔后再次发作。间歇期内,神志自如。多次发作后间隔缩短,间歇期嗜睡,24 小时以后则发作频繁度可能下降,腹痛剧烈程度也可因嗜睡而掩盖。发生肠坏死、肠麻痹后,腹痛可失去阵发性发作特征。对晚期就诊患儿要仔细询问阵发性哭闹病史。此外,约有不足 10% 的婴儿可表现为无痛型肠套叠,就诊时即已精神萎靡、嗜睡,多因疼痛刺激剧烈或大出血引起休克所致。

2. 呕吐为肠套叠的早期症状。多因肠系膜被牵拉而产生的反射性呕吐。吐出物为胃内容物或肠内容物。患儿常常拒绝哺乳或饮食。较晚期发生呕吐物为粪臭性液体,此说明肠套叠引起梗阻已十分严重。

3. 便血是婴儿肠套叠的一个特征。起病 24 小时内可有便血出现,多为暗红色果酱样便。有时为深红色血水,也有时仅为少许血丝。回结肠型肠套叠早期就有血便。小肠型肠套叠血便出现较晚,无自行排便者,肛管直肠指诊指套可见染血。

4. 腹部包块约 80% 的病例腹部可触及肠套叠所形成的肿块,肿块多沿结肠区分布。表面光滑、可活动,形状为腊肠或香蕉状,中等硬无压痛,略带弹性。此为确立肠套叠诊断最有意义的体征。

5. 全身情况随着肠套叠病情的进展,患儿逐渐出现精神萎靡,表情淡漠,呈重病容。48 小时后可出现肠坏死,产生明显的腹膜炎体征。全身情况恶化,表现出发高热,严重脱水以及电解质失衡的明显中毒症状与休克征象。

成人肠套叠多表现为慢性反复发作。83%~90% 的病例具有导致肠套叠发生的器质性病变。由于成人肠腔较大,很少引起完全性的肠梗阻。而且往往可以自行复位。故慢性、间歇性、不完全性肠梗阻为其临床表现的主要特征。痉挛性腹痛、腹部肿块、恶心呕吐、腹胀、便血为其临床的主要表现文献报道,伴有腹痛者占 75%,半数以上的病例有恶心呕吐、腹部肿块以及血便。

三、诊断与鉴别诊断

本病诊断主要依靠病史、体检和 X 线检查。典型的痉挛性腹痛、腹部肿块、黏液血便"三联征"在成人不如小儿常见。X 线腹部平片可发现有肠梗阻的征象。对可疑的病例行气钡灌肠常可发现环形或杯状充盈缺损,此是确诊肠套叠的主要依据。小肠套叠钡餐可显示肠腔呈线状狭窄,而至远端肠腔又扩张,并围绕线状阴影呈弹簧状影像。应用空气灌肠器作结肠注气,不仅能早期确诊,而且还有整复的作用。

近年来 B 型超声和 CT 检查用于肠套叠的诊断检查亦可有助于提高诊断率。肠套叠发生时肠壁明显增厚,B 超检查可见局部肿块的异常回声及套叠肠管形成的靶形征象。但由于肠套叠伴发肠梗阻时肠腔内积气积液的影响,因而使 B 超对肠套叠诊断的特异性受到了限制。腹部 CT 检查则不受气体影响,且在肠套叠时可见典型的"汽轮胎"或"靶形"征,或可见旷置套叠的小肠袢显著增厚成为肾形肿块。故 CT 诊断肠套叠目前实用价值颇高。

此外,结肠套叠根据情况可选用直肠镜或纤维结肠镜检查,也可有助于明确诊断,并可同时取活检确定病变性质。

肠套叠临床表现为多样化,病因复杂。尤其是成年人发病率相对少见,医生对此病认识不足,缺乏警惕性等因素,故临床上误诊率高达 51%~72%。对婴幼儿的鉴别诊断应以发病年龄为主要思考线索。患儿腹痛、血便特别是在痢疾流行季节,应提高对肠套叠的警惕。腹部有无肿块为肠套叠鉴别诊断不可忽视的依据。肠痉挛是肠套叠发生的主要因素。婴幼儿因肠痉挛引起剧烈腹痛、哭闹,应严密观察。稍大的婴幼儿有腹痛、便血需要与 Meckel 憩室、急性出血性坏死性肠炎、过敏性紫癜等鉴别。有肿块者需应与蛔虫性肠梗阻、胆总管囊肿、囊肿型肠重复畸形以及急性肾积水等相鉴别。此外，与婴幼儿急性阑尾炎、肠梗阻及嵌顿疝也应加以鉴别。有时上述疾病还可同时与肠套叠并存。钡剂灌肠常为有效的鉴别措施。

成人肠套叠的临床"三联征"表现不典型。有时可误诊为肠痉挛、痢疾、胃肠炎、出血性坏死性肠炎、腹膜炎、肠道功能紊乱、直肠脱垂等，均应注意仔细鉴别。

四、治疗

小儿肠套叠的治疗以非手术疗法为主。发病后 24 小时以内及时诊断和治疗，效果颇佳，常不再复发或很少复发。

（一）非手术治疗

常用方法有钡灌肠和气灌肠两种。在 X 线监视下向直肠内加压灌气或灌钡浆，或在 B 型超声监视下灌盐水，将套入部压回使其复位。早期病例 90％可以复位。晚期肠坏死有穿孔危险者应开腹手术复位和肠切除吻合。

复位成功的标准：①患儿安静入睡；②腹部肿块消失；③大便由血性转为黄色；④X 线检查证明肠梗阻消失，套叠肠袢已复位。

（二）手术治疗

手术指征：①回结肠型肠套叠非手术治疗无效者。②非手术治疗过程中出现了严重的并发症者，如肠穿孔、腹膜炎或疑有绞窄性肠坏死。③小肠型肠套叠以手术治疗为宜。

成人肠套叠多属继发，一般主张行手术治疗。即使非手术治疗复位成功，也应对进一步手术持积极态度，以免遗漏恶性肿瘤而延误了早期根治的机会。

（王爱红）

第八节　急性肠系膜上动脉病

急性肠系膜上动脉病常由肠系膜上栓塞或继发血栓形成等引起，是急性肠系膜缺血最常见的原因，占急性肠系膜缺血的 75％～80％，以栓塞较多见。一般发病急骤，剧烈而没有相应体征的上腹部或脐周疼痛，器质性和并发房颤的心脏病，胃肠过度排空症状为本病重要特征，称其为 Bergan 三联征。本病常见于中老年人，发病率随年龄增加而升高，男性多见于女性。

一、病因和发病机制

血管本身的病变和血流灌注不足是引起本病的两个主要因素，其次是细菌感染。在原有广泛动脉硬化的基础上，亦可发生在夹层动脉瘤、系统性红斑狼疮、长期口服避孕药或血液高凝状态基础上，造成急性肠系膜上动脉缺血、血栓形成或栓塞。

（一）血管疾病

血管疾病主要是动脉粥样硬化、动脉栓塞或血栓形成。此外，多发性结节性动脉炎、类风湿性关节炎、糖尿病等疾病也同时并发小血管的动脉炎。

肠系膜上动脉栓塞发生与其解剖特殊因素有关，肠系膜上动脉是一大口径的动脉，从腹主动脉腹侧呈锐角分出，几乎与主动脉平行，栓子易进入形成栓塞。腹腔动脉虽然亦是一大口径的动脉，但与腹主动脉呈直角，故栓子不易进入。肠系膜下动脉虽然呈锐角发出，但其口径小，栓子不易进入，故栓塞很少发生。栓子一般来自心脏的附壁血栓或赘生物，故多见于心脏瓣膜病、感染性心内膜炎、心房纤颤、近期心肌梗死及瓣膜置换术后患者。此外,栓子来自动脉粥样硬化斑块及偶见的细菌栓子。这些栓子自发或在导管检查时脱落。

肠系膜上动脉血栓形成一般发生在已有动脉粥样硬化的狭窄血管,较少发生于主动脉假性动脉瘤、血栓性闭塞性脉管炎、结节性动脉周围炎或风湿性血管炎而狭窄的血管。由于动脉硬化管腔已有部分狭窄,在某些诱因下如充血性心力衰竭或心肌梗死时,心输出量突然的减少或大手术后引起血容量减少等,都可导致血栓形成。血栓形成好发于动脉开口处,并常涉及整个肠系膜上动脉,因此病变可涉及全部小肠和右半结肠。

(二)血流灌注不足

动脉硬化患者血管腔狭窄时,虽然血液供应尚可维持肠管的正常活动,但储备能力已降低,任何原因的血压下降均有可能导致血供不足,发生肠缺血梗死,特别是患者伴有夹层动脉瘤、系统性红斑狼疮等疾病时更易发生。

(三)细菌与细菌毒素

正常情况下肠道内菌群保持动态平衡,肠道缺血,肠壁防御能力减低时,细菌即侵犯肠壁,可引起伪膜性肠炎、手术后肠炎、急性坏死性肠炎、急性出血性肠炎等。肠腔细菌毒素越多,越使缺血恶化。动物实验表明,肠缺血后,如加用抗生素,动物发生休克的比例下降。

二、临床表现与诊断

(一)临床表现

肠系膜上动脉栓塞、血栓形成或痉挛都可造成缺血,其临床表现基本相似,根据病程可分为早期和晚期表现。

1. 早期表现　腹痛是最常见的症状,常为突发的上腹部或脐周剧烈绞痛,镇痛药难以缓解,可向背部或胸胁部放射,伴有频繁的恶心呕吐、腹泻及肠蠕动亢进等胃肠过度排空症状,但腹部平坦柔软,可有轻压痛,全身改变不明显。但短时间出现广泛阻塞的患者早期可有休克表现。本病的早期临床表现是非特异性的,与急性缺血性肠痉挛有关,因早期肠壁尚未发生明显坏死,腹部体征往往不明显或相对较轻。腹部体征与腹痛程度不相称,即腹痛症状重而腹部体征轻是本病早期的一个特点。

2. 晚期表现　因肠管缺血,坏死及腹膜炎,临床表现逐渐明显,腹胀、腹肌紧张、压痛、反跳痛、肠鸣音减弱或消失,同时可呕血或便血,叩诊若有移动性浊音时腹腔穿刺常可抽出血性渗出液,并可出现休克、呼吸困难和意识模糊等表现。一种特征性的腹部和腰部青紫斑,见于约1/5的患者,这是低心输出量伴肠梗死的表现。

(二)诊断

由于本病早期症状不典型,缺乏特异性,如何提高早期诊断率,在发生肠坏死之前确诊本病,是提高疗效、改善预后、降低病死率的关键。诊断主要依靠病史、临床表现和选择性肠系膜动脉造影等检查。

1. 病史及临床表现　50岁以上有心脏瓣膜病、动脉粥样硬化、近期心肌梗死、心房纤颤或其他部位血管栓塞史者,突然发生剧烈急性腹痛,伴有呕吐、腹泻或血便时,尤其早期体征与症状不符合者,应高度怀疑本病,应深入仔细询问病史及查体,并做有关检查。

2. 实验室检查　早期白细胞升高,肠坏死时可有代谢性酸中毒及血液浓缩。血清淀粉酶、天冬氨酸氨基转移酶、乳酸脱氢酶、肌酸磷酸激酶、碱性磷酸酶及无机磷等均可升高,但均缺乏敏感性和特异性。脂肪酸结合蛋白可作为诊断早期肠缺血的敏感指标。最近,一种急性肠系膜动脉闭塞时增高的缺血修饰白蛋白(ischemia－modified albumin,IMA),有望成为早期诊断的标志物。

3.腹部 X 线平片检查　早期无明显异常,有时由于肠痉挛小肠内无气体即可出现"休克腹"特征性改变,数小时后出现液平面。由肠出血和水肿引起圆而光滑的肠壁拇指纹征(thumbprint),常为多发性。后期肠麻痹时可见肠袢积气,肠壁水肿增厚。肠坏死时肠腔内气体漏入肠壁浆膜下引起肠壁中积气(5%),有时细菌大量进入门静脉引起门静脉积气(2%)。

4.选择性肠系膜上动脉造影　疑有急性肠系膜缺血的患者,平片排除了其他急腹症,无论腹部体征如何,均应早期作血管造影。血管造影对本病的早期诊断具有较高价值,并被看做是金标准,可观察肠系膜动脉的血流、血管痉挛和侧支循环情况,并可鉴别动脉栓塞、血栓形成或血管痉挛,还能经导管注药治疗。动脉栓塞多在结肠中动脉开口处,造影剂在肠系膜上动脉开口以下 3～8cm 处突然中断。栓子表现为动脉内锐利的圆形或半月形充盈缺损,伴远端血流完全或不完全闭塞。血栓形成则往往在肠系膜上动脉开口距主动脉 3cm 以内出现血管影突然中断,伴反应性血管收缩、管腔缩小。血管痉挛显示为有缩窄但无中断,可有动脉分支收缩和扩张交替,动脉弓痉挛。虽然动脉造影有诊断价值,但在急症情况下不易施行。

5.多普勒超声检查　多普勒超声显像有利于观察肠系膜血管的形态、梗阻部位以及血流减少情况,术中对判断肠管活力也很有帮助。依据狭窄的形态学和血流动力学改变来判断是否存在狭窄以及狭窄程度,可获得较高的诊断正确率。肠系膜上动脉收缩期峰值流速＞275cm/s 或无血流信号,表示存在＞70%的狭窄,其敏感性或特异性均为80%。但因受肠道气体的干扰和超声医生的经验、技术的影响,确诊率不高。

6.CT 和 MRI 检查　CT 检查早期小肠无特异改变,强化后有时能显示动脉闭塞或肠系膜或门静脉系统的血栓形成和侧支血管影。严重缺血时,肠壁界限不清、模糊,肠腔或腹腔内合并血性腹水。CT 血管造影(CTA)被认为是颇具诊断价值的检查方法,可显示肠系膜血管充盈缺损,有助于诊断,还可以帮助鉴别非血管因素引起的急腹症。

MRI 和 MRA 对急性肠系膜上动脉缺血病变的诊断价值与 CT 相仿,且与 CT 相比具有无辐射、影像精度高和可重现等优点。对比增强 MRI 可清晰显示肠壁各层,黏膜下层明显增强;急性肠系膜上动脉缺血的 T_2 加权像较正常肠壁显著增强。MRA 同样可清晰显示急性肠系膜上动脉缺血的早期病变,诊断特异性为 93%,快速对比增强 MRA(CE－MRA)对缺血性病变的诊断准确率几乎和数字减影血管造影(DSA)相同,而且 MRA 可同时观察血流变化,被认为是最适合全面评估腹部血管疾病的检查方法。

事实上,随着近年来 CT 和 MRI 技术的飞速发展,二者在诊断肠系膜上动脉缺血性疾病的敏感性和特异性上与传统的血管造影技术已没有差别,价格昂贵、风险高、有创伤性、不易普遍推广的血管造影术金标准的地位已有逐步被无创性的 CT 和 MRI 取代的趋势。

7.放射性核素检查　用放射性核素铟或锝标记血小板的单克隆抗体,注射人体后行 γ 照相,能显示急性肠系膜闭塞的缺血区。目前该技术已逐步用于临床,估计有较好的发展前景。但由于静脉途径难以使足量的核素到达灌注不良区域,虽然静脉内使用核素可在 1 小时内诊断肠管缺血是一个优点,但不能作晚期(24 小时)诊断。

8.剖腹探查　可疑急性肠系膜上动脉病,但难以确诊的患者,应尽早剖腹探查明确诊断,尽早手术治疗以减少肠坏死范围,预防灾难性后果。进腹后要进行肠管及肠系膜血管的探查,以决定肠管的存活情况并准确定位病变血管的部位。进腹后如果发现空肠起始部 10cm 左右肠袢色泽正常,相应系膜的动脉搏动存在,而其远侧的小肠和升结肠水肿、色泽暗红或紫黑,动脉搏动明显减弱或消失,可提示肠系膜上动脉阻塞性病变。进一步在胰腺下缘摸查肠系膜上动脉,如有栓塞条状物,则证明肠系膜上动脉阻塞。

三、治疗

(一)内科治疗

内科治疗主要适用于血管阻塞范围小、无肠管坏死、腹膜炎表现以及手术前后的准备和康复。

1.一般治疗　包括禁食、胃肠减压、静脉补液、维持水电解质和酸碱平衡。应加强监护,密切监测患者每小时尿量,反复测血压、脉搏,必要时测量中心静脉压。针对原发病应及时纠正心力衰竭,抗心律失常,停用利尿剂、缩血管药物。由于呕吐、体液外渗和肠坏死出血等丢失大量液体,再加疼痛反射均可以引起休克。应予及时补充血容量及输血,纠正和预防休克。腹腔内渗出液以及肠坏死均能导致腹腔及全身感染,且多为混合性感染,应尽早静脉给予大剂量广谱抗生素,避免致命性脓毒血症的发生。

2.血管扩张剂治疗　血管扩张剂可迅速有效地缓解动脉痉挛,改善肠管的缺血状态和避免肠坏死的发生。经动脉造影导管给药是给予血管扩张剂的最有效途径。临床上血管扩张剂以罂粟碱最常用,将罂粟碱稀释为 1mg/ml,以 30～60mg/h 速度导管滴入,24～48 小时后再造影检查。如有肠系膜血管扩张则说明有效,继续给药,并连续拍片,待狭窄血管恢复正常后停用;如血管狭窄持续存在,临床表现不减轻或反而加重,出现腹膜刺激征则需要剖腹探查。值得注意的是罂粟碱输入肠系膜上动脉,肝功能正常情况下通过肝几乎完全清除,但有肝功能不全时可导致低血压,因此低血压患者禁用罂粟碱。此外,也可应用胰高血糖素、前列腺素等。为防治肠管再灌注损伤,可给予氧自由基清除剂如超氧化物歧化酶,或氧自由基合成抑制剂如别嘌呤醇。在使用血管扩张剂时,血容量必须补充充分,因为血液潴留在内脏血管床会恶化已有的低血容量状态。

3.抗凝与溶血栓治疗　在围手术期避免应用抗凝剂,但在动脉血栓摘除术或动脉血管重建术后 48 小时,开始即可应用。联合应用溶血栓剂与血管扩张剂是内科治疗的主要方法。溶血栓剂全身应用有大出血的危险,一般经造影导管直接注入,尽量与血栓直接接触,可达到溶血栓目的。溶栓治疗应严格把握指征,只适用于发病 6～8 小时无肠管坏死者。溶栓治疗过程中,应观察腹部症状、体征,若腹痛不减轻,或出现腹膜刺激征,此时即使造影显示好转,也应立即停止溶栓治疗中转手术。溶血治疗后应抗凝治疗,以改善血流状态预防血栓再发,可选用肝素、华法林、肠溶阿司匹林等。

(二)介入治疗

常在选择性肠系膜上动脉造影的同时对病变处给予处理,如球囊扩张、支架植入、置管溶栓、罂粟碱局部灌注等,是对还未发生肠壁坏死的首要治疗手段,可有效避免肠坏死的发生。有作者回顾分析报道介入支架植入的技术成功率为 83.3%,其近、中期临床有效率分别为 100% 和 88.9%,明显高于同期的药物溶栓保守治疗的 30.4% 和 14.3%。此外,支架治疗组患者术后肠缺血恢复快于药物治疗组,支架治疗组临床症状复发率及病死率均明显低于药物治疗组。有学者报道,腔内血管治疗较传统手术治疗能够明显降低急性肾衰竭、肺部并发症的发生率和死亡率,显示出良好的临床疗效,同时有微创的特点,更易被患者接受,成为可替代外科手术的安全、有效的方法。

（三）外科治疗

本病发病迅速,病情变化快,短时间内即可引起广泛的肠管坏死、休克等,病死率高。因此,一旦诊断基本确定或高度怀疑本病时,在积极术前准备后,即应剖腹检查,根据探查情况,可采用不同的处理方法。手术治疗的目的是及时祛除动脉内栓子,恢复肠壁血供,切除坏死肠管。一般来说,肠管可耐受缺血 12 小时,若缺血 8 小时内手术则效果较好。有资料报道:症状发生后 1 天内手术,病死率为 25％,4 天后手术则上升为 83％。

（王爱红）

第九节　急性肠系膜上静脉血栓形成

急性肠系膜上静脉血栓形成是一种发病率较低、误诊率和病死率较高的危重急腹症,占肠系膜缺血性疾病的 5％～15％,可见于任何年龄,以 30～70 岁多见,男性多于女性。

一、病因与发病机制

急性肠系膜上静脉血栓形成是一种少见的肠系膜血管阻塞所引起的内脏瘀血性疾病,常与血管内膜损伤、血流缓慢和血液高凝状态有关,可分为原发性与继发性两种,后者较多见,约占 80％。原发性者无明确诱因,可能与先天性凝血功能障碍如缺乏 C 蛋白、S 蛋白、抗凝血酶原Ⅲ因子及肝素辅助因子Ⅱ等有关,可有自发性凝血表现,如患有游走性静脉炎等。继发性者与获得性凝血功能障碍有关,有门脉高压症、腹腔内感染、腹部损伤或手术、肿瘤侵犯或压迫静脉、血液高凝状态、口服避孕药等诱因。

1.门静脉高压　各种原因造成的门静脉压力增高使肠系膜静脉血流缓慢、淤滞,易形成血栓。

2.腹、盆腔感染　败血症,炎症造成肠系膜动静脉壁水肿,管腔变窄,动脉血流减少,静脉血流缓慢,细菌释放的凝血因子、外毒素可造成血液的高凝状态,形成肠系膜上静脉血栓形成。

3.腹部手术及外伤　以脾切除术后最常见。手术及外伤可损伤肠系膜使之发生炎症反应。脾切除术后造成血小板增多,可形成肠系膜上静脉血栓形成。近年来,国外学者对脾切除术后,尤其是门脉高压症行门体断流术后患者容易形成肠系膜静脉血栓的机制进行了研究。其原因可能为门静脉高压门脉系统呈血流淤滞状态,断流后血流更为缓慢;脾切除术后血小板升高致血液高凝状态;断流术中各门脉属支的分离结扎,形成大量静脉盲端,易形成血栓并向门脉主干及肠系膜静脉蔓延。

4.血液高凝状态　如恶性肿瘤、真性红细胞增多症、血小板增多症、C 蛋白缺乏、S 蛋白缺乏、抗凝血酶Ⅲ缺乏或口服避孕药等,促凝物质增多或抗凝因子减少,血液凝固性增高,易形成血栓。近来研究发现,凝血因子Ⅱ G20212A 基因和因子Ⅴ Leiden 基因突变导致的血液高凝状态也是肠系膜上静脉血栓形成的原因。

5.口服避孕药　雌激素可使血管内膜增生,静脉血流缓慢,血小板及纤溶系统异常,而造成高凝状态,易形成血栓。

二、临床表现

本病临床表现与急性肠系膜上动脉病相似,但起病较后者缓慢,常为渐进性,当疾病进展到缺血坏死时症状比后者严重。主要症状为腹痛,出现最早,可反复发作,频率和程度逐渐加重。腹痛可为阵发性或持续性,止痛剂不能缓解。随着病情的发展可伴有恶心呕吐、腹胀、低热、血容量不足等表现,但除非出现肠梗死一般不出现休克。腹部体征取决于肠损伤的严重性和病期。早期临床症状与腹部体征不相符。患者有明显腹痛时,腹部往往缺乏相应的腹膜刺激征,大多数患者有脐周不固定的压痛,肌紧张、反跳痛却相对较轻,早期肠鸣音存在。出现明显的肠坏死时,才出现一定程度的腹膜刺激症状,肠鸣音减弱或消失。早期腹穿多呈阴性,而腹穿抽出血性腹水或暗黑色血性液体时,多已有肠坏死。

继发性者多影响到广泛小肠血液循环,发病比较突然,急性起病,病情发展迅速,与动脉血栓难以鉴别。主要表现为腹部剧痛、呕吐、腹泻、便血、进行性循环衰竭,肠鸣音减弱或消失。腹部出现腹肌紧张,全腹压痛、反跳痛是小肠坏死穿孔的征象,腹穿可有血性液体。

原发性者常以慢性方式起病,多有前驱症状,在数天至数周前即有腹部不适、食欲不振,大便正常或有稀便,腹痛逐渐加重,继而发生腹胀与呕吐,呕吐量常很多。一旦血栓发展,病变范围广,肠管发生坏死,则患者很快进入衰竭状态。

三、诊断与鉴别诊断

(一)诊断

由于本病起病隐匿,缺乏特异性症状和体征,早期诊断较为困难,往往到了病变的终末期或剖腹探查时才明确诊断,术前误诊率高达 90% 以上。

1. 病史及临床表现　本病临床表现多样且缺乏特异性,腹痛、恶心呕吐、腹泻及消化道出血为常见症状。若起病较缓慢,有早期症状重体征轻的特点,并有门静脉血流淤滞、高凝或血管损伤的诱因时,应高度怀疑本病,应深入仔细询问病史及查体,并做肠系膜上动脉造影等有关检查。

2. 实验室检查　有显著的白细胞增多和血细胞比容增高,可见到血清磷酸盐、淀粉酶及肌酸激酶的升高和代谢性酸中毒,有时出现抗凝血酶原Ⅲ因子、C 蛋白、S 蛋白缺乏。血清肌酸激酶明显升高也有助于早期肠坏死的诊断。血浆 D−二聚体含量可能是肠系膜缺血的早期诊断指标。Kurt 等研究发现,肠系膜缺血时间愈长,血浆 D−二聚体含量愈高。肠系膜血流阻断 2 小时后血浆 D−二聚体即迅速升高,而白细胞记数、则在肠系膜血流阻断 12 小时后才有显著升高。D−二聚体是一敏感但非特异性指标,但其结果正常可作为排除急性肠系膜上静脉血栓形成的依据。

3. X 线检查　腹部平片检查有 50%～70% 显示异常,表现为固定性肠袢、肠内积气、液平,并出现"僵袢征"。因肠黏膜下局灶出血、水肿,可出现"拇指痕征"或"假瘤征"。胃肠钡餐检查时可见钡剂通过病变段小肠明显延迟,而在其下方却无狭窄或梗阻。其他发现包括肠壁细菌产气引起的肠积气病、由大量细菌进入门静脉引起的门静脉积气、肠穿孔引起的气腹等,这些放射学异常发现常反映有肠梗阻的存在。

4. B 超和彩色多普勒超声检查　可显示肠管扩张、肠壁增厚、腹腔内游离积液外,可发现门静脉及肠系膜静脉血栓影像或肠系膜静脉内血流中断,确诊率可达80%,但易受肥胖、腹腔气体的干扰,对检查者的技术及经验要求较高。本检查具有迅速、简便、非侵袭性及费用低的特点,可作为初级筛选的首选方法。

5.CT检查　CT尤其是多层螺旋CT可以显示增粗的肠系膜静脉内低密度的血栓影,与血管界限清楚,肠壁水肿、增厚(动脉栓塞无此特点),且具有快速、无创的优点,成为诊断本病的首选方式,诊断正确率在90%以上。有作者指出,增强扫描显示腔内无对比剂充盈或低密度充盈缺损仍是明确诊断的金标准。

6.选择性肠系膜上动脉造影　对本病不如肠系膜上动脉病敏感,但仍有较高的诊断价值,还可留置导管进行术中术后局部溶栓,但由于是创伤性检查且操作繁杂,很少用。可显示肠系膜静脉及门静脉显影延迟、不规则显影甚至不显影,肠系膜动脉及其分支痉挛,弓型动脉排空障碍,造影剂向腹腔动脉反流。

7.腹腔镜检查　可用于本病的早期诊断,可以清楚显示肠管色泽,病变肠段范围,具有直观的诊断价值,但气腹操作可以减少肠系膜血流量,有加重病情的风险。对于诊断不能十分肯定的病例,应用电视腹腔镜作腹腔探查不失为有价值的方法,它可避免阴性剖腹探查。电视腹腔镜可清楚地显示肠管的缺血范围和血栓的分布情况,具有直观的诊断价值,对局限性急性肠系膜上静脉血栓形成的诊断更有明显的优势。

8.剖腹探查　对可疑病例及时手术探查明确诊断,及时处理。患者如有以下情况,应剖腹探查:①腹痛由阵发性变为持续性,剧烈难忍,腹胀呕吐加剧,胃肠减压不能缓解;②出现腹膜炎体征,肠鸣音消失或高亢等肠绞窄征象;③频频排血性大便;④血压下降或腹穿抽出血性腹液。术中如发现下列情况可确诊:①受累小肠段及系膜增厚,呈暗紫色梗阻性改变;②小动脉痉挛但未闭塞,大的肠系膜动脉仍存在搏动;③有病变的肠系膜静脉内有火柴棒样血栓存在,切开血管时血栓可自静脉内溢出;④腹腔及肠腔内积液。

(二)鉴别诊断

本病缺乏特异性临床表现,鉴别诊断困难,应排除急性肠系膜上动脉病、急性胰腺炎、消化性溃疡穿孔、急性肠梗阻等。

1.急性肠系膜上动脉病　本病临床表现与急性肠系膜上动脉病相似,但进展较缓慢,早期表现为腹部不适、食欲不振和排便规律改变,可持续数日或数周,接着出现突发的严重腹痛、呕吐和循环状态不稳。血性腹泻较急性肠系膜上动脉病多见。选择性肠系膜上动脉造影可进行鉴别。

2.急性胰腺炎　①常有暴饮暴食或饮酒史,胆道疾病史或先前有胰腺炎史;②腹肌紧张、全腹触痛及反跳痛出现快且较明显;③血尿淀粉酶升高较急性肠系膜上静脉血栓形成明显;④腹腔穿刺液为血性,淀粉酶升高较明显;⑤超声检查可发现胰腺肿大,腹腔积液等征象;⑥选择性腹腔动脉造影可资鉴别。

3.消化性溃疡穿孔　①多有溃疡病史,但青年患者可以无明确的溃疡史;②剧烈刀割样疼痛开始于上腹部或右上腹部,并迅速扩散至全腹部,早期即可有腹肌呈板样强直,且腹部似舟状内凹;③80%左右的病例肝浊音界缩小或消失;④X线检查可见膈下游离气体;⑤如仍不能确诊,插胃管抽出胃内容物后透视下注入气体或含碘造影剂,绝大多数可以见到空气或造影剂溢入腹膜腔。

4.急性肠梗阻　①常有腹部疝、手术、肠蛔虫、先天性畸形、肿瘤和结核等病史;②腹痛剧烈,多位于脐周,初呈阵发性增强,后呈持续性,伴恶心、呕吐、停止排便排气;③腹部检查可见腹胀、肠型和肠蠕动波,肠鸣音增强呈高调金属音,如发生绞窄性肠梗阻则可出现全腹压痛、肌紧张和反跳痛等腹膜刺激征和肠鸣音减弱或消失及触及有明显触痛的肿块;④X线检查可见肠腔积气、多发性液平等肠梗阻征象。必要时可进行血管造影鉴别。

5. 腹腔脏器扭转　①小肠扭转:表现为频繁的呕吐、阵发性脐周围绞痛、腹胀,有时可见肠型。早期肠鸣音亢进,晚期肠鸣音减弱或消失。X线检查呈闭祥型肠梗阻的特点,小肠呈倒"U"字形排列。②卵巢囊肿扭转:患者多有腹部一侧肿块史,多发生于猛烈改变体位或用力过度后,突发急剧疼痛开始于下腹部患侧,并迅速扩散至全腹部,不向肩背部放射。腹部检查可见有或触及疼痛而紧张的圆形肿块。

四、治疗

（一）诊治原则

对于可疑病例首先借助影像学的检查尽早做出诊断,一经确诊后,立即采用扩管、抗凝、溶栓及对症支持治疗。治疗过程中严密观察病情,如有急性腹膜炎发生则随时中转手术。本病确诊后如尚未发生透壁性肠坏死和肠穿孔时,非手术治疗是完全可行的,同时可以避免手术探查治疗时的可逆性肠缺血肠管(非透壁性肠坏死)不必要的切除。

（二）内科治疗

1. 一般处理　应做到早期诊断与治疗,防止血栓蔓延,防止从缺血进展到梗死,且应设法缩小梗死范围。若检查证实无肠梗死,可行药物治疗,应密切观察血压、脉搏及心律变化,积极适宜补充血容量,纠正水电酸碱平衡失调,充分营养支持,保护心肺肾等重要脏器功能。因肠缺血促进细菌繁殖需早期用广谱抗生素治疗。不宜应用缩血管药如加压素、洋地黄,以免加剧肠缺血。

2. 血管扩张治疗　血管扩张剂可迅速有效地改善肠管的缺血状态和避免肠坏死的发生。血管扩张剂必须在疾病早期、血流动力学稳定、没有出现腹膜炎体征的情况下使用。常用药物有罂粟碱,可经留置导管以 30～60mg/h 剂量向肠系膜上动脉内灌注。若腹痛不缓解,腹膜炎体征出现,应及时手术治疗。

3. 溶栓治疗　溶栓治疗可作为替代外科手术的一种最佳选择,溶栓药物可使未被清除的血栓部分溶解,但需预防出血性并发症。经选择性肠系膜上动脉造影确诊后,立即经导管注入尿激酶 30 万 U 溶栓,之后将导管留置于肠系膜上动脉内,并 24 小时持续给予尿激酶溶栓,用量为每天 30 万～40 万 U,同时经外周给予抗感染、抗凝及对症治疗,并密切观察患者腹痛及腹部体征变化。若在 6～8 小时症状及体征无缓解反而加重,不能排除肠管出现坏死时,则立即剖腹探查,发现并切除坏死肠管。

4. 抗凝治疗　正确应用抗凝剂是本病保守治疗和术后预防血栓复发、提高治愈率必不可少的有效措施。抗凝治疗已戏剧性地降低了本病的死亡率。本病一旦确诊且无抗凝禁忌证时,即应在严密监视下尽早给予抗凝治疗。如治疗过程中病情并未缓解,需立即行剖腹探查术。术后继续抗凝治疗以防血栓复发。可应用普通肝素抗凝 7～10 天,症状稳定好转后改服华法林维持 3～6 个月。本病 30 天内的复发率相当高,正确的抗凝及密切的动态监测可使死亡率下降至 20%。有高凝状态者则终生抗凝。在抗凝治疗期间定期检测凝血酶原时间,调整肝素的用量,使凝血酶原时间维持在约 20 秒。抗凝治疗用药过量可引起出血、血小板减少等并发症。急性胃肠道出血的患者禁用。消化道溃疡和食管胃底静脉曲张为相对禁忌证。一旦发生出血,轻者减少用药剂量或停药后出血即可停止。出血严重者,使用肝素抗凝的可用鱼精蛋白对抗,理论上 1mg 的鱼精蛋白可对抗等量肝素的作用,临床应用时需要考虑给药时间,肝素在体内代谢和残留程度。使用华法林者可用维生素 K 对抗。近年来不少人用低分子肝素代替普通肝素,该药使用方便。既能起到和普通肝素相同的抗凝血效果,又减少了出血等副作用。

五、预后

本病预后差,但较动脉栓塞为好,死亡率 25%～30%。死亡率与静脉梗阻程度、侧支循环是否建立、诊断是否及时和有无联合病存在有关。未做手术或不能手术者死亡率达 100%,即使手术切除受累肠管和有血栓的肠系膜静脉,患者存活率为 25%～75%。55%患者有术后并发病,如短肠综合征、创伤感染、脓毒症等,可影响患者的预后。

有研究发现患者入院前症状出现时间对患者预后、病死率、治疗手段有明显的影响。发病<3 天的患者预后更差,有 83.3%的患者需要接受手术治疗,而发病≥3 天的患者仅21.4%接受手术治疗。发病<3 天的患者病死率高达 50.0%,发病≥3 天的患者病死率仅 7.1%。分析原因可能与症状出现急且血栓范围广泛而导致肠坏死和腹膜炎有关。而发病较为舒缓的患者临床过程也相对稳定,血栓范围可能较小,更多的患者可以通过抗凝治疗得到较好的预后。

(王爱红)

第十节　慢性肠系膜缺血

慢性肠系膜缺血是指在肠系膜血管粥样硬化或其他血管病变的基础上出现反复发作的肠系膜血液不足,产生明显的餐后腹部绞痛,可伴有体重明显减轻和腹泻等综合征,又称缺血性肠绞痛或腹绞痛。本病比较少见,约占肠系膜缺血性疾病的 5%,发病年龄多在 50～60 岁。

一、病因

1.动脉粥样硬化性血管狭窄　95%以上的病例由动脉粥样硬化性血管狭窄所致,糖尿病也可引起。由于动脉粥样硬化进展缓慢而有足够的时间形成侧支循环,并且经常是轻微的亚临床性狭窄,因而尽管常发生肠系膜动脉粥样硬化,而具有慢性肠系膜缺血症状者并不多见。

2.血管炎　包括大动脉炎、系统性红斑狼疮、Wegener 肉芽肿、结节性多动脉炎、变应性肉芽肿性血管炎、闭塞性血栓性血管炎(Buerger 病)、白塞病、克隆病等亦可累及中、小动脉导致管腔狭窄、闭塞。

3.其他少见原因　包括胸腹段主动脉瘤、肠系膜动脉自发性血管内膜增生、血管壁纤维发育异常、非特异性动脉发育异常、腹部外伤、放射病以及外在压迫等。另外,尚有抗心脂质抗体综合征等高凝状态病等。

二、诊断

因本病临床表现复杂,缺乏特征性的症状和体征,临床上又少见,临床诊断相当困难。年龄较大的患者如出现原因不明的餐后腹痛伴体重减轻,腹痛发作程度和持续时间与进食量有关,应高度怀疑本病,应深入仔细询问病史及查体,并做血管造影等有关检查。

(一)临床表现

慢性肠系膜缺血的经典三联征为饭后腹痛、恐食症和晚期消瘦。常有心脏病或周围血管病的病史。

1.腹痛 最常见(90%),其特点为饭后 15～30 分钟开始,1～3 小时后达高峰,后逐渐减轻,一般位于上腹或脐周,可向背部放射,疼痛发作时抗酸药无效。疼痛性质不一,有时仅有腹部胀满不适,但多数为持续性钝痛和痉挛性绞痛,偶为剧烈绞痛。饭后腹痛的原因为:在胃消化时相内由于肠血流转流向胃而致肠灌注减少,因而不能满足饭后肠分泌、消化、蠕动增强等高代谢的需求而出现内脏缺血,产生无氧代谢产物刺激机体产生疼痛。疼痛的严重程度和持续时间与进食量的多少、食物中脂肪含量的多寡及血管狭窄的程度相一致。随着血管阻塞的进展,腹痛呈进行性加重,发作日益频繁,持续时间逐渐延长。疾病早期和轻微系膜动脉阻塞时,少量进食并不引起腹痛;而疾病后期或严重血管阻塞时,即使少量进食也可能引起剧烈和持续性腹痛。

2.消瘦、体重减轻和营养不良 随着血管阻塞的进展,因餐后腹痛,患者开始限制进食量,改变食物种类,甚至惧怕进食(恐食症),久之渐渐出现消瘦、体重减轻和营养不良。消瘦的程度与腹痛的严重程度和持续时间相平行。一般减轻体重 9～10kg,常被疑有腹部恶性肿瘤。此外,内脏缺血导致吸收不良也是消瘦的原因。

3.其他表现 有 60%～90%患者在上腹部可听到收缩期血管杂音,其特点为随呼吸而变化,在呼气期更明显,但无特异性,正常人有时也可听到,故无特殊诊断意义。严重动脉硬化性闭塞患者,还存在颈动脉或股动脉杂音,以及周围血管搏动减弱等特征。其他还有恶心、呕吐、便秘、腹胀、消化道出血和腹泻等症状。腹腔动脉受累时,多有恶心、呕吐、腹胀等;肠系膜上动脉受累表现为餐后腹痛和体重减轻;肠系膜下动脉受累表现为便秘、大便隐血和缺血性结肠炎等。

(二)辅助检查

1.实验室检查 一般无异常,可有吸收不良的表现,如 D－木糖试验、维生素 A 耐量试验及 ^{131}I 三酰甘油吸收试验异常和血清维生素 B_{12} 及 β－胡萝卜素水平下降,但无特异性。其他还有贫血、白细胞减少、低蛋白血症、低胆固醇血症、粪便潜血试验阳性等。疑有脂肪泻的患者,粪便苏丹Ⅲ染色显示脂肪球。24 小时粪便脂肪定量,当粪便中脂肪量一天大于 7g 时,有诊断意义。

2.X 线检查 无特殊发现,但可除外腹部其他疾患。胃肠钡餐检查在有些病例可见小肠蠕动异常,肠袢扩张并因肠系膜增厚而被彼此分离明显。有的可见肠狭窄。有炎性病变,单个或多个溃疡,提示急性肠系膜上动脉阻塞后,侧支循环充分,肠未坏死。

3.多普勒超声检查 可测量血管血流速度,判断血管狭窄程度、部位,显示腹腔内主要动脉内的斑块、狭窄及闭塞的大小程度及部位。它要求操作者须具备高超的诊断技术,该检查方法的准确性受呼吸运动、腹腔气体、既往剖腹手术及肥胖的影响,特别是肠系膜上动脉因为受周围肠管内气体干扰常显示不清。检查时常采用减低频率的探头进行检查。多普勒波形的改变对于判断血管阻塞和明确诊断具有较大意义。阻塞部位的近端,可表现为高速喷射血流或血流紊乱频谱,若肝动脉血液倒流,则提示腹腔动脉阻塞或重度狭窄。肠系膜动脉狭窄的程度可以通过超声测定血流的速度来确定,狭窄愈严重,则血流速度愈快。多普勒超声对测定肠系膜上动脉狭窄的敏感性和特异性分别为 92％和 96％,而对测定腹腔动脉狭窄的敏感性和特异性分别为 87％和 80％,而对肠系膜下动脉狭窄诊断的敏感性和特异性较低。

4. MRI 和 CTA 检查　磁共振具有无创伤性,无射线辐射和不用对比剂的特点,近年来已用于诊断本症,它可以检测到动脉血流量的变化。有研究表明,正常人群与患者餐后 30 分钟内肠系膜上动脉血流量有显著的差异,同时测定肠系膜上动脉和静脉血流量显示,肠系膜上动脉闭塞的程度越严重,餐后肠系膜上动脉与肠系膜上静脉之间血流比值增加越不明显。腹部 CTA 检查可显示肠系膜血管狭窄情况,有助于诊断。另外,还可以排除胆囊炎、胰腺炎和腹部肿块。MSCTA 能够显示主动脉、肠系膜动脉粥样斑块及其引起的肠系膜动脉狭窄和梗阻,侧支循环形成情况。肠系膜上、下动脉之间出现粗大的侧支－Riolan 动脉为慢性肠系膜缺血的特征性表现,沟通腹腔干及肠系膜上动脉的胰十二指肠动脉弓代偿粗大对本病亦具有提示作用。与急性肠系膜缺血不同,慢性肠系膜缺血患者小肠壁多表现正常,除非合并急性血栓形成。

5. 血管造影　血管造影可用于确定诊断、评价疾病的轻重和制订血管再通方案等。通过血管造影可显示血管狭窄或阻塞的部位、性质、程度、范围和类型以及侧支循环建立情况。先进行腹主动脉造影,并应强调照侧位像以便观察位置向前的腹腔和肠系膜上动脉的出口处,后再分别进行腹腔动脉、肠系膜上动脉与肠系膜下动脉选择性动脉造影,以观察腹内 3 根主要动脉的硬化与侧支循环的情况。对症状性患者而言,在血管造影检查中,如发现至少 2 支肠系膜动脉血流少于正常的三分之一,则具有诊断意义。但对无症状患者来说,则既不具特异性,又无诊断意义。由于有适当的侧支灌注,许多即使具有两支血管阻塞的患者,也可能无症状。侧支循环的存在提示缺血由慢性因素引起。罕见情况下,无论腹腔动脉或肠系膜上动脉单一血管阻塞,患者也可发生症状。这可能由于患者未能很好地建立侧支循环所致。如血管造影禁忌或不能下结论,患者症状严重,应手术探查。术中发现小肠动脉无搏动则可确诊。

6. 张力测定法(tonometry)　餐后空肠黏膜 pH 值下降,亦可作为诊断慢性肠系膜血管缺血的方法。采用张力测定法(tonometry)测定肠壁内 pH 值,可敏感地反映肠道血流减少情况。张力计是连接在一根薄硅胶管端的半透明小囊,经鼻插入肠腔,抽吸囊内液体测定 CO_2。肠腔内的 CO_2 与肠壁内的 CO_2 是平衡的,因此,囊内的 CO_2 与肠壁内的 CO_2 也是平衡的。将囊液内的 CO_2 分压与动脉血中 HCO_3^- 代入 Henderson Hasselbalch 方程式中,可求出肠壁内 pH 值。进餐后引起胃血流量增加,肠道血流出现窃血现象,更加重小肠缺血,发生局部组织酸中毒,致肠壁内 pH 值下降。肠道 pH 值下降反映了肠道血流量减少。因此,餐前和餐后张力法测定小肠壁内 pH 值为诊断肠道缺血提供了有效手手段。

三、鉴别诊断

本病缺乏特异性临床表现,鉴别诊断困难,应排除胃溃疡、慢性胰腺炎、胆囊炎、胰腺癌等。

(一)胃溃疡

上腹痛多在餐后 0.5～1 小时出现,经 1～2 小时后逐渐缓解,疼痛发作有周期性,易在秋末至初春季节发病,并且服抗酸剂可缓解疼痛,胃镜检查可确诊。

(二)慢性胰腺炎

有进食后腹痛、体重减轻、消化不良等症状,与本病相似,需鉴别。①慢性胰腺炎可有胆道疾病史或急性胰腺炎病史；②可有上腹饱胀、食欲不振、脂肪泻、糖尿病等胰腺外、内分泌不足的表现；③B型超声、CT、ERCP显示胰管变形、扩张、结石、韩化和囊肿以及胆道系统病变等，有助于鉴别。

（三）慢性胆囊炎

①多有急性胆囊炎、绞痛病史，可于饱食或进油腻食后发作；②疼痛多位于右上腹，可向右肩背部放射，常伴有恶心，少数有呕吐、发热及黄疸；③右上腹有压痛，Murphy征阳性，有时可触及肿大并有触痛的胆囊；④B超检查可见胆囊壁增厚或萎缩，胆囊内有结石和沉积物，有时胆囊积液者可见胆囊增大。

（四）胰腺癌

有进食后腹痛、体重减轻、营养不良等症状，与本病相似，需鉴别。①胰腺癌腹痛为持续性、进行性加重，夜间尤为明显，身体屈曲可稍缓解；②胰头癌患者可有进行性加重的黄疸，晚期患者有时可触及上腹部包块；③B超、CT、ERCP及细针穿刺活检可显示癌肿征象。

四、治疗

本病可发展为威胁生命的急性肠系膜缺血，故宜早期诊断，及早治疗，改善或重建肠道血流，缓解或消除腹痛等症状，预防急性肠系膜缺血和肠梗死的发生。治疗的选择取决于血管疾病的程度和部位。

（一）非手术治疗

1. 内科治疗　适用于症状轻的患者。①先要治疗原发病，消除病因，治疗和预防感染。②少量多次进餐，避免暴饮暴食或用要素饮食，减少消化道负担，从静脉补充部分营养。③给予维生素C、维生素E及血管扩张药，改善肠缺血，减轻症状。④通过导管或外周静脉内滴注低分子右旋糖酐、罂粟碱等，防止血液浓缩，促进形成侧支循环。

2. 介入放射学治疗　近年来开展的介入放射学治疗为肠系膜动脉慢性缺血者开辟了一种非手术疗法新途径，减少了外科治疗的侵入性和操作复杂性，同时缩短了患者恢复时间，取得了很好的疗效，具有可避免全身麻醉和剖腹探查、费用低等优点。经皮血管成形术（PTA）是经皮股动脉穿刺后在腹腔动脉、肠系膜上动脉狭窄处行气囊导管扩张，有效率80%以上，症状缓解时间7～28个月。另外，在上述主要动脉狭窄处放置钛合金支撑架，以便血流畅通，供血改善，也取得了满意的近期疗效，尤其适用于体弱难以承受手术者，有时可取代旁路移植或动脉内膜剥脱术。早期此技术成功率可达70%～100%，并发症少，但4～28个月后复发率达10%～50%。可反复进行操作。亦可行经PTA行肠系膜静脉转流术。

（二）手术治疗

外科手术治疗是解除慢性小肠缺血、缓解症状、防止急性肠梗死的重要方法。如非手术治疗效果不佳或血管狭窄严重，患者一般状态较好时，应积极考虑手术治疗。因小动脉分支广泛硬化狭窄或广泛小血管炎者不适宜手术。外科手术治疗的目的为：①减轻餐后腹痛；②停止或逆转体重减轻、营养不良；③预防疾病进展和最终导致肠管坏死。

（王爱红）

第十一节　非阻塞性肠系膜血管缺血

非阻塞性肠系膜血管缺血是指肠壁外肠系膜动、静脉并无阻塞,而是在一种低血容量状态下肠系膜灌注不足引起的肠缺血、肠梗死。其特征为进行性小肠缺血并导致梗死和脓毒症,如得不到及时治疗,患者将死于脓毒性休克,即使在早期得到治疗,死亡率仍较高。本病占急性肠系膜缺血的 10%～30%,病死率超过 70%,发病年龄多在 70 岁左右,男女发病率相等。

一、病因和发病机制

(一)病因

1.心排血量下降　心力衰竭、心肌梗死、心源性休克、严重主动脉瓣关闭不全和严重心律失常、利尿药引起使血液浓缩等因素可导致心排血量下降,心排出血量过低时,肠系膜血管血流量下降,继之,肠系膜血管床代偿性收缩,肠壁组织处于低血流灌注状态故而处于缺血、缺氧状态,从而导致肠管坏死。

2.血容量不足　各种严重应急状态如大手术后、重症胰腺炎、严重创伤、大面积烧伤和重度脱水、休克、败血症以及严重疾病后期,导致血容量不足,血压下降,肠管亦出现低灌注现象。内脏血管发生持久性代偿性收缩,肠壁内小动脉血流缓慢,红细胞沉积,使原本已发生动脉粥样硬化的肠系膜动脉进一步狭窄缺血。按照 Laplace 定律,当血管内流体静水压力小于血管壁张力时,血管即萎陷,血流中断,肠管缺血坏死。

3.应用缩血管药　大剂量或长期应用血管加压素、垂体后叶素、麦角胺和肾上腺素能受体激动剂以及过量洋地黄时,可使肠系膜血管床小动脉收缩,减低内脏血流量,引起肠管缺血。

4.其他　①任何增加小肠氧耗量均可能增加非阻塞性肠系膜血管缺血的危险性。经小肠的食物和其他内容物也可能通过小肠细胞的代谢需求和(或)氧供减少的共同作用,使小肠缺血。并且肠腔内的脂肪、蛋白质及碳水化合物亦可能加重肠缺血。②在小肠感染的患者中可见到非血管阻塞性小肠缺血,从这种患者的肠腔中,多数可分离出魏氏梭状芽胞杆菌。③有约 25%病例无明确诱因,为原发性非阻塞性肠系膜血管缺血。

(二)发病机制

肠系膜血液循环研究表明:肠系膜血管收缩、小肠缺氧、缺血再灌注损伤,均可引起非阻塞性肠系膜血管缺血。在众多的有关本病发病机制的理论中,肠系膜血管收缩仍占有重要地位。当肠系膜上动脉血流减少数小时后,由于血管自体调节系统负荷过重,血管出现收缩阻力增高。起病之初,这种血管收缩是可逆的,但如持续收缩超过 30 分钟,即使恢复肠系膜上动脉血流也不能缓解这种血管的收缩,其机制尚不明了。Haglund 和 Lundgren 提出,肠壁内低血流状态时,可发生血管外氧分流导致小肠缺血。动物实验发现,当血管收缩使小肠血流减少 30%～50%时,供应小肠绒毛的血量虽未改变,但血流到达绒毛顶部的速度减慢。绒毛血流减慢增加了动一静脉氧分流,这一过程使绒毛缺血,如适当的血流速度得不到恢复,将导致小肠坏死。肠黏膜对缺氧最为敏感,当氧摄入量减少到正常的 50%以下时,即可发生小肠黏膜损伤。小肠最初损伤是由小肠血流灌注减少的缺氧引起,当缺血肠段经扩容或用血管扩张剂恢复含氧血流后,在血液再灌注期产生大量的氧自由基,而引起继发性的肠黏膜损伤。

二、临床表现与诊断

(一)临床表现

本病多伴有心血管疾病、心力衰竭、休克或强心药、缩血管药物使用史等,临床表现与急性肠系膜血管阻塞相似,但病情进展较缓慢,发病初期临床上常无特征性表现。最常见的症状是逐渐发生在脐周的阵发性绞痛,随着缺血加重转变为持续性钝痛。少数患者发病突然,表现为严重的致命性腹痛。也有 $15\%\sim25\%$ 的患者无明显腹痛或仅有腹胀、腹泻表现,以致延误诊断。不明原因的腹胀和胃肠道出血,可能是肠系膜缺血及肠坏死的早期表现。晚期缺血加重导致小肠梗死时,可出现发热、低血容量性休克、代谢性酸中毒及腹膜炎症状。

早期体检时腹部触诊与腹痛程度不符。晚期呈重症病容,腹肌紧张,腹部有弥漫性压痛和反跳痛,肠鸣音减弱或消失,提示全层肠壁坏死,预后不良。

(二)诊断

为了对本病作出早期诊断,应对有危险指标及高度可疑患者做出较早判断。典型危险指标有:①年龄大于 60 岁;②原有心脏病或发病前有低血压及脓毒症史;③使用内脏血管收缩药物等病史。

有上述危险指标的患者出现脐周疼痛或急性发作的腹部剧痛、腹泻、便血,体检发现腹痛与体征程度不一致或有急腹症表现,应考虑到本病的可能,应及早行肠系膜上动脉造影等检查,以明确诊断。

1. 实验室检查 外周血白细胞和中性粒细胞计数均有升高,血液浓缩时则有红细胞计数、血细胞比容增高,血淀粉酶中度升高。最近的研究显示:血浆谷胱甘肽 S-转移酶同工酶能精确预示肠缺血。当该酶小于 4ng/ml 时,可除外肠缺血,阴性预示率 100%;该酶大于 4ng/ml 时,提示存在急性肠系膜缺血,其敏感度为 100%,特异度 86%。如谷胱甘肽 S-转移酶同工酶升高,伴 ALT,AST 显著增高时,应考虑有肝缺血的可能。

2. 腹部 X 线检查 该检查常有助于鉴别由其他特殊原因引起的症状。腹部平片偶尔能显示肠壁"指压"征、肠腔内积气、门静脉内有气体或腹腔内有游离气体。在行动脉造影前,先作腹部平片,以除外其他急腹症。腹部平片未见异常是施行动脉造影的适应证。

3. 血管造影 检查选择性肠系膜上动脉造影是唯一可靠的诊断手段,造影显示动脉本身无阻塞,但其分支或其分支起始部狭窄,血管形态不规则,有普遍性或节段性痉挛,这些改变沿着血管呈一串珠形态。此外,还可见血流缓慢、外周显影不佳和肠壁内血管充盈不良。适当延长摄片时间,可见多数静脉充盈。动脉造影不仅可以除外肠系膜动脉闭塞而提示本病,而且还可以对肠系膜血循环状况作出评估,尚可经导管给予血管扩张剂进行试验性治疗。

本病诊断依据可对照下列表现:①肠系膜上动脉多数分支起始部狭窄;②肠系膜血管分支形态不规则;③血管弓痉挛;④肠壁内血管充盈不佳;⑤肠系膜血流低于正常 50%。

三、治疗

1. 首先应除去病因及诱发因素,纠正心功能不全,控制心律失常,补充有效血容量,恢复水、电解质及酸碱平衡,避免使用血管收缩剂,改善肠道血流低灌注状态,以尽可能保证生命体征平稳。

2.充分给氧、有效的胃肠减压,全身广谱抗生素的应用,可以缓解症状、减少细菌及其毒素的产生,有望延长小肠生存期。

3.给予罂粟碱、胰高血糖素、前列腺素 E、妥拉苏林、酚苄明等扩张血管药物,降低心脏前、后负荷,解除血管痉挛。如有条件,及早行肠系膜上动脉插管,经导管通过输液泵灌注扩血管药。罂粟碱每小时 30～60mg 剂量灌注,常能迅速解除血管痉挛,安全可靠。但当机体处于低血压或休克状态时,扩张血管药物因可能加重机体低血容量状态,而应在补充血容量的同时慎用。

(王爱红)

3. 基本参数

最大电源电压为 15V,允许功耗为 1.2 ~ 2.25W(根据有无散热片而定)。

典型参数见表 2-15,测试条件:电源电压 $U_{CC}=9V$,负载为 4Ω。

表 2-15　测试结果

静态电流 /mA	15	输入电阻 /kΩ	20
开环电压增益 /V	70	输出功率 /W	1.7

4. 正常情况下各引脚不在线对地电阻(指针表测量)

用指针表测量结果见表 2-16。

表 2-16　测试结果

引脚号	对地电阻(黑表笔接地)/kΩ	引脚号	对地电阻(黑表笔接地)/kΩ
1	5	8	5
2	∞	9	50
3		10	20
4	5	11	∞
5	6	12	5
6	32	13	5
7	∞	14	5

以上测试结果是在工作电压为 $U_{CC}=9V$ 的情况下测量的,所用型号为 LA4112。型号不同,各引脚对地电阻略有不同。

5. 典型应用电路

典型应用电路如图 2-31 所示。

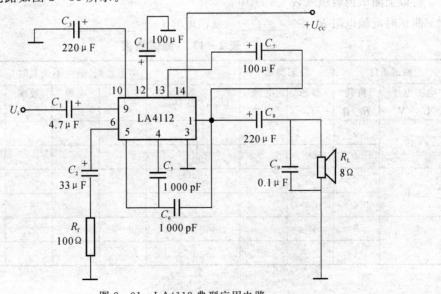

图 2-31　LA4112 典型应用电路

在此电路中 C_1，C_8 为输入、输出耦合电容。C_2 和 R_f 共同组成反馈回路，该回路决定电路的增益大小。C_3，C_4 为退耦电容，C_5，C_6 用于消除寄生振荡，C_7 为自举电容，C_9 用于消除输出中的高频振荡。

三、实验内容

任选上面所提供的功率放大器典型应用电路，完成下面的参数测试。对 LM386，电源电压取 6V；对 LA4112，电源电压取 9V。

1. 静态功耗

将输入端对地短路，接通直流电源，测量静态电源电流，求出静态功耗。

2. 动态参数测试

在电路输入端接 1kHz 的正弦信号，用示波器观察输出波形，逐渐加大输入信号的幅度，使输出波形达到最大不失真为止。

（1）测量此时电源的输出电流 I_{DC}，求出电源的动态功耗。

（2）用毫伏级电压表测量输入、输出信号的大小，求出电路的增益以及最大输出功率。

（3）求出功率放大器的效率。

3. 频率响应测量

功率放大器的频率响应测量与单级放大器的测量方法相同。

4. 研究电路中元件参数及工作电压对功率放大器的影响

（1）对用 LA4112 组成的 OTL 电路，用示波器观察断开和接上自举电容对输出的影响；分别接上不同容量的自举电容，观察对输出的影响。

（2）分别观察 LM386，LA4112 反馈回路对增益的影响。分别换用不同的电阻、电容组成反馈回路，观察和测量增益的变化情况。

（3）改变电源工作电压（对 LM386 用 3V，4.5V，6V，对 LA4112 用 9V，12V），重作上面静态参数和动态参数的测量，分析比较它们的变化。

将以上测试内容填入表 2-17 中。

测试时反馈电阻 $R_f =$ _____，反馈电容 $C_2 =$ _____。

表 2-17　测试结果

测试条件		静态参数		动态参数（最大不失真时）						
电源电压 U_{CC}/V	负载 R_L/Ω	静态 I_S	电源功耗	U_{imax}	U_{omax}	I_D	电源 P_{CM}	效率 η	f_H	f_L
3	8									
	4									
4.5	8									
	4									
6	8									
	4									

四、实验注意事项

(1) 电路连接好以后,先不加输入信号,用示波器观察输出是否存在自激(高频杂波信号)。若有,应及时关掉电源,进行故障检查。

(2) 在实验过程中,随时注意集成电路的温度不能过热,若过热,说明电路存在故障(如自激、负载短路、输出功率过大等),要认真检查,排除故障后再进行实验。

(3) 在加交流信号之前,应先进行静态调试,使输出对地电位为 $\dfrac{U_{CC}}{2}$(OTL 电路)或零(OCL 电路),电源的静态电流很小(约几毫安)。

五、实验报告

(1) 整理实验数据,根据测量数据计算功率放大器的各参数。

(2) 针对实验内容第四项,总结元件参数以及电源电压变化对放大器输出的影响。

六、设计作业

试用 LM386 设计一功率放大器。该放大器在通频带内电压增益达到 40dB,在 R_L 为 4Ω 时,最大不失真输出功率大于 0.5W。写出设计和分析计算过程。

❈ 推荐阅读书目及章节

[1] 李万臣,谢红. 模拟电子技术基础实验与课程设计. 哈尔滨:哈尔滨工程大学出版社,2001. 第五章.

[2] 金正. 集成电路简明应用手册 —— 音响设备专辑. 北京:人民邮电出版社,2002.

[3] 毕满清. 电子技术实验与课程设计. 2 版. 北京:机械工业出版社,2001. 第一章 1.10 节.

2.6　实验六　集成运算放大器的基本应用(Ⅰ)
——模拟运算电路的设计

集成运算放大器是一种特殊的直接耦合放大器,其输入级通常采用差分放大电路,中间级通常采用带有源负载的共射电路,输出级采用对称的推挽互补电路。正由于这种结构的特点,集成运算放大器的输入阻抗很高,通常可以达到上兆欧姆,而输出阻抗很低,一般在 100Ω 以下,其开环增益很高,通常在 100dB($A_{U_o} = 10^5$) 以上。

根据性能和应用领域的不同,集成运算放大器分为专用型和通用型两大类。实验室常用的就是通用型集成运算放大器 μA741(F007),这种集成运算放大器的主要参数见表 2-18。

表 2-18　集成运算放大器的主要参数

电源电压	±15V	开环差模电压增益	106	最大输出电压	±14V
最大共模输入电压	±13V	最大差模输入电压	±30V	差模输入电阻	2MΩ

图 2-32 所示是 μA741 集成运算放大器的引脚图。

集成运算放大器最基本的应用就是它的线性应用,用它们可以组成比例、加减法、积分、微分等运算电路,实现对模拟信号的变换和控制。

在分析和设计这类线性电路的时候,常用到以下基本理论:

(1)理想集成运算放大器的开环增益认为无穷大,即

$$A \to \infty$$

(2)其输入阻抗视为无穷大,输出阻抗为零,可以认为输入端与外接信号"虚断",即

$$I_+ \approx 0, \quad I_- \approx 0$$

(3)在线性工作区,两输入端之间认为"虚短",即

$$\dot{U}_+ = \dot{U}_-$$

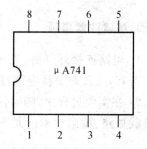

图 2-32 μA741 的引脚图
1,5—调零; 2—反相输入端;
3—同相输入端; 4—负电源;
6—输出端; 7—正电源
8—空脚

在做线性运算时,还要设法减小运算误差,运算误差的主要来源如下:

(1)失调电压和失调电流所引入的运算误差。对理想集成运算放大器,当输入电压为零时,输出也应该为零,但是,对实际的集成运算放大器由于它的输入级采用差放输入,两输入管很难做到完全对称,因此,就使得在输入电压为零时,输出电压不为零,这个输出电压就为它的失调电压。理想运算放大器在工作时,两输入端电流应该相等,但是由于有与前面相同的原因,实际上它们并不相等。这就使得在没有输入时,两输入端之间存在一个等效电压,使输出不为零。两输入端电流之差就称为失调电流。

由于失调电压和失调电流的存在,使得集成运算放大器在线性应用时,运算结果偏离了理论值,为了减小这种误差,就要设法减小失调电压和失调电流。

(2)由温度引起的漂移误差电压。这是引起集成运算放大器静态工作点不稳定的主要因素,这种误差无法用调零的方式去消除,只能在选择元器件时用失调漂移小的集成运算放大器,并合理选用外围电路参数,从而减小这种误差。

(3)所选元器件参数误差所引起的运算误差,因此,在选元器件时尽可能选用精度较高的,如金属膜电阻等。

一、几种基本线性运算电路

下面结合电路结构分析,讨论每种线性运算电路的工作原理和设计方法。

1. 反相比例运算电路

电路基本结构形式如图 2-33 所示(以 μA741 为例)。R_w 为调零电阻,以减小失调电压;R_1 为输入回路电阻,它近似为该放大器的输入电阻;R_2 为输入平衡电阻,也就是为了保证反相输入端与同相输入端电阻相等,以减小失调误差电流;R_f 为反馈电阻。

其输出 U_o 为

$$U_o = -\frac{R_f}{R_1}U_i$$

$$R_2 = R_1 // R_f$$

上式的"一"表示输出与输入相位相反。其输出 $U_o \leqslant U_{omax}$,U_{omax} 为集成运算放大器的最大输出电压。

一般情况下，R_1，R_f 的取值范围为 $1\text{k}\Omega \sim 1\text{M}\Omega$，增益大约在 $0.1 \sim 100$ 之间，工作频率受开环带宽的限制。R_w 的取值一般为几十千欧。

由上面的反相比例运算电路进而可以引出反相加法运算电路，电路如图 $2-34$ 所示。

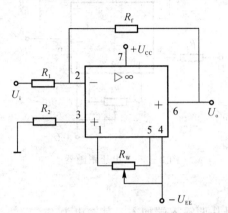

图 $2-33$　反相比例运算电路

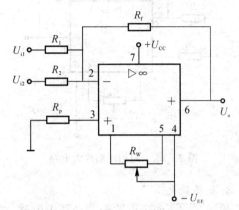

$2-34$　反相加法运算电路

其输出可由叠加原理求得为

$$U_o = -\left(\frac{R_f}{R_1}U_{i1} + \frac{R_f}{R_2}U_{i2}\right)$$

为保证两输入端电阻平衡，应有

$$R_p = R_1 // R_2 // R_f$$

各电阻的取值与前面要求相同。同样，其输出也应满足 $U_o \leqslant U_{omax}$，即

$$\frac{R_f}{R_1}|U_{i1}| + \frac{R_f}{R_2}|U_{i2}| \leqslant U_{omax}$$

2. 同相比例运算电路

当输入信号加在同相输入端时，就构成了同相比例运算电路。电路基本结构形式如图 $2-35$ 所示。图中各电阻的作用以及满足的条件与反相比例运算电路的要求相同。

其输出为

$$U_o = \left(1 + \frac{R_f}{R_1}\right)U_i$$

同样，R_2 应满足

$$R_2 = R_1 // R_f$$

由于同相比例放大器的输入阻抗非常高，而输出阻抗很低，因此，它常用于阻抗变换或电流放大，作缓冲放大器来用。特别是当 $R_1 \rightarrow \infty$，$R_f \rightarrow 0$ 时，$U_o = U_i$，此时的同相比例放大器就被称为电压跟随器。电路如图 $2-36$ 所示。图中 R_f 起保护作用，防止因电流过大损坏集成运算放大器。它常被用来作为前后级的隔离或用在负载与放大电路之间，以消除后一级或负载对前一级的影响。

利用同相比例放大器也可以实现同相加法运算，其电路结构与反相比例加法电路基本相同，只是信号是从同相端加入的。电路的输出表达式请同学们根据叠加原理和集成运算放大器的特点自己推导。

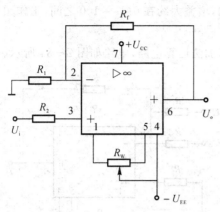

图 2-35　同相比例放大电路

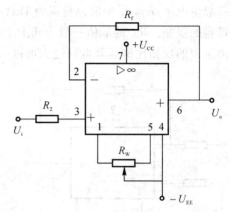

图 2-36　电压跟随器

3. 差动放大

如图 2-37 所示电路为差动放大电路,两路信号从两输入端加入。其输出为

$$U_o = -\frac{R_f}{R_1}U_{i1} + \left(1 + \frac{R_f}{R_1}\right)\frac{R_3}{R_2 + R_3}U_{i2}$$

为保证输入阻抗平衡,应有

$$R_2 // R_3 = R_1 // R_f$$

此时,输出就为

$$U_o = \frac{R_f}{R_2}U_{i2} - \frac{R_f}{R_1}U_{i1}$$

当各参数对称时,即 $R_1 = R_2$,$R_3 = R_f$ 时,有

$$U_o = \frac{R_f}{R_1}(U_{i2} - U_{i1})$$

由上式可以看出,在参数对称时,该电路具有很强的共模抑制能力,所以它常用在两信号的比较放大中,特别是弱信号的检测方面。在许多电子测量仪器信号输入部分就采用了这类电路,不过那些电路的输入阻抗很高,而输出阻抗很低,并且增益能够调节。关于这些电路,请参阅有关参考书介绍。

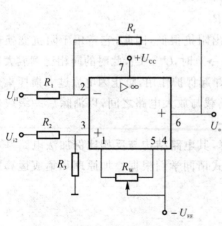

图 2-37　差动放大电路

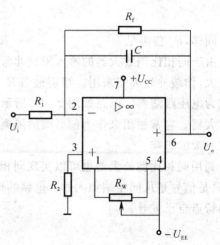

2-38　积分放大器

4. 积分放大器

在信号转换方面常用到积分放大器,它可以对信号进行移相或波形变换。按信号的输入端不同,积分放大器也分为同相积分放大器和反相积分放大器,它们的工作原理和设计注意事项基本相同。下面以反相积分放大器为例,说明这种放大器的分析和设计方法。

如图 2-38 所示,电路为积分电路的基本形式,其中 R_1、C 是基本的积分元件,R_f 是泄放电阻,以防止漂移引起的饱和或截止现象,同时加快积分速度。

在满足积分电路要求的前提下,其输出表达式为

$$U_\circ = -\frac{1}{R_1 C}\int U_i \mathrm{d}t$$

$R_1 C$ 为积分时间,一般用 τ 表示。它受放大器输出电压、输入电压、积分电流等因素的影响。

(1) 若输入为正弦函数 $U_i = U_m \sin\omega t$,则

$$U_\circ = \frac{1}{\omega R_1 C}U_m \cos\omega t = \frac{1}{\omega R_1 C}U_m \sin\left(\omega t + \frac{\pi}{2}\right)$$

增益为
$$A_U = \frac{1}{\omega R_1 C}$$

由上式可见,在电路参数满足积分要求的前提下,输出与输入在相位上有 $\pi/2$ 的相移,输出幅度随频率的变化而变化。

(2) 若输入为阶跃信号时,输出为

$$U_\circ = \frac{U_m}{R_1 C}t \quad \text{(在充电阶段)}$$

或

$$U_\circ = -\frac{U_m}{R_1 C}t \quad \text{(在放电阶段)}$$

U_m 为阶跃信号的幅值。由上式可见,在输入的每一个半周期内,其输出与时间成正比,其最终波形为三角波。因此,利用积分电路,可实现脉冲波到三角波的转换。

下面,讨论为实现上述运算电路各参数应满足的条件。

该电路的输出传递函数为

$$A_U(s) = -\frac{R_f}{R_1}\frac{1}{1 + sR_f C}$$

以 $s = \mathrm{j}\omega$ 代入,得

$$A_U(s) = -\frac{R_f}{R_1}\frac{1}{1 + \mathrm{j}\omega R_f C}$$

其幅频特性为

$$|A_U(s)| = \frac{R_f}{R_1}\frac{1}{\sqrt{1 + (\omega R_f C)^2}}$$

当 $\omega R_f C \gg 1$ 时,上式就为

$$|A_U(s)| = \frac{R_f}{R_1}\frac{1}{\omega R_f C} = \frac{1}{\omega R_1 C}$$

该值正好是积分放大器的增益,这说明在满足上述条件的前提下,如图 2-38 所示电路才能完成积分放大功能。

当 $\omega R_f C \ll 1$ 时,上式就为

$$\left| A_U(s) \right| = \frac{R_f}{R_1}$$

考虑相位,应为

$$A_U = -\frac{R_f}{R_1}$$

可见,此时的电路就为一个反相比例放大器。

由上面分析可以看出,在设计积分放大器时,积分电容和泄放电阻应满足

$$\omega R_f C \gg 1$$

一般地,电容 C 取值不能太大,否则,漏电影响比较大,通常电容取值在 $1\mu F$ 以下,但也不能太小。R_f 的取值较大,通常在几百千欧以上。同时应注意到,积分频率不能太高,否则该电路就成了比例放大电路。

下面讨论输入电阻 R_1 应满足的条件。

与其他放大电路一样,积分放大器的最大输出受集成运算放大器最大输出 U_{omax} 的限制,因此它的输出应满足

$$U_o = \frac{1}{R_1 C}\int U_i \mathrm{d}t \leqslant U_{omax}$$

即

$$R_1 C \geqslant \frac{1}{U_{omax}}\int U_i \mathrm{d}t$$

若输入为正弦信号,则应满足

$$R_1 C \geqslant \frac{U_m}{\omega U_{omax}}$$

若输入为阶跃信号,则应满足

$$R_1 C \geqslant \frac{U_m}{U_{omax}}t$$

另外,在输入为相同的阶跃信号时,如果积分时间常数选择不同,就会存在 3 种不同的情况。

(1) 积分速度太快,过早达到饱和。这在波形变换电路是应当避免的,此时

$$R_1 C < \frac{T}{2}$$

式中,T 为阶跃信号的周期。

(2) 积分速度太慢,输出信号的值小于阶跃信号的幅值。

$$R_1 C > \frac{T}{2}$$

(3) 积分时间正好等于脉冲宽度或间歇宽度,输出信号的幅值等于阶跃信号的幅值。一般情况下,总是希望积分器工作在这种状态下,即

$$R_1 C = \frac{T}{2}$$

上述 3 种情况可用图 2-39 来说明。

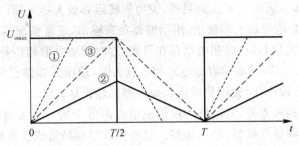

图 2-39 积分放大器的 3 种工作情况

对积分时间常数 R_1C 的值,要根据情况综合考虑予以确定。

在前面确定了电容 C 的基础上就可以确定输入电阻 R_1 了。当然,当输入电阻难以符合设计要求或电路对误差要求过高时(即 R_1C 过大或过小),除了采用高性能的集成运算放大器外,还可以采用如图 2-40 所示的电路。该电路能够在大范围内调节积分时间常数而不受 R_4C 的限制。第一级组成差动放大,其差模输入电阻极高,第二级组成同相积分电路,其输入电阻也很高。

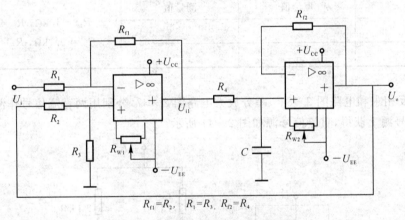

$$R_{f1}=R_2, \quad R_1=R_3, \quad R_{f2}=R_4$$

图 2-40 积分时间大范围可调电路

可以推导出,上面电路的输出为

$$U_o = -\frac{R_{f1}}{R_4CR_1}\int U_i \mathrm{d}t$$

这个电路的时间常数为 $\dfrac{R_1}{R_{f1}}R_4C$,而不单独是 R_4C,通过改变 $\dfrac{R_1}{R_{f1}}$ 的值就可以在很大范围内调节积分时间常数,这样在确定积分元件的参数时就比较灵活。

对于如图 2-38 所示的基本积分电路,R_2 的取值也要保证集成运算放大器两输入端阻抗要平衡,因此,$R_2=R_1//R_f$。

二、集成运算放大器在使用时的注意事项

集成运算放大器在使用时,必须对所用元器件和电路作仔细的检查,特别是作线性应用时,一定要注意设法消除自激振荡和调零,否则容易造成很大的运算误差。

(1)调零。将运算放大器的两输入端接地,用万用表直流挡测量输出电压,调节外接调零

电位器,使其输出为零。若输出无法调到零,说明集成运算放大器可能已损坏。

(2)自激检查。将信号输入端接地,用示波器观察输出,正常情况应为一条直线且与扫描基线重合。当出现杂波信号时,说明电路存在自激,这时就要采取相位补偿的方法予以消除。

(3)元器件检查。当两输入端对地电阻相差较大时,说明元器件已经损坏。或者,在输入为零时,输出已接近电源电压,说明集成运算放大器已经损坏。

除以上对元器件的检查外,对电路的检查也是必不可少的。主要是各管脚的连接是否正确,坚决防止正、负电源极性接错,输出短路。这些错误很容易造成运算放大器器件的损坏。

三、实验内容

1.基础实验

分别按照图 2-33、图 2-35 电路完成表 2-19 所要求的测试内容。电源均为 ±12V。

(1)对反相、同相比例运算电路,所用信号为 $f=1\text{kHz}$ 的正弦信号。

表 2-19   测试结果

输入信号 U_i/V	输出 U_o/V		电路参数
	理论值	测量值	
0.5			$R_1 = 10\text{k}\Omega, R_f = 100\text{k}\Omega$
0.6			$R_2 = 9.1\text{k}\Omega, R_w = 100\text{k}\Omega$

(2)对反相求和电路图 2-34、差分放大电路图 2-37,分别用两直流信号作测试,直流信号从直流信号源上获得,直流信号源如图 2-41 所示。

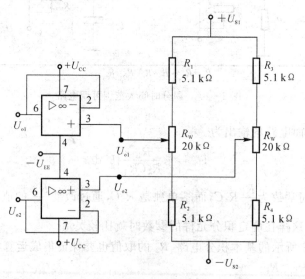

图 2-41   直流信号源

图 2-34 中各元件参数为 $R_1=10\text{k}\Omega, R_2=10\text{k}\Omega, R_3=6.2\text{k}\Omega, R_f=100\text{k}\Omega, R_w=100\text{k}\Omega$。

图 2-37 中各元件参数为 $R_1=10\text{k}\Omega, R_2=10\text{k}\Omega, R_3=100\text{k}\Omega, R_f=100\text{k}\Omega, R_w=100\text{k}\Omega$。

在使用直流信号源时,$+U_{s1}$,$-U_{s2}$ 处可根据不同信号的需要接合适的信号(可接直流信号,也可接交流信号)。当测试电路对信号源的影响较大时,信号 U_{o1} , U_{o2} 应通过由集成运算放大器组成的跟随器电路输出;当测试电路对信号源影响较小时,这两信号可直接从电位器活动端输出。

(3) 对积分电路图 2-38,分别用交流信号($f=1\text{kHz}$, $U_i=2\text{V}$)、脉冲信号(幅度 4V,频率分别用 300Hz,1.7kHz,5kHz)作测试信号,用示波器观察记录输入/输出波形,并测量输出波形的周期、幅值。对交流信号,测输出/输入波形的相位差;对三角波,测出其转折电压。对测量结果进行讨论,并分析运算误差。测量结果及分析填入表 2-20。

表 2-20　测试结果

输入信号 U_S/V	输出 U_o/V	
	理论值	测量值
$U_{S1}=0.5$, $U_{S2}=0.8$		
$U_{S1}=0.8$, $U_{S2}=0.4$		

电路参数: $R_1=30\text{k}\Omega$, $R_2=30\text{k}\Omega$, $R_f=1\text{M}\Omega$, $C=0.01\mu\text{F}$, $R_w=10\text{k}\Omega$,电源用 ±12V。

2. 设计题目

(1) 利用集成运算放大器 μA741 设计一个能实现下面数学关系的电路:

$$U_o=2U_1-3U_2$$

式中, U_1 , U_2 均为动态信号且在 0.1~1V 之间变动。

写出分析设计过程。加适当的信号,通过测试验证电路的可靠性并分析运算误差。

(2) 利用集成运算放大器 μA741 设计一个能将方波信号转化成三角波的波形变化电路。已知:方波信号的频率为 0.5kHz,幅度为 2V。要求输出幅度能在 0~8V 之间连续可调。

四、思考题

(1) 集成运算放大器在进行线性运算使用时为什么必须调零?影响运算精度的因素都有哪些?

(2) 判断集成运算放大器损坏除了上面所介绍两种方法外,还有哪些方法?

(3) 若要用集成运算放大器组成微分电路,该微分电路该如何设计?工作信号有什么要求?微分电路有哪些用途?

❖ **推荐阅读书目及章节**

[1] 清华大学电子学教研组,童诗白. 模拟电子技术基础. 2 版. 北京:高等教育出版社, 1995. 第三章第三、第四、第五节,第五章第一、第二、第三节.

[2] 李万臣,谢红. 模拟电子技术基础实验与课程设计. 哈尔滨:哈尔滨工程大学出版社, 2001. 第二篇第二章.

[3] 华中理工大学电子学教研室,陈大钦,杨华. 模拟电子技术基础. 2 版.北京:高等教育出版社,2000. 第八章第三节,第五节.

[4] 毕满清. 电子技术实验与课程设计. 2 版. 北京:机械工业出版社,2001. 第一章第七节.

2.7 实验七 集成运算放大器的基本应用(Ⅱ)
——二阶有源滤波器的设计和测试

　　滤波器作为一种信号频率选择电路,在通信、测试、信号处理、数据采集等领域都有广泛的应用,滤波器的设计在这些领域的应用系统设计中是很重要的环节。目前,滤波技术发展很快,新的模块和器件不断出现,性能不断优化,这为工程设计带来很大的方便。

　　模拟滤波器分无源滤波、有源滤波两大类。无源滤波一般用 L,R,C 等无源器件组成,其滤波效果较差,一般用在要求不高的系统中;有源滤波由有源器件和 R,C 组成,其种类很多,滤波效果好。为掌握有源滤波器的基本工作原理,了解简单通用模拟滤波器的设计,本实验以由运算放大器和 R,C 组成的二阶有源滤波器为对象,学习此类滤波器的测试和设计方法。

一、二阶有源低通滤波器

1. 理论分析

二阶有源低通滤波的基本电路如图 2-42 所示,其传递函数为

$$A(\mathrm{j}\omega) = \frac{A_0}{1 - \left(\dfrac{\omega}{\omega_{\mathrm{n}}}\right)^2 + \mathrm{j}\dfrac{1}{Q}\left(\dfrac{\omega}{\omega_{\mathrm{n}}}\right)}$$

式中

$$A_0 = 1 + \frac{R_{\mathrm{f}}}{R_3}$$

$$\omega_{\mathrm{n}} = \sqrt{\frac{1}{R_1 R_2 C_1 C_2}}$$

$$Q = \frac{1}{\sqrt{\dfrac{R_2 C_2}{R_1 C_1}} + \sqrt{\dfrac{R_1 C_2}{R_2 C_1}} + (1 - A_0)\sqrt{\dfrac{R_1 C_1}{R_2 C_2}}}$$

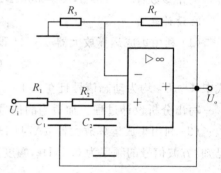

图 2-42　二阶有源低通滤波电路

式中,A_0 为基本通带电压增益,ω_{n} 被称为固有振荡频率或特征角频率,Q 为等效品质因数或阻尼系数。

　　幅频特性为

$$A(\omega) = \frac{A_0}{\sqrt{\left(1 - \dfrac{\omega^2}{\omega_{\mathrm{n}}^2}\right)^2 + \left(\dfrac{\omega}{Q\omega_{\mathrm{n}}}\right)^2}}$$

　　相频特性为

$$\varphi(\omega) = \arctan \frac{\dfrac{\omega}{Q\omega_{\mathrm{n}}}}{1 - \left(\dfrac{\omega}{\omega_{\mathrm{n}}}\right)^2}$$

　　由幅频特性的表达式可以看出,$A(\omega)$ 有可能具有最大值,即出现共振峰值。峰值的存在与否及大小与 Q 值有关,Q 值越小共振峰越高,过渡带比较陡峭;但如 Q 值过小,则滤波效果变差。

　　下面,讨论出现共振峰的条件。

对幅频特性表达式的分母求导并令其等于零,即

$$\frac{\mathrm{d}}{\mathrm{d}\omega}\left[\left(1-\frac{\omega^2}{\omega_n^2}\right)^2+\left(\frac{\omega}{Q\omega_n}\right)^2\right]=0$$

解得

$$\omega=\omega_n\sqrt{1-\frac{1}{2Q^2}}$$

要使上式 ω 存在实数解,应有 $Q\geqslant\dfrac{1}{\sqrt{2}}\approx0.707$。

当 $Q>0.707$ 时,$A(\omega)$ 必然出现共振峰,共振峰对应的频率 ω 称为谐振角频率,用 ω_p 表示。幅频特性值从峰值回到 A_0 时,对应的频率称为截止频率 ω_0。

$$\omega_0=\omega_n\sqrt{2-\frac{1}{Q^2}}$$

当 $Q=0.707$ 时,有

$$A(\omega)=\frac{A_0}{\sqrt{1+\left(\dfrac{\omega}{\omega_n}\right)^4}}$$

此时,$A(\omega)$ 没有共振峰,最大值即为 A_0。

在 $Q=0.707$,当 $\omega=\omega_n$ 时,$A(\omega)=\dfrac{A_0}{\sqrt{2}}$,此时 ω_n 就被称为 $Q=0.707$ 时的低通滤波器的截止频率,即 $\omega_0=\omega_n$。

上述二阶低通滤波器的幅频变化规律可用如图 2-43 所示的幅频响应曲线来说明。

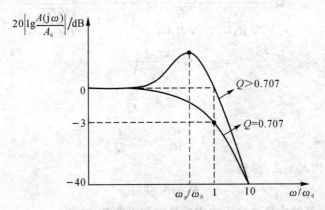

图 2-43 低通滤波器的幅频特性曲线

在实际应用中,有时需要通过调节 Q 和 ω_n 来获得所需的 ω_0 和峰值增益 $A_m(\omega_n)$。根据 ω_n 的表达式,按比例同时增大或减小 R_1 和 R_2,可调节 ω_n,而不影响 Q;通过改变 A_0 可调节 Q,而不影响 ω_n,这正是这种滤波器的优点。

2.设计举例

为简单起见,以 $Q=0.707$ 时的二阶低通滤波器设计为例,并且滤波环节取 $R_1=R_2$,$C_1=C_2$。设要设计的滤波器截止频率为 $1\mathrm{kHz}$。

设计过程:

(1)电路形式如图 2-42 所示。

（2）确定滤波环节电阻电容参数。根据前面分析，该滤波器的特征频率等于截止频率，即 $f_n = 1\text{kHz}$。由于电阻种类远远多于电容，因此，首先选择电容参数。电容选择时依经验按表 2-21 选择。

表 2-21 电容选择经验值

截止频率 f_0	滤波电容 C
$1 \sim 10\text{Hz}$	$20 \sim 1\mu\text{F}$
$10 \sim 100\text{Hz}$	$1 \sim 0.1\mu\text{F}$
$100 \sim 1\text{kHz}$	$0.1 \sim 0.01\mu\text{F}$
$1 \sim 10\text{kHz}$	$0.01\mu\text{F} \sim 1\,000\text{pF}$
$10 \sim 100\text{kHz}$	$1\,000 \sim 100\text{pF}$
$100 \sim 1\,000\text{kHz}$	$100 \sim 10\text{pF}$

这里选取 $C = 0.01\mu\text{F}$，则

$$R_1 = \frac{1}{\omega_n C_1} = \frac{1}{\omega_0 C_1} = \frac{1}{2\pi f_n C_1} = \frac{1}{2\pi \times 1\,000 \times 0.01 \times 10^{-6}} \approx 15.92\text{k}\Omega$$

取标称值 $16\text{k}\Omega$。

（3）确定反馈环节参数。由于 $R_1 = R_2$，$C_1 = C_2$，根据

$$Q = \frac{1}{\sqrt{\dfrac{R_2 C_2}{R_1 C_1}} + \sqrt{\dfrac{R_1 C_2}{R_2 C_1}} + (1 - A_0)\sqrt{\dfrac{R_1 C_1}{R_2 C_2}}}$$

得到

$$Q = \frac{1}{3 - A_0}$$

因此

$$A_0 = 3 - \frac{1}{Q}$$

即

$$1 + \frac{R_f}{R_3} = 3 - \frac{1}{Q}$$

将 $Q = 0.707$ 代入上式，得到

$$R_f = 0.586 R_3$$

考虑静态时，运算放大器两输入端应满足阻抗平衡条件，即

$$R_1 + R_2 = R_f // R_3$$

以上两式联立求解，得到

$$R_f = 50.752\text{k}\Omega \approx 51\text{k}\Omega, \quad R_3 = 86.6\text{k}\Omega$$

以上电阻、电容均选用精密元器件。

二、二阶有源高通滤波器

二阶有源高通滤波器与低通滤波器在结构上具有对偶性，因此，其分析和设计方法与低通滤波器十分相似。如图 2-44 所示为二阶有源高通滤波器典型电路。

对照低通滤波器，可写出相应的高通滤波器传递函数为

$$A(j\omega) = \frac{A_0}{1 - \left(\dfrac{\omega_n}{\omega}\right)^2 - j\dfrac{\omega_n}{Q\omega}}$$

ω_n 的表达式与低通滤波器相同，Q 的表达式相应地为

$$Q = \frac{1}{\sqrt{\dfrac{R_1 C_1}{R_2 C_2}} + \sqrt{\dfrac{R_1 C_2}{R_2 C_1}} + (1 - A_0)\sqrt{\dfrac{R_2 C_2}{R_1 C_1}}}$$

若在设计时，取 $R_1 = R_2$，$C_1 = C_2$，则上式简化为

$$Q = \frac{1}{3 - A_0}$$

对高通滤波器，一般取 $Q \geqslant 0.707$。当 $Q > 0.707$ 时，幅频特性曲线将出现共振峰，出现共振峰时的频率 $\omega_p = \dfrac{\omega_n}{\sqrt{1 - \dfrac{1}{2Q^2}}}$，按定义，其下限截止频率为 $\omega_0 = \dfrac{\omega_n}{\sqrt{2\left(1 - \dfrac{1}{2Q^2}\right)}}$；当 $Q = 0.707$ 时，无共振峰，此时，$A(\omega) = \dfrac{A_0}{\sqrt{1 + \left(\dfrac{\omega_n}{\omega}\right)^4}}$，在 $\omega = \omega_n$ 时，$A(\omega) = \dfrac{A_0}{\sqrt{2}}$，此频率即为截止频率。

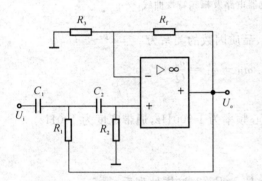

图 2-44　二阶有源高通滤波器电路

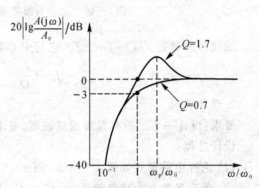

图 2-45　二阶高通滤波器的幅频特性曲线

二阶高通滤波器的幅频特性曲线如图 2-45 所示。

对二阶高通滤波器的设计在此不再举例，可参考低通滤波器设计。

三、二阶带通滤波器

1. 理论分析

带通滤波器只允许某一频带范围内的信号通过，而两截止频率以外的信号被衰减掉。典型带通滤波器电路如图 2-46(a) 所示，它可以被认为是低通滤波器与高通滤波器的结合体。如图 2-46(b) 所示为其幅频特性曲线。

其传递函数为

$$A(j\omega) = \frac{A_0}{1 + j\left(\dfrac{\omega}{\omega_0} - \dfrac{\omega_0}{\omega}\right)Q}$$

式中，

中心频率
$$\omega_0 = \sqrt{\frac{1}{C_1 C_2 R_3}\left(\frac{1}{R_1}+\frac{1}{R_2}\right)}$$

通带增益
$$A_0 = 1 + \frac{R_f}{R}$$

$$Q = \frac{\sqrt{R_1+R_2}\,\sqrt{R_1 R_2 R_3 C_1 C_2}}{R_1 R_2 (C_1+C_2)+C_2 R_3[R_2+R_1(1-A_0)]}$$

式中,Q 为等效品质因数,工程设计上该值一般不大于 20。

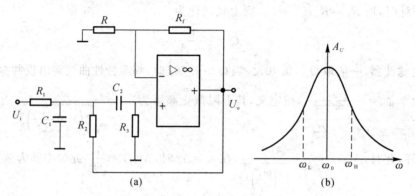

图 2-46　二阶有源带通滤波器电路及幅频特性曲线

通频带的带宽 $f_{BW}=f_H-f_L$,它与中心频率、品质因数的关系为

$$f_H-f_L=\frac{f_0}{Q} \quad \text{或} \quad \omega_H-\omega_L=\frac{\omega_0}{Q}$$

2.设计举例

要求:设计一个二阶有源带通滤波器,要求中心频率为 1 000Hz,通带宽度为 100Hz。

设计过程:

(1) 选择电路形式如图 2-46(a) 所示。

(2) 确定参数。为简单起见,设 $C_1=C_2$,$R_1=R_2=R_3/2$,这样处理后,得

$$\omega_0 = \frac{1}{R_1 C}, \quad Q = \frac{1}{3-A_0}$$

首先,选电容值 $C=0.01\mu F$,则

$$R_1 = \frac{1}{\omega_0 C}=\frac{1}{2\pi f_0 C}=\frac{1}{2\pi\times 1\,000\times 0.01\times 10^{-6}}=15.92k\Omega$$

利用 $f_H-f_L=\frac{f_0}{Q}$,可得到

$$Q = \frac{f_0}{f_H-f_L}=\frac{1\,000}{100}=10$$

因此
$$A_0 = 3-\frac{1}{Q}=2.9$$

根据通带增益的定义可求出 $R_f=1.9R$,结合运算放大器两输入端阻抗平衡条件,$R_f//R=R_3=2R_1=31.84k\Omega$,可以求得 $R=48.6k\Omega$,$R_f=92.3k\Omega$。

对以上计算所得电阻值取标称值,查附录 1 有 $R_1=R_2=16k\Omega$,$R_3=31.6k\Omega$,$R-48.7k\Omega$,$R_f=91k\Omega$。各元器件选用精密元器件。

四、实验内容

1. 基础实验

(1) 按图 2-42 连接电路，电路参数为 $R_1 = R_2 = 47\text{k}\Omega$，$C_1 = C_2 = 0.01\mu\text{F}$，$R_3 = R_f = 10\text{k}\Omega$。电路连接完成后，在输入端加 $U_i = 1\text{V}$ 正弦波完成下面测试(注意:在频率改变的过程中,应随时用毫伏级电压表监测输入信号,保证其大小不变)。由表 2-22 确定该电路的截止频率。

表 2-22

频率 f/Hz	10	16	50	100	130	150	160	180	200	300
输出 U_o/V										

(2) 按图 2-44 连接电路，电路参数为 $C = 0.1\mu\text{F}$，$R_1 = R_2 = 10\text{k}\Omega$，$R_3 = 5.1\text{k}\Omega$，$R_f = 5.1\text{k}\Omega$。测试条件和要求同上,测试结果填入表 2-23 中。

表 2-23

频率 f/Hz	300	550	750	850	900	930	1 000	1 020	1 060	1 100
输出 U_o/V										

(3) 按图 2-46(a) 连接电路，元件参数 $R = R_f = 47\text{k}\Omega$，$R_1 = 160\text{k}\Omega$，$R_2 = 12\text{k}\Omega$，$R_1 = 22\text{k}\Omega$，$C_1 = C_2 = 0.01\mu\text{F}$。电路连接完成后,在输入端加 1V 的正弦信号,按表 2-24 要求测试输出电压,确定该带通滤波器的上、下限截止频率和中心频率。通过测试计算出实际等效品质因数。

表 2-24

频率 f/Hz	600	700	750	800	850	900	920	950	1 000	1 020	1 050	1 100	1 200
输出 U_o/V													

2. 设计题目

在高保真音响设备中,为获得完美逼真的声音信号,常常把全频带音响信号按频率高低分成若干个频段,再分别送往相应的放大电路放大,最后通过相应频带的专用扬声器去重放,从而获得互调失真小、音域宽的良好音响效果。为此,常用一种电子分频的方法实现上述过程,其工作原理示意图如图 2-47 所示。

现在请以图 2-47 所示的图为基础,以集成运算放大器 HA17741 为基本器件,设计一个三频道音频分频电路(即电子分频器),要求:低音与中音的分频频率为 400Hz,中音与高音的分频频率为 4kHz。

写出设计过程。设计完成后,用 0.5V 正弦信号进行测试。

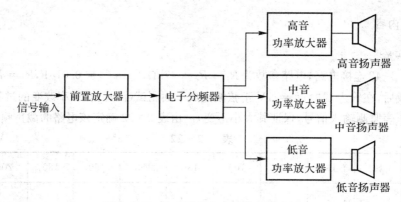

图 2-47 单响设备中电子分频示意图

五、实验报告要求

(1) 整理实验数据,画出各电路幅频曲线(注意作图方法),并与理论值对照分析误差。

(2) 分析总结 Q 值大小对有源滤波器的影响。

❋ **推荐阅读书目及章节**

[1] 张裕民. 模拟电子技术基础. 西安:西北工业大学出版社,2003. 第八章第三节.

[2] 华中理工大学电子学教研室,陈大钦,杨华. 模拟电子技术基础. 2版. 北京:高等教育出版社,2000. 第九章第二节.

2.8 实验八 集成运算放大器的基本应用(Ⅲ)
——电压比较器

电压比较器是一类在许多电子电路中应用得很广的电路,其形式多样,但基本原理都是相同的。那就是将某一电压信号与某参考电压信号相比较,当它们的大小关系不同时,电路有不同的输出状态(高电平或低电平)。常见的有单门限比较器和双门限比较器(窗口比较器)以及滞回比较器。下面,分析由集成运算放大器组成的电压比较器的工作原理,并在此基础上学习这类电路的测试和应用。

一、电压比较器的原理

1. 单门限比较器

图 2-48(a) 为单门限比较器原理图,这种电路只有一个阈值电压,在输入电压 U_i 逐渐增大或减小的过程中,当通过 U_R 时,输出电压 U_o 产生跃变,从高电平 U_{oH} 跃变为低电平 U_{oL},或者从 U_{oL} 跃变为 U_{oH}。电压传输特性如图 2-48(b) 所示。

设基准电压 U_R 为正电压,当基准电压接在反相端时,电压传输曲线如图 2-48(b) 中实线所示;当基准电压接在同相端时,传输曲线如虚线所示。若基准电压为零时,则上述比较器就为过零比较器。

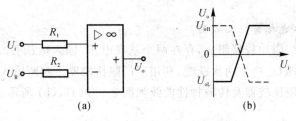

图 2-48　单门限电压比较器

上述电路中,因运算放大器处于开环状态,电压增益极大,输出电压较大,接近电源电压。如果希望减小输出电压并控制在一定电平上,可在其输出端采取一定的措施,如下面几种常见的电路形式。

(1) 输出钳位的单门限电压比较器,如图 2-49 所示。

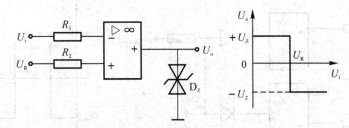

图 2-49　输出钳位的单门限电压比较器

(2) 反馈钳位电压比较器,如图 2-50 所示。

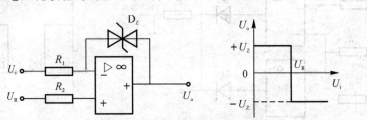

图 2-50　反馈钳位电压比较器

(3) 当要求输出信号为正电压时,可采用上拉方式,其比较器电路如图 2-51 所示。

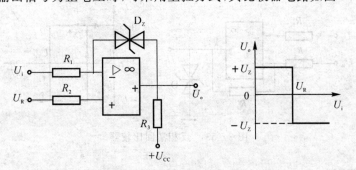

图 2-51　输出上拉比较器

(4) 当要求输出信号为负电压时,可采用下拉方式。基本电路同上,只是将与 R_3 相接的正电源改为负电源即可。

2. 双门限比较器(也称窗口比较器)

它通常由两个单门限比较器组成,存在两个基准电压,输入电压 U_i 在从小变大或从大变小的过程中使输出电压 U_o 产生两次跃变,利用双门限比较器可判断输入信号是否位于两基准电压之间。常用双门限比较器及传输特性曲线如图 2-52(a),(b) 所示。

3. 滞回比较器

电路有两个阈值电压(通过引入正反馈来获得),输入电压在从小变大的过程中使输出电压 U_o 产生跃变的阈值电压 U_{TL},不等于从大变小过程中使输出电压 U_o 产生跃变的阈值电压 U_{TH},因此,电路具有滞回特性。它最大的优点就是抗干扰能力较强。滞回比较器分反相滞回比较器和同相滞回比较器两种,图 2-53 为反相滞回比较器及其传输特性曲线,接入 D_Z 仅为输出限幅。

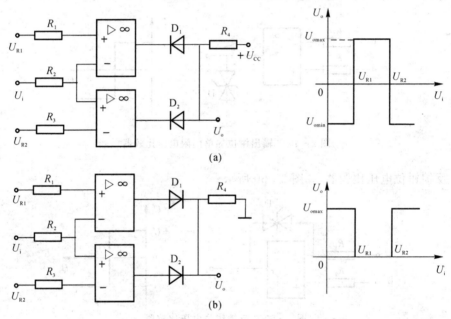

图 2-52 双门限比较器

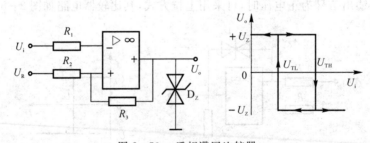

图 2-53 反相滞回比较器

阈值电压分别为

$$U_{TH} = \frac{U_R R_f + U_Z R_2}{R_2 + R_f}$$

$$U_{TL} = \frac{U_R R_f - U_Z R_2}{R_2 + R_f}$$

以上介绍了用集成运算放大器构成的比较器的基本工作原理,它们输出的是模拟信号,如果想用比较器的输出去驱动数字电路,则应选用集成电压比较器为宜,如四电压比较器 LM339。因为这类比较器的输出电压能直接用于数字电路工作,它们的响应速度快,工作电流大,带负载能力强。

二、实验内容

1. 单门限电压比较器

参照电路图 2-49,用 μA741 搭接一个单门限电压比较器,R_1,R_2 均取 10kΩ,门限电压为直流 1V。U_i 为输入频率 $f = 500$Hz,幅度为 2V 的正弦信号,用示波器观察并记录输出/输入波形,并根据观测波形绘制传输特性曲线。改变门限电压值,重复上述步骤。

2. 窗口比较器

用 μA741 设计一个窗口比较器,参照图 2-51(a),各电阻均取 10kΩ,二极管采用 IN4148,基准电压 $U_{R1} = 1$V,$U_{R2} = 3$V。输入信号用 2.5V,频率为 500Hz 的正弦信号。用示波器观测输出/输入波形,并描绘电压传输特性曲线。

3. 反相滞回电压比较器

参照图 2-52,用 μA741 设计一个反相滞回比较器,R_1,R_2 均取 10kΩ,$R_3 = 100$kΩ,基准电压 U_R 分别取 0V,1V。

(1) 输入 U_i 为可调直流信号(用直流信号源提供),逐渐增大或减小 U_i 的值,利用直流电压表分别测量 U_o。由 $+U_Z \rightarrow -U_Z$ 和 $-U_Z \rightarrow +U_Z$ 时的 U_i 的临界值。

(2) U_i 接 1kHz,2V 的正弦信号,用示波器观测输入 U_i 波形、输出 U_o 波形和电压传输特性,并测量阈值电压。

4. 同相滞回比较器

将图 2-52 中的 U_i 和 U_R 位置对调,即可得到同相滞回比较器。测试步骤及方法同实验内容 3。(完成该实验时,为防止输出对输入信号的影响,U_i 最好经跟随器电路再加到测试电路输入端)。

三、实验报告要求

整理实验记录,绘制各类电压比较器的传输特性曲线,总结各自的特点及其应用。

四、思考题

(1) 比较器是否需要调零?原因何在?

(2) 比较器的两个输入端电阻是否要求对称?为什么?

(3) 运算放大器的两个输入端电位如何估计?

❋ 推荐阅读书目及章节

[1]　清华大学电子学教研室,童诗白. 模拟电子技术基础. 2 版. 北京:高等教育出版社,

1995. 第九章第一节,第二节,第三节.

[2]　华中理工大学电子学教研室,陈大钦,杨华.模拟电子技术基础.2 版.北京:高等教育出版社,2000. 第九章第四节.

2.9　实验九　集成运算放大器的基本应用(Ⅳ)
——信号产生电路

由于集成运算放大器具有很高的增益和输入阻抗,利用正反馈,在满足一定的幅值条件和相位条件时,以运算放大器为核心组成的电路就可以形成自激振荡,产生一定波形的信号。如:正弦波、矩形波、三角波等。能产生这些信号的电路多种多样,各有特点,本实验仅以常用的、最简单的电路为例,分析这些电路的组成和工作原理以及设计方法。

一、RC 桥式正弦波振荡电路的原理和设计

利用集成运算放大器组成的正弦波振荡器有多种形式:RC 正弦波振荡器、LC 正弦波振荡器、石英晶体正弦波振荡器等。其中:LC 正弦波振荡器常用于产生高频信号,选频网络由电感和电容组成。石英晶体正弦波振荡器用于产生高稳定度的频率。RC 正弦波振荡器能产生中低频正弦信号,选频网络由电阻和电容组成。在这几种电路中,最常用的是 RC 正弦波振荡器,下面就来讨论这种电路。

1. 理论分析

RC 正弦波振荡器的基本电路为如图 2-54(a) 所示的形式。其中,R_1C_1,R_2C_2 串并联网络在构成正反馈的同时也起到选频的作用,R_p,R_f 构成负反馈,对正反馈回来的信号进行放大。下面讨论要使该电路形成自激振荡,电路各参数应满足的条件。

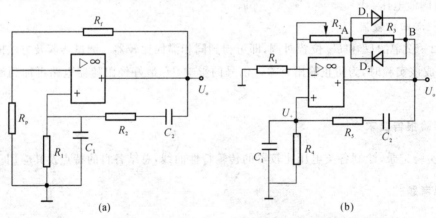

(a)　　　　　　　　　　　　　　(b)

图 2-54　文氏正弦波振荡器

正反馈回路的传递函数为

$$F(\mathrm{j}\omega) = \frac{\dot{U}_+}{\dot{U}_o} = \frac{1}{1 + \dfrac{R_2}{R_1} + \dfrac{C_1}{C_2} + \mathrm{j}\left(\omega R_2 C_1 - \dfrac{1}{\omega R_1 C_2}\right)}$$

要使该电路产生振荡,就必须使反馈信号与输出信号间的相差满足 $2k\pi$ 关系,即 $\Delta\varphi =$

$2k\pi$，为此就要求上式中：

$$\omega R_2 C_1 - \frac{1}{\omega R_1 C_2} = 0$$

即

$$\omega^2 = \frac{1}{R_1 R_2 C_1 C_2}$$

另外，除要满足上面的相位条件外，还应满足幅值条件 $|AF| = 1$，而该电路的增益为

$$|F| = \frac{1}{1 + \frac{R_2}{R_1} + \frac{C_1}{C_2}}, \quad A = \frac{U_o}{U_+} = 1 + \frac{R_f}{R_p}$$

因此，有关系式

$$1 + \frac{R_f}{R_p} = 1 + \frac{R_2}{R_1} + \frac{C_2}{C_1}$$

成立。

一般情况下，为了使电路设计简单，通常取 $R_1 = R_2$，$C_1 = C_2$。这样一来就有关系式 $\frac{R_f}{R_p} = 2$，也就是说 $A = 3$，此时，才能在电路中产生振荡信号。

在满足上述两个条件时，产生的正弦波信号频率为

$$f = \frac{1}{2\pi \sqrt{R_1 R_2 C_1 C_2}} = \frac{1}{2\pi R_1 C_1}$$

输出信号幅度受工作电压和集成运算放大器的最大输出限制。

若 $A < 3$，电路不能起振；若 $A > 3$，电路起振后很快进入饱和，得到一个失真波形。一般情况下，为使电路容易起振，开始时取 $A > 3$，振荡后再使 $A = 3$。为此常采用如图 2-54(b) 所示的电路。

该电路中，D_1，D_2 在刚开始时因输出信号很小不导通，此时，电路的增益为

$$A' = 1 + \frac{R_2 + R_3}{R_1} > A = 1 + \frac{R_2 + R_{AB}}{R_1}$$

在满足 $R_5 = R_4$，$C_1 = C_2$ 时，$A = 3$，有利于起振。随着信号幅度的增大，D_1，D_2 轮流导通，由 D_1，D_2，R_3 组成的并联支路等效电阻减小，电路增益减小，输出信号不至于出现饱和失真，最终稳定在某一幅值上。

2. 电路设计

在设计这类电路时，一般先确定正反馈回路（即选频网络）的电容，然后根据频率计算公式确定这一回路电阻。因为电容的标称值系列比电阻要少得多，若根据电阻值再来确定电容，难以找到合适的标准电容与之对应。电容的取值一般在 $1\mu F$ 以下，不宜过大，若过大，则漏电对频率的影响很大。

根据幅值条件确定负反馈电阻和反相端输入电阻，对如图 2-54(b) 所示电路，在确定了 R_4，R_5，C_1，C_2 后，根据幅值条件有

$$\frac{R_2 + R_{AB}}{R_1} = \frac{R_4}{R_5} + \frac{C_2}{C_1}$$

式中，$R_{AB} = R_3 // R_D$，(R_D 为二极管刚进入导通区时的电阻，其值在几百欧到几千欧之间)，为增强二极管对电路的稳幅作用，一般 $R_3 > R_D$，在估算时可取 $R_{AB} = 1k\Omega$，这样 $R_3 > 1k\Omega$。在选用二极管时，两管的参数应尽可能一致。

为了保证电路可靠起振又不失真,在确定 R_2,R_1 时,按 $\dfrac{R_2+R_{AB}}{R_1}$ 略大于 $\left(\dfrac{R_4}{R_5}+\dfrac{C_2}{C_1}\right)$ 考虑取值。同时,为了减小集成运算放大器的输入失调电流和漂移影响,两输入端阻抗应尽可能匹配,即 $R_4=R_1//(R_2+R_{AB})$。由这两式可以确定 R_1,R_2 的值。通常为便于调节,R_2 用一个电位器和一个固定电阻串联来代替。

二、由集成运算放大器组成的多谐振荡器

1. 电路结构

如图 2-55(a) 所示为产生脉冲波信号的多谐振荡器典型电路,集成运算放大器作为比较器使用,R,C,R_W,D_1,D_2 组成充放电回路,调节 R_W 可以改变充电、放电的快慢,从而改变脉冲的占空比。输出脉冲幅度由稳压管的稳压值决定。R_2 作为输出限流使用。

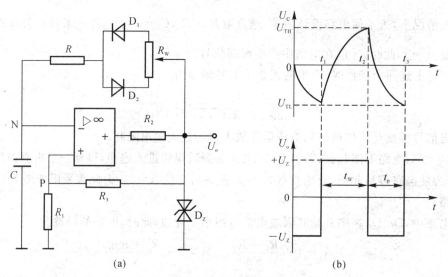

(a)   (b)

图 2-55 占空比可调脉冲振荡器

2. 电路分析

下面,分析该电路的脉冲宽度 t_W 和振荡周期 T。

如图 2-55(b) 所示为该电路中电容 C 的充、放电曲线和电路的输出脉冲波形,从图中可以看出电容的充电时间就是输出脉冲宽度 t_W,设放电时间(脉冲间歇宽度)为 t_P。该电路中 P 点的电压为

$$U_P=\left|\frac{R_1}{R_1+R_3}U_Z\right|$$

因此,该比较器的上门限电压为

$$U_{TH}=\frac{R_1}{R_1+R_3}U_Z$$

下门限电压为

$$U_{TL}=-\frac{R_1}{R_1+R_3}U_Z$$

对充放电回路,根据一阶电路三要素法可以列出充电阶段电压方程,即

$$U_{(t)} = U_{(\infty)} + (U_{(0^+)} - U_{(\infty)})e^{-\frac{1}{\tau}t}$$

设充电开始时电压为 $U_{(t1)}$，结束时电压为 $U_{(t2)}$。那么，由上式可以得到充电时间为

$$t_w = t_2 - t_1 = \tau_{充} \ln \frac{U_{(t1)} - U_{(\infty)}}{U_{(t2)} - U_{(\infty)}}$$

式中，$\tau_{充} = (R + R'_w + R_D)C$，$R'_w$ 为 R_w 的上半部阻值。

因 $U_{(t1)} = U_{TL} = -\dfrac{R_1}{R_1 + R_3}U_Z$，$U_{(t2)} = U_{TH} = \dfrac{R_1}{R_1 + R_3}U_Z$，$U_{(\infty)} = U_Z$，将此关系代入上式，得到

$$t_w = (R + R_D + R'_w)C\ln\left(1 + \frac{2R_1}{R_3}\right)$$

下面，求放电时间（间歇宽度）t_P。

设放电结束时电压为 $U_{(t3)}$，由图 2-55 可以看出，$U_{(t3)} = U_{TL} = -\dfrac{R_1}{R_1 + R_3}U_Z$，$U_{(\infty)} = -U_Z$，

$\tau_{放} = (R + R''_w + R_D)C$，$R''_w$ 为 R_w 的下半部电阻，将上述关系代入下式

$$t_P = t_3 - t_2 = \tau_{放} \ln \frac{U_{(t2)} - U_{(\infty)}}{U_{(t3)} - U_{(\infty)}}$$

得到

$$t_P = (R + R_D + R''_w)C\ln\left(1 + \frac{2R_1}{R_3}\right)$$

因此，输出脉冲的振荡周期 T 为

$$T = t_w + t_P = (2R + 2R_D + R_w)C\ln\left(1 + \frac{2R_1}{R_3}\right)$$

占空比

$$q = \frac{t_w}{T} \times 100\% = \frac{R + R_D + R'_w}{2R + 2R_D + R_w} \times 100\%$$

3. 电路设计

下面介绍该电路的设计方法。

一般对脉冲波要求这样几个主要参数：周期（T）、占空比（q）、脉冲幅度（U_O）。其中：脉冲幅度由双向稳压管的稳压值决定，可以通过选取合适的双向稳压管得到所需的脉冲幅值。例如，2DW7A 的稳压值在 $5.8 \sim 6.6V$ 之间。

由上面周期、占空比表达式可以看出：在同相端分压电阻一定的情况下，周期只与充放电回路元件参数有关；在周期一定时，占空比只与电位器的分压比有关。通常为简单起见，取 $R_1 = R_3$，则

$$\ln\left(1 + \frac{2R_1}{R_3}\right) = \ln3 \approx 1.1$$

振荡周期近似为

$$T \approx 1.1(2R + 2R_D + R_w)C \approx (2R + 2R_D + R_w)C$$

为减小电路功耗和增大带负载能力，R_1，R_3 值较大，一般在 $10k\Omega$ 以上。开关二极管的正向导通电阻大约在 500Ω 以下，粗略估算时可以认为是零。这样在电容确定后，周期就仅与 R，R_w 有关。为了使占空比能在较大范围内调整，R_w 应远大于 R，一般取 $R_w > 10R$ 以上，为了能对周期进行精确调节，R 一般用电位器代替。

图 2-56 所示就是按照上述方法设计的一个 1kHz 脉冲产生电路。其输出波形及电容两

端电压变化如图 2-57 所示。

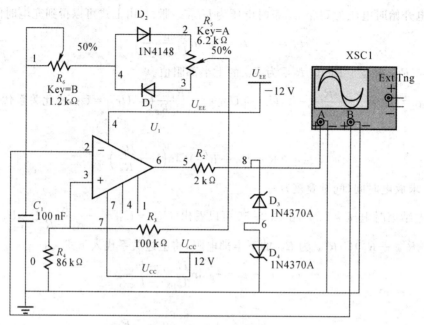

图 2-56　仿真电路图

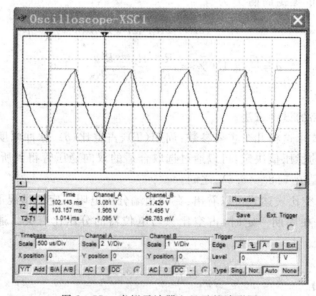

图 2-57　虚拟示波器上显示的波形图

三、实验内容

1. 基础实验

（1）按照图 2-54(b)所示电路完成 RC 桥式正弦波振荡电路，电路参数：$R_1 = 10\text{k}\Omega$，$R_2 = 25\text{k}\Omega$，$R_3 = 2.2\text{k}\Omega$，$R_4 = R_5 = 10\text{k}\Omega$，$C_1 = C_2 = 0.01\mu\text{F}$。

实验步骤及测试内容：

(1) 刚刚起振时电位器的电阻值。用示波器监测,仔细调节电位器 R_2 ,到电路刚刚起振时为止,用万用表测量此时的 R_2 有效部分阻值。

(2) 刚刚失真时电位器的阻值。测定输出信号的工作频率及幅度,测量当电路刚刚起振时电位器的电阻的阻值,输出信号刚刚失真时电位器的阻值。用毫伏级电压表测量同相端电压,并与输出电压比较。

(3) 按照如图 2-58 所示电路完成对脉冲产生电路的测试,测量输出信号的频率以及脉冲波的高、低电平,用示波器观察反相端的信号波形并测量该信号的正向和反向转折电压。

体会电路中不同反馈形式的作用及其强弱对输出的影响。

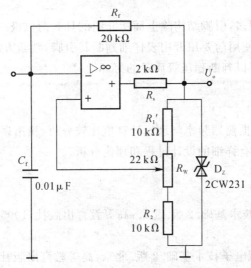

图 2-58　脉冲产生实验电路

2.设计实验

(1) 根据前面所介绍的基本理论,设计一个能产生 2kHz 正弦波的文氏振荡电路。

(2) 设计一个低频脉冲信号源,要求频率范围在 $0.5 \sim 5$ kHz 之间连续可调,幅度不超过 6.5V,占空比在 $10\% \sim 90\%$ 之间连续可调。

(3) 查找有关资料,利用集成函数信号发生器 ICL8038 设计一个简易函数信号发生器,要求:信号频率、幅度、占空比均能连续可调。

以上各题都要画出实验电路,并说明原理和设计过程。

四、调试和测试注意事项

(1) 在正弦波振荡器中,稳幅用的二极管的参数应基本一致。在脉冲信号产生器中,为防止波形失真,充放电回路的二极管应当用开关二极管。

(2) 要注意双向稳压管的使用,此实验中其补偿端不接入电路。本实验所用双向稳压管为 2DW232(原型号为 2DW7)或 2CW231,其稳压值为 ± 6V,其底部引脚分布如图 2-59(a) 所示,与外壳绝缘的两引脚为负极,与外壳相连的为补偿端。它的内部结构等效图如图 2-59(c) 所示,可以看出,补偿端相当于两个单向稳压管的正极且是它们的公共端。图 2-59(b) 所示的是双向稳压管的电气符号。

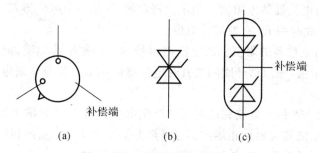

(a)　　　　　　　　(b)　　　　　　(c)

图 2-59　2DW232 的引脚识别

双向稳压管的类型很多,引脚结构除上面所介绍的具有两负极一正极补偿端的之外,还有两正极一负极补偿端的,使用前要用万用表仔细判断其引脚,判断方法跟判断普通二极管正负极一样。利用该方法也可以判断稳压管质量的好坏。

五、实验报告要求

(1) 将实验测得的各振荡器频率与理论计算值比较分析,找出误差产生的原因。

(2) 对各设计电路要有详细的设计过程和理论分析。

❖ **推荐阅读书目及章节**

[1]　童诗白．模拟电子技术基础．2 版．北京:高等教育出版社,1995．第九章第一节,第二节,第三节．

[2]　陈大钦,杨华．模拟电子技术基础．2 版．北京:高等教育出版社,2000．第十一章．

[3]　毕满清．电子技术实验与课程设计．2 版．北京:机械工业出版社,2001．第一章第九节．

[4]　李万臣,谢红．模拟电子技术基础实验与课程设计．哈尔滨:哈尔滨工程大学出版社,2001．第二篇第四章．

2.10　实验十　分立元件直流稳压电源的设计和测试

一个完整的电子系统都缺少不了直流电源部分。直流电源供电有两种形式:第一种是蓄电池供电,第二种是将交流电转化为直流电供电。在实际应用中,用途最广泛的还是第二种形式,这就是我们常讲的直流稳压电源。直流稳压电源按其工作方式分为线性稳压电源和开关稳压电源,线性稳压电源的调整管工作在线性放大区,它的优点在于电路结构简单,缺点是变换效率低。开关型稳压电源的调整管工作在开关状态,电能变换效率高,各项性能指标较好,但就是电路较为复杂,成本高。

本次实验要在理论学习的基础上,学会如何设计一个简单的线性直流稳压电源,通过对分立元件直流稳压电源的设计和测试,要求大家对稳压电源的结构和工作原理有更深入的认识;通过对集成稳压电源的设计和测试,要求大家学会集成稳压器的使用。

首先,我们来看直流稳压电源的几个主要性能指标及其测试方法。

一、直流稳压电源的主要性能指标及测试

1. 电压稳定度 S_r

电压稳定度又叫稳压系数,它表明输入电压的变化对电源输出电压影响的程度,其定义为在负载电阻 R_L 不变的情况下,输出电压与输入电压相对变化量之比,即

$$S_r = \frac{\dfrac{\Delta U_o}{U_o}}{\dfrac{\Delta U_i}{U_i}}\Bigg|_{R_L=常数} \times 100\%$$

与此参数相类似的一个参数是电压调整率 S_i,它表明在输入电压不变时,稳压器对由于负载的变化而引起的输出电压脉动的抑制能力。它定义为

$$S_i = \frac{\Delta U_o}{U_o} \times 100\%$$

电压稳定度的测量方法是,在输入电压变动 $\pm 10\%$ 的情况下,测出输出电压的变化量,然后利用上式求出。

测量时,输入电压的变化一般用调压器来控制。在使用调压器时,应注意接线端子不能接反。

2. 纹波电压

输出直流电压中交流分量的大小称为纹波电压,通常用示波器观测其峰-峰值,有时也可以用毫伏级电压表去测量。

3. 电源内阻

电源内阻是指在稳压电路输入电压不变的情况下,输出电压的变化量与负载电流的变化量之比,即

$$r_o = -\frac{\Delta U_o}{\Delta I_o}$$

式中,"$-$"表示输出电压的变化与负载电流的变化方向相反。r_o 越小,负载特性越好。

电源内阻的测量方法:在稳压电源的输出端接可变电阻,测出在不同负载下电源的输出电压和流过负载的电流,然后作该电源的外负载特性曲线,曲线的斜率就是该电源的内阻。这一点与在电路分析实验中测电源外特性的方法相同。

4. 输出电压的可调范围

就是在保持输入电压不变的条件下,改变输出电压调节电位器所能得到的最大输出 U_{omax} 和最小输出 U_{omin},这两个值可以用万用表的直流挡直接测量。在理论设计时,对不同形式的直流稳压电源,这个参数有不同的理论表达式,可以根据这些理论式选择合适参数的元件或器件对其进行控制。

对直流电源还有其他一些参数,如温度系数、纹波抑制比等等,在此就不作一一介绍了,有兴趣的同学可以参阅有关参考书。

二、串联型直流稳压电源的设计

直流稳压电源主要由四部分组成:变压器部分、整流部分、滤波部分、稳压部分。除变压器部分外,其余各部分均有多种形式,这样就使得直流稳压电源有多种类型。最为典型的是如图

2-60 所示的串联反馈型直流稳压电源。这种电源结构简单,目前,在许多电子设备中仍然可以见到它的踪影,如许多黑白电视机的电源部分和一些机床控制电路的电源均采用了这种电路。下面,将通过分析该电路的结构原理及设计方法进而说明串联型直流稳压电源的一般设计方法。

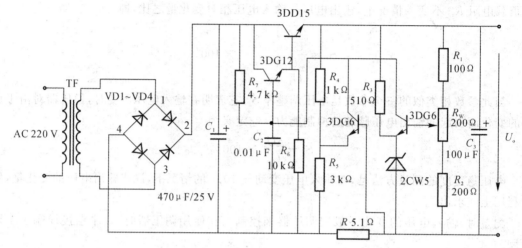

图 2-60　串联反馈型直流稳压电源电路

1. 变压器部分

这一部分主要完成交流电压降压变换。一般是将 220V 的交流电降为高于稳压电源输出电压的交流电(最大压差不超过 40V)。若电源输出电压为 U_o,变压器次级电压为 U_{i2},经整流滤波后输到稳压电路的电压为 U_{i3},考虑到调整管上的管压降,一般取 $U_{i3} = 1.2U_o + (3 \sim 8)V$,根据桥式整流输出/输入的关系,$U_{i2} = \dfrac{U_{i3}}{(1.1 \sim 1.2)}$。变压器输出功率的大小要根据电源最大输出功率确定,还要考虑变压器效率及具体效率和功率的关系,可以参考以下数值:

10W 以下,60% ~ 70%;10% ~ 30W,70% ~ 80%;35 ~ 50W,80% ~ 85%;50 ~ 100W,85% ~ 90%;100W 以上,90% 以上。

关于变压器的设计请同学们参阅有关参考书。

2. 整流部分

该电路中采用桥式全波整流,在设计和组装时,整流元件可用 4 个整流二极管或者整流桥堆,选用时应注意整流二极管的反向耐压和最大整流电流。一般低电压情况下,整流二极管多取 IN4001 或 IN4007。

3. 滤波

这里采用电容滤波,由 C_1,C_3 完成。这两个电容容量一般都比较大,越大滤波效果越好。但电容容量越大,体积越大。所以,选取时要考虑电源的体积。

4. 稳压部分

这一部分又有四个基本环节:取样、基准、比较放大、调整。

(1)取样环节。这部分由 R_1,R_2,R_w 组成,它将输出电压的　部分取出与基准电压进行比较放大,进而控制调整管的工作状态,对电路进行自动调整,使电压趋于稳定。

同时,它还可以调节输出电压的大小,其调节范围是

$$U_{\text{omax}} = \frac{R_1 + R_2 + R_{\text{w}}}{R_2} U_{\text{z}}$$

$$U_{\text{omin}} = \frac{R_1 + R_2 + R_{\text{w}}}{R_2 + R_{\text{w}}} U_{\text{z}}$$

U_{z} 为稳压管的稳压值。

R_1, R_2, R_{w} 的阻值大小可由上式确定,上面两式相比得到

$$\frac{U_{\text{omax}}}{U_{\text{omin}}} = 1 + \frac{R_{\text{w}}}{R_2}$$

由此可以确定 R_2, R_{w} 的比值,当给定这两个参数中的任意一个,另一个自然也就确定了,进而根据上面的式子就可以确定 R_1。取样电阻不宜过大,太大电路自动调节的灵敏性就会降低;但也不能太小,太小电源带负载能力降低,一般为几百欧。

在设计时,应当考虑 R_1, R_2, R_{w} 的额定功率大于各电阻的最大消耗功率,否则,在输出最大电压时,电阻有可能烧毁。

(2)基准环节。这部分常见的是用稳压管和限流电阻构成的,如该电路中由 R_3 和 2CW5 组成,R_3 为稳压管 2CW5 提供合适的工作电流。

设计时,稳压管的稳压值应按电源输出电压的一半左右去考虑,限流电阻根据稳压管的电流参数确定,一般取几百欧。确定时要考虑到流过稳压管的电流远远大于比较放大器的电流,该电流值一般在 10 mA 左右。

(3)比较放大环节。它将输出电压的变化量放大后加到调整管的基极,控制调整管的工作状态。这部分的电路形式很多,除了像图 2-60 用单管组成的比较放大外,采用集成运算放大器组成的比较放大,还有用差动放大组成的比较放大。在供电形式上,还有采用辅助电源为比较放大器供电的,这些不同的结构,在性能上略有差异。由于这部分只对输出变化量进行放大,而这个变化量很小,所以就上面所给的这个电路,这部分可以选用小功率三极管来完成,如:3DG6,3DG7 系列。

图 2-60 中偏置电阻 R_7 既是调整管的偏置电阻,也是比较放大器和过流保护放大器的偏置电阻。其阻值可以按这样的方法来确定:首先,考虑到 R_7 两端的电压大约为 $U_{R_7} = U_{\text{i}3} - (U_{\text{be}1} + U_{\text{be}2} + U_{\text{o}}O)$,$U_{\text{be}1}$ 为复合调整管第一级的基-射电压,$U_{\text{be}2}$ 为复合调整管的第二级的基-射电压。其次,考虑流过 R_7 的电流 I_{R_7},这个电流近似等于流过比较放大器的电流(正常时,过流保护电路不工作),而这个电流远远小于流过稳压管的电流。普通稳压管的正常工作电流大约就是十几毫安,因此,I_{R_7} 就是 $1 \sim 2\,\text{mA}$。这样,就有

$$R_7 = \frac{U_{\text{i}3} - (U_{\text{be}1} + U_{\text{be}2} + U_{\text{o}})}{1 \sim 2\,\text{mA}}$$

(4)调整环节。它一般由功率管(单管或复合管)构成,通过比较放大环节使调整管基极电位变化,影响调整管的导通状态,使其集-射间电压变化,促使输出电压趋于稳定。该电路采用复合管是为了扩大输出电流。同时,为消除电路内部的自激振荡,在复合管的基极增加了 C_3,而 C_3 一般很小,取 $0.1\,\mu\text{F}$ 以下;为消除温度变化对输出的影响,提高电源的稳定度,利用 R_6 进行补偿。这一部分常见的补偿形式有如图 2-61 所示的几种电路。

图 2-61(a)适用于输出固定的情况,图 2-61(b)适用于输出可调的情况。补偿电阻一般都比较大,对图 2-61(a),有

$$R_1 = \frac{U_o + U_{be2}}{I_{CEO1} + I_{CBO2}}$$

对图 2 - 61(b),有

$$R_1 = \frac{U_{be2}}{I_{CEO1} + I_{CBO2}}$$

此元件参数一般在 $10k\Omega$ 左右。

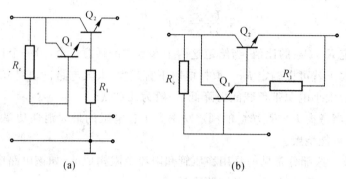

(a)　　　　　　　(b)

图 2 - 61　常见的调整环节

功率管在选用时,应保证它们的极限工作参数大于在电路正常工作时各参数的最大值,这些参数包括集-射间最大工作电压 U_{CEmax}、集-射间最大工作电流 i_{Cmax}、集-射间最大允许耗散功率 P_{CEmax}。

考虑最坏情况,当电源输出为 U_{omax},而调整管处在截止状态时,U_{CE} 为

$$U_{CE} = \sqrt{2}U_{omax}$$

那么

$$U_{CEmax} \geqslant \sqrt{2}U_{omax}$$

若要求电源的最大输出电流为 I_{omax},那么,一般取 $i_{Cmax} \geqslant 1.5I_{omax}$。根据三极管的安全工作区曲线,在集电极电流达到最大时,集-射间工作电压达到最小,如图 2 - 62 所示。但为了可靠起见,按最坏情况考虑,P_{CEmax} 就应取为

$$P_{CEmax} \geqslant (U_{i3} - U_{omin}) \times I_{omax}$$

对复合管,两管的计算选择方法相同,只是 Q_1 管的集电极电流为 Q_2 集电极电流(电源输出电流)的 $\frac{1}{\beta_2}$,两管的集-射级之间电压基本相同。

另外,在图 2 - 60 中还有一个由 R_4,R_5,R,3DG6 组成的过流保护电路,如图 2 - 63 所示。在电源电路正常工作时,因 R 上的电压不足以使三极管导通,该部分不工作。只有当电路出现异常,电流过大时,R 上电压升高,三极管导通,其集电极对调整管基极电流进行分流,以限制调整管的电流继续增大。

下面,再来看它的设计。设定保护电流(最大电流)为 I_{omax},在 $U_R \geqslant U_F$ 时,保护电路工作(U_F 一般取1V左右),而要保护电路工作,只有当 $U_{BE} \geqslant 0.7V$ 时才可,这样就可以确定 R 的大小,即

$$R = \frac{U_F}{I_{omax}}$$

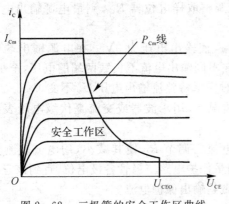

图 2-62　三极管的安全工作区曲线

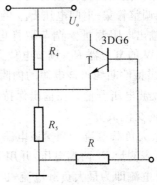

图 2-63　过流保护电路

再来看 R_4，R_5 的取值。在临界导通状态时，$U_{R_5} = U_R - 0.7 = U_F - 0.7$。另外，考虑到电路正常工作时，流过 R_4，R_5 的电流 I' 为几个毫安，最大不超过 $10\,\mathrm{mA}$。若太大，稳压电源损耗就会增加。因此，可以计算出 R_4，R_5 的值为

$$R_5 = \frac{U_{R_5}}{I'}, \quad R_4 = \frac{U_o - U_{R_5}}{I'}$$

关于直流电源的保护电路有多种形式，这里就不详细叙述了，有兴趣的同学可以参阅有关参考书。

上面就图 2-60 所给的电路，分析了它的结构以及电路设计方法，希望大家在弄清这个电路的基础上学会此类电路的分析和设计，这对理解其他形式稳压电源的结构原理很有益处。

三、实验内容

1. 基础内容

按如图 2-64 所示的电路图组装电路，测试该稳压电源的输出可调范围、该电源的内阻以及纹波电压。变压器次级电压选 12V。

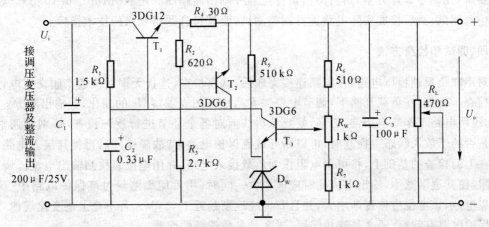

图 2-64　串联稳压电路

图中，T_1 为 3DG12，T_2 与 T_3 为 3DG6，DW 为 2CW5，电容耐压均为 25V。

实验步骤：

(1)输出范围测量。在负载 R_L 开路时,调整取样电位器 R_W,测量电源输出电压 U_{omax},U_{omin} 以及调整管集-射间电压 U_{CE} 的值。

(2)输出电阻测量。调节取样电位器 R_W,使输出电压为 9V。在电源输出端串接一个 $470\Omega/0.5W$ 的电位器 R_L,调节电位器,测量在不同输出电流下负载两端的电压,至少测 5 组,通过作输出特性曲线求该电源的内阻。测量时应保持整流输出电压 U_o 不变。

(3)纹波电压测量。在输出保持不变的情况下,用示波器或交流毫伏级电压表测量输出直流电中的交流成分。

(4)最大负载电流。测量该电路的保护电流。调节 R_L 使其减小,用电流表测量输出电流,用电压表测量 R_L 两端电压,并用万用表测量保护电路三极管各极电位,直到该三极管导通工作,此时电流即为最大负载电流,也近似看做是输出保护电流。

(5)稳压系数测量。利用调压器改变整流电路的输入电压,使其在 $\pm 10\%$ 范围内变动,测出相应的输入及输出,计算稳压系数和电压调整率。

2.设计题目

(1)试用分立元器件设计一个小功率稳压电源,其技术指标如下:

输入电压	AC 220V,50Hz
输出电压	$U_o = 4.5 \sim 6V$
输出电流	$I_o \leqslant 20mA$
纹波电压	$\leqslant 100mV$

(2)设计一个稳压电路,设计要求如下:

输出电压	$U_o = 12 \sim 15V$
输出电流	$I_o \leqslant 300mA$
输出保护电流	$400 \sim 500mA$
输入电压	AC 220V,50Hz
输出电阻	$R_o < 0.1\Omega$
稳压系数	$S_r \leqslant 0.01$

要求:先确定设计方案,然后写出设计过程并画出电路图。用 NI Multisim 10 仿真软件先进行仿真测试,然后接成实际电路进行调整测试,使其符合题目要求的技术指标。

四、调试和检查方法

对串联负反馈稳压电路,在电路连接完成后,认真检查,连接无误后接通工频交流电,进行电气检查。首先,在负载开路下,调节电位器 R_W,用万用表观察 U_o 的变化,若输出随 R_W 均匀变化,说明电路工作基本正常,否则,就要从后往前对各个环节进行逐一检查,特别是调整管,看其是否处于放大状态。检查时,可以断开过流保护电路,待故障排除后再将其接入电路。

在上面检查的基础上,将可调电阻作为负载接入电路,并用电流表检测输出电流。调节可调电阻,使其逐渐减小,输出电流此时应该增大。同时,用万用表测量过流保护电路中三极管的基极电位,该电位应该逐渐增大,并且 U_{BE} 应逐渐趋近于 0.7V。若不是上述变化规律,那就说明保护电路有问题,要么是连接问题,要么是参数选择的问题。

五、实验报告和思考题

(1)对串联反馈型稳压电源,哪些环节都有可能导致输出不随 R_W 而变化? 试分析说明。

(2) 影响该类型稳压电路稳压系数的主要因素是什么？如何进一步提高稳压系数？

(3) 对图 2-64 而言，哪个元件对电源内阻影响最大？试作理论分析。

(4) 对设计题目，在实验报告中写出实验电路的设计、调试以及性能指标的测试过程。

✲ 推荐阅读书目及章节

[1]　童诗白. 模拟电子技术基础. 2 版. 北京：高等教育出版社，1995. 第十一章.

[2]　陈大钦，杨华. 模拟电子技术基础. 2 版. 北京：高等教育出版社，2000. 第十二章.

[3]　李万臣，谢红. 模拟电子技术基础实验与课程设计. 哈尔滨：哈尔滨工程大学出版社，2001. 第二篇第六章.

[4]　江晓安. 模拟电子技术. 西安：西安电子科技大学出版社，2000. 第九章第四节.

[5]　付家才. 电工电子实践教程. 北京：化学工业出版社，2003. 第二章第一节.

2.11　实验十一　集成稳压电源的应用和设计

目前，集成稳压电源已大量应用到电子系统中，使得整个电源部分工作更加可靠，体积大大减小。下面，通过两种常见的集成稳压电源的设计和测试，来初步学习和了解这类三端稳压电源的应用。

一、固定输出稳压器 78L05 介绍

在固定输出电压的集成稳压器中，人们常用的是三端固定正稳压器 7800 系列和三端固定负稳压器 7900 系列，它们的输出电压有 ±5V，±6V，±8V，±9V，±10V，±12V，±15V，±18V，±24V 等，输出电流有 100mA(78L00 系列、79L00 系列)、500mA(78M00 系列、79M00 系列)、1.5A(7800 系列、7900 系列)。

78L05 的封装外形及符号如图 2-65 所示（注意：三端稳压的封装不同，其引脚排列和名称也不同），其输出与输入之间的压差范围为 2～6.2V，输出与公共端电压为 +5V，允许误差为 ±0.2V。使用时，在输入端除接入大的有极性滤波电容外，还应接一个较小的无极性电容，以改善纹波，同时抑制输入瞬态过电压，该电容取值一般在 0.1～0.47μF 之间；公共端必须可靠接地，否则，可能损坏稳压器；输出端不需要接大的电解电容，但要接一个小的无极性电容，以改善负载的瞬态响应，取值范围也在 0.1～0.47μF 之间。典型应用电路如图 2-66 所示。图 2-66(a) 为输出固定正电压，图 2-66(b) 为输出可调电压。

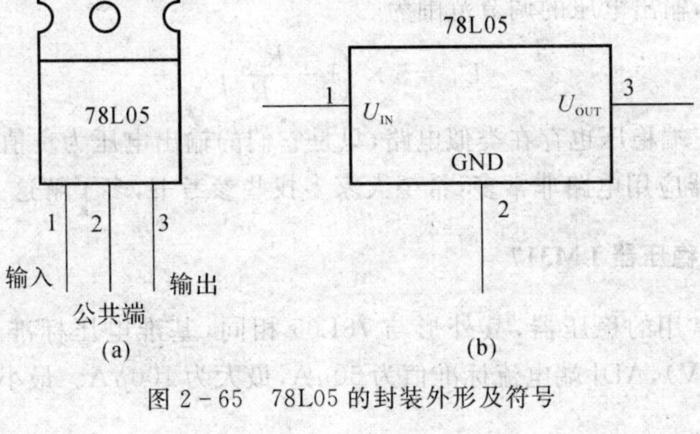

图 2-65　78L05 的封装外形及符号

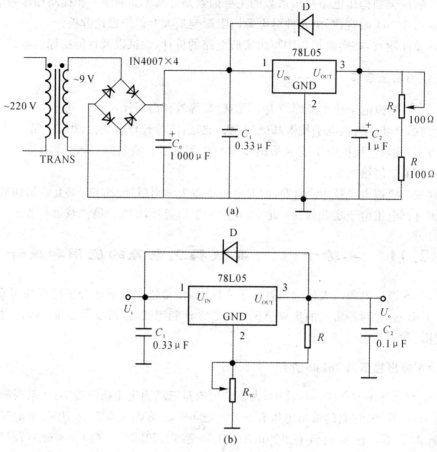

图 2-66 两种典型的 78L05 应用电路

(a) 固定输出正电压电路； (b) 输出可调的稳压电路

在上述两电路中，二极管 D 起保护作用。当输入对地短路时，其电位迅速降为零，而输出端接有大电容，其电压仍然接近于原输出电压，这时，大电容将通过三端稳压内部调整管释放电荷，调整管的 PN 结在高电压下有可能被击穿，如果接了二极管 D，就能及时将电容上的电荷释放掉，从而保护了稳压器。

整流后的滤波电容 C_0 取值可用经验公式

$$C_0 = (1\ 500 \sim 2\ 000) I_0 (\mu F)$$

对图 2-66(b)，输出电压的调节范围为

$$U_0 = 5 \times \left(1 + \frac{R'_w}{R}\right)$$

对 7 900 系列三端稳压也存在类似电路，只是它们的输出电压为负值，引脚排列不同。固定输出的三端稳压器应用电路非常多，希望大家多找些参考书，多了解这方面的内容。

二、三端可调正稳压器 LM317

这也是一种很常用的稳压器，其外形与 78L05 相同，基准电压标准值为 1.25V（最小为 1.20V，最大为 1.30V），ADJ 端电流标准值为 $50\mu A$，最大为 $100\mu A$。最小输出电流在输入、输

出压差为40V（极限值）时标准值为5mA，最大为10mA；最大输出电流在同样条件下标准值为0.8A，最小为0.15A。其工作条件见表2-25。它的应用电路标准接法如图2-67所示。

表2-25 LM317的工作条件

项　目	符　号	最　小	最　大
输入输出电压差 /V	$U_{IN} - U_{OUT}$	3	40
输入电压 /V	U_{IN}	4.3	40
输出电压 /V	U_{OUT}	1.3	37
输出电流 /A	I_{OUT}	0.01	1.5
表面温度 /℃	T_{opt}	-20	125

下面讨论 R 的取值计算。稳压器在空载时工作电流最小，此时，为保证额定的输出电压值，R 的取值应为

$$R = \frac{1.25V}{10mA} = 125\Omega$$

取标称值120Ω。实际上 R 的取值通常在 $120 \sim 240\Omega$ 之间。

由此可以写出上述电路的输出电压值计算公式，即

$$U_o = 1.25 \times \left(1 + \frac{R'_w}{R}\right) + I_{ADJ} R_w$$

式中，R'_w 为 R_w 的下半部分电阻值，I_{ADJ} 为 50μA，其变化不超过 0.5μA。因此，在设计时，上式后面一项可以忽略。C_2 主要是为了旁路 R_w 上的纹波电压。

如图2-68所示为一台 $0 \sim 30V$ 连续可调稳压源。

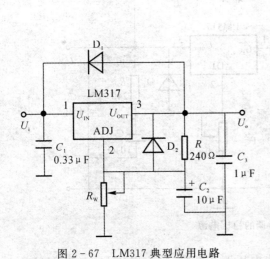

图2-67　LM317 典型应用电路

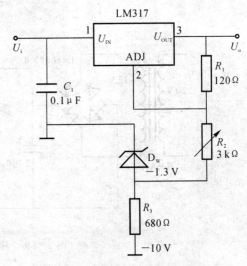

图2-68　$0 \sim 30V$ 连续可调稳压源

三、集成稳压器设计举例

1. 设计方法

集成稳压电源的设计要从这几个方面去考虑：

（1）稳压器的选择。如果输出电压是系列标称值，精度要求不高，可以选用三端固定集成稳压器。如果要求输出电压的稳定性较高，电压是非标称值可调的，三端可调式稳压器是最合适的选择。如果电源要求精度不高，电流很大，同时要求减轻电源重量，提高电源利用率时，可考虑开关型稳压电源。

（2）考虑变压器和整流滤波电路设计。在整流电路的选择上应优先考虑全波桥式整流，因为其对整流二极管的耐压要求低，缺点就是相对增加了电源内阻。滤波电路多采用电容滤波，滤波电容的容量可用经验公式 $C = (1\,500 \sim 2\,000) \times I_o$，计算时 I_o 用工作电流最大值并考虑裕量。小型变压器一般不必自己动手制作，在电子市场上有许多专业厂家专门设计生产该类产品，一般只需提供变压器的绕组要求、输出功率、输入及输出电压、输出电流等就可以了。

（3）稳压器的散热。若稳压器散热不良，其能承受的输出功率就会降低，稳压器的使用寿命就会缩短。稳压器是否加散热板，取决于稳压器最大承受功率（$P_{omax} = I_{omax}U$）和负载最大消耗功率，若负载最大消耗功率小于稳压器最大承受功率的 1/2 时，可以不加散热板，利用其自带散热片即可。

2.设计举例

（1）设计要求。设计一个直流稳压电源，其性能指标要求：

$$U_o = +3 \sim +9V, \quad I_{omax} = 800\,mA$$

纹波电压的有效值 $\Delta U_o \leqslant 5\,mV$，稳压系数 $S_r \leqslant 3 \times 10^{-3}$。

（2）设计步骤。

1）选择集成稳压器，确定电路形式。根据性能指标，集成稳压器选用 LM317，其输出电压范围为 $U_o = 1.3 \sim 37V$，最大输出电流 I_{omax} 为 1.5A。所确定的稳压电源电路如图 2-69 所示。

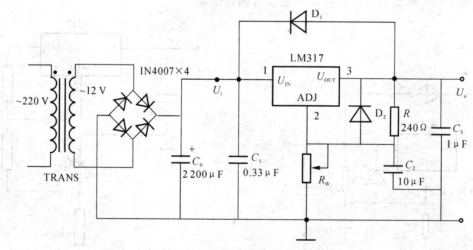

图 2-69　输出电压可调的稳压电源

在如图 2-69 所示电路中，R_1 和 R_w 组成输出电压调节电路，输出电压 $U_o \approx 1.25(1 + R_w/R_1)$，$R_1$ 取 $120 \sim 240\Omega$，流过 R_1 的电流在空载时，最大为 $5 \sim 10\,mA$，最小为 $50\mu A$。根据 $R_1 = \dfrac{1.25}{I}$，取 $R_1 = 240\Omega$，则由 $U_o = 1.25(1 + R_w/R_1)$，可求得 $R_{Wmin} = 336\Omega$，$R_{Wmax} = 1\,488\Omega$，故取 R_w 为 $2k\Omega$ 的精密线绕电位器。

2) 选择电源变压器。计算变压器副边输出电压。由于 LM317 的输入电压与输出电压差的最小值 $(U_i-U_o)_{min}=3V$，输入电压与输出电压差的最大值 $(U_i-U_o)_{max}=40V$，故 LM317 的输入电压范围为

$$U_{omax}+(U_i-U_o)_{min}\leqslant U_i\leqslant U_{omin}+(U_i-U_o)_{max}$$

即
$$9V+3V\leqslant U_i\leqslant 3V+40V$$
$$12V\leqslant U_i\leqslant 43V$$

由以上计算可知，稳压器的最小输入电压为 12V。根据桥式全波整流输出、输入电压关系不难确定变压器副边输出应为

$$U_2\geqslant \frac{U_{imin}}{1.1}=\frac{12}{1.1}=11V$$

取 $U_2=12V$。

变压器副边电流为

$$I_2>I_{omax}=0.8A$$

取 $I_2=1A$。

因此，变压器副边输出功率

$$P_2\geqslant I_2U_2=12W$$

由于小型变压器的效率一般在 $0.6\sim 0.85$ 之间，这里取 $\eta=0.7$，则变压器原边输入功率为

$$P_1\geqslant \frac{P_2}{\eta}=17.1W$$

为留有余地，选用功率为 20W 的变压器。

3) 选用整流二极管和滤波电容。由于二极管最大瞬时反向工作电压 $U_{RM}>\sqrt{2}U_2=\sqrt{2}\times 12=17V$，$I_{omax}=0.8A$。

IN4007 的反向击穿电压 $U_{RM}\geqslant 50V$，额定工作电流 $I_D=1A>I_{omax}$，故整流二极管选用 IN4007。

滤波电容按经验公式：

$$C=2\,000\times 0.8\mu F=1\,600\mu F$$

取电容标称值 $2\,200\mu F$，电容的耐压要大于 $\sqrt{2}U_2=\sqrt{2}\times 12=17V$，故滤波电容 C 取容量为 $2\,200\mu F$，耐压为 25V 的电解电容。

四、实验内容

1. 基础实验

分别按图 2-66(a) 和图 2-67 组装电路，完成后测量以下指标：

(1) 输出电压及调节范围。

(2) 电源外特性。

(3) 稳压系数、电压调整率、电流调整率。

(4) 观察和测量输入、输出的纹波电压。

方法与步骤参看实验十的有关内容。

2. 设计实验

(1) 试用 78L05 设计制作一个小型晶体管收音机用的稳压电压。主要技术指标如下：

输入交流电压　　　　220V,50Hz

输出直流电压　　　　$U_o = 4.5 \sim 6V$

输出电流　　　　　　$I_{omax} \leqslant 20mA$

输出纹波电压　　　　$I_o \leqslant 100mV$

(2) 设计一个稳压电路，设计要求如下：

输出电压　　　　　　$U_o = 12 \sim 15V$

输出电流　　　　　　$\leqslant 300mA$

输出保护电流　　　　$400 \sim 500mA$

输入电压　　　　　　AC 220V,50Hz

输出电阻　　　　　　$R_o < 0.1\Omega$

稳压系数　　　　　　$S_r \leqslant 0.01$

(3) 试用集成稳压器设计一个带输出短路保护的 ±12V 稳压电源，输入为工频交流电 220V，输出最大电流为 100mA，短路保护电流为 120mA，纹波电压小于 50mV。

设计要求：画出电路图，确定各元件参数，计算稳压电路的有关参数和指标。

五、实验报告

(1) 整理实验数据，计算实验电路的各项性能系数并与测量值比较。

(2) 写出设计、安装、调试、测试指标全过程的设计报告。

第三部分　计算机辅助设计与仿真软件简介

随着测试技术和计算机技术的发展,电子电路的工程设计和教学手段与传统的方法相比有了巨大的进步,计算机仿真技术 EDA、计算机测量控制技术等已应用到电子电路设计和测试方面,利用这些技术能够使电路设计节省大量的人力、物力,缩短设计周期,实现电路的优化设计,极大地提高设计质量。本部分将简要介绍目前国内比较流行的一种电子设计与仿真软件——Multisim,通过学习和练习这款软件的使用,使大家对电子电路的计算机辅助分析与设计有初步的了解。

Multisim 是由 EWB(Electronics Workbench)软件发展而来的,该软件简单易学,操作方便,功能完善,包含的电子元器件和虚拟仪器种类丰富,是完成模拟/数字电子电路和自动控制电路设计和仿真测试的理想助手。本章以 Multisim 10 为例进行介绍。

3.1　Multisim 10 使用介绍

一、Multisim 10 基本界面及菜单介绍

在 Multisim 10 正确安装后,启动 National Instruments/Circuit Design Suite 10.0/Multisim ,将出现如图 3-1 所示的界面。

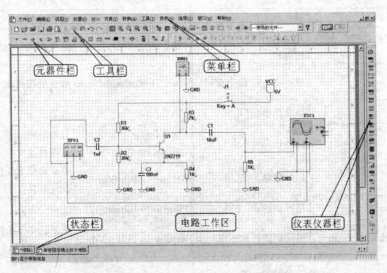

图 3-1　启动 Multisim 10 的界面

界面的上方为菜单栏,各项的含义见表 3-1。菜单栏的下方为工具栏和元器件栏,右边为仪表仪器栏,中间为电路工作区,在此画仿真电路图,最下方为状态栏。

表 3 - 1

命 令	功 能	命 令	功 能
File		**Edit**	
New	建立新文件	Undo	撤消编辑
Open	打开文件	Cut	剪切
Close	关闭当前文件	Copy	复制
Save	保存	Paste	粘贴
Save As	另存为	Delete	删除
New Project	建立新项目	Select All	全选
Open Project	打开项目	Flip Horizontal	将所选的元件左右翻转
Save Project	保存当前项目	Flip Vertical	将所选的元件上下翻转
Close Project	关闭项目	90 ClockWise	将所选的元件顺时针 90 度旋转
Version Control	版本管理	90 ClockWiseCW	将所选的元件逆时针 90 度旋转
Print Circuit	打印电路	Component Properties	元器件属性
Print Report	打印报表		
Print Instrument	打印仪表		
Recent Files	最近编辑过的文件		
Recent Project	最近编辑过的项目		
Exit	退出 Multisim		
View		**Place**	
Toolbars	显示工具栏	Place Component	放置元器件
Component Bars	显示元器件栏	Place Junction	放置连接点
Status Bars	显示状态栏	Place Bus	放置总线
Show Simulation Error Log/Audit Trail	显示仿真错误记录信息窗口	Place Input/Output	放置输入/出接口
Show Xspice Command Line Interface	显示 Xspice 命令窗口	Place Hierarchical Block	放置层次模块
Show Grapher	显示波形窗口	Place Text	放置文字
Show Simulate Switch	显示仿真开关	Place Text Description Box	打开电路图描述窗口,编辑电路图描述文字
Show Grid	显示栅格	Replace Component	重新选择元器件替代当前选中的元器件
Show Page Bounds	显示页边界	Place as Subcircuit	放置子电路
Show Title Block and Border	显示标题栏和图框	Replace by Subcircuit	重新选择子电路替代当前选中的子电路
Zoom In	放大显示		
Zoom Out	缩小显示		
Find	查找		
Show Title Block and Border	显示标题栏和图框		

续 表

命 令	功 能	命 令	功 能
Simulate		**Transfer**	
Run	执行仿真	Transfer to Ultiboard..	转换其他制版版本
Pause	暂停仿真	Export to PCB Layout	转换到 PCB 制版
Instruments	选用仪表（也可通过工具栏选择）	Forward Annotate to Ultiboard …	对不同制版参数作注释
Default Instrument Settings	设置仪表的预置值	Backannotate from Ultiboard	由 Ultiboard 反注释到 multi-sim
Digital Simulation Settings	设定数字仿真参数	Export Netlist	输出设计网表
Analyses	选用各项分析功能	Options	
Postprocess	启用后处理	Global preferences	设置全局操作环境
VHDL Simulation	进行 VHDL 仿真	Sheet properties	工作表单属性
Auto Fault Option	自动设置故障选项	Customize User Interface	用户命令交互设置
Global Component Tolerances	设置全局器件的误差		
Tools		**Reports**	
Component Wizard	元件向导	Eill of Materials	材料清单
Database	数据库	Component Detail Report	元器件详细参数报告
Variant Manager	变量管理	Netlist Report	电路图网络表报告
Set Active Variant	设置活动变量	Cross Reference Report	元件交叉参照表
Circuit Wizard	电路向导	Schematic Statistics	简要统计表
Rrname/ renumberComponents	重命名/重编号元件	Spare Gates Report	未用门元件统计报告
ReplaceComponents	替换元件	**Window**	
Updata Circuitl Components	更新电路元件	New Window	新窗口
Updata HB/SC Symbols	更新子电路标记	Close	关闭层叠窗口
Electrical Rules Check	电气规则检查	Close All	关闭全部窗口
Clear ERC Marks	清除 ERC 标记	Cascade	窗口重叠
Toggle NC Marks	切换未链接标记	Title Horizontal	平铺显示窗口
Symbol Editor	符号编辑器	Title Vertical	垂直显示窗口
Title block Editor	标题块编辑		
Decription Box Editor	描述框编辑对话框		
Editor Label	编辑标签		
Capture Screen Area	捕获屏幕区域		

二、Multisim 10 可完成的仿真分析

在 Multisim 10 中除了可利用多种虚拟仪器测量电路的工作参数外,还可以通过点击菜单 Simulate/ Analyses,从中选择不同的功能对电路进行必要的仿真分析,这些分析功能包括以下内容:

直流工作点分析——DC Operating Point

交流分析——AC Analysis

瞬态分析——Transient Analysis

傅立叶分析——Fourier Analysis

噪声分析——Noise Analysis

噪声系数分析——Noise Figure Analysis

失真分析——Distortion Analysis

直流扫描分析——DC Analysis

灵敏度分析——Sensitivity Analysis

参数扫描分析——Parameter Sweep

温度扫描分析——Temperature Sweep

零-极点分析——Pole-Zero

传输函数分析——Transfer Function

最坏情况分析——Worst Case

蒙特卡罗分析——Monte Carlo

批处理分析——Batched Analysis

线宽分析——Trace width Analysis

用户自定义分析——User Defined

射频分析——RF Analysis

后面将通过举例来说明以上分析功能的使用。

三、Multisim 10 中的元器件调用

Multisim 10 中元器件多达两万种,对商业版,元器件种类更多。这些众多的器件基本上能满足电路设计的需要,对实验教学而言已足够。

调用元件时,通过菜单 Place/ Place Component 命令打开 Component Browser 窗口,如图 3-2 所示。在该窗口有 Database name(元器件数据库),Component Family(元器件类型列表),Component Name List(元器件名细表),Manufacture Names(生产厂家),Model Level - ID(模型层次)等内容,根据要选的元器件的类型,在相应的元器件明细表中查找合适的器件,点击 OK 即可。双击元件图标,在对话框中可以修改元器件参数。

若放置的元器件位置需要调整,可选中元件进行拖动和旋转。旋转时,点击 Edit/Orientation,选择要旋转的角度。

四、将元器件连接成电路

在将电路需要的元器件放置在电路编辑窗口后,用鼠标就可以方便地将器件连接起来。

方法是：用鼠标单击连线的起点并拖动鼠标至连线的终点。在 Multisim 10 中连线的起点和终点不能悬空。

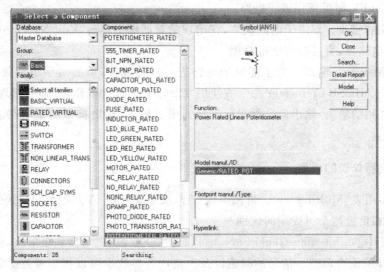

图 3-2　元器件调用窗口

五、文本基本编辑

对文字注释的方式有两种：直接在电路工作区输入文字或者在文本描述框输入文字，两种操作方式有所不同。

1. 在电路工作区输入文字

单击 Place/Text 命令或使用"Ctrl+T"快捷键操作，然后用鼠标单击需要输入文字的位置，输入需要的文字。用鼠标指向文字块，单击鼠标右键，在弹出的菜单中选择 Color 命令，选择需要的颜色。双击文字块，可以随时修改输入的文字。

2. 在文本描述框输入文字

利用文本描述框输入文字不占用电路窗口，可以对电路的功能、实用说明等进行详细的说明，可以根据需要修改文字的大小和字体。单击 View/ Circuit Description Box 命令或使用"Ctrl+D"快捷键操作，打开电路文本描述框，在其中输入需要说明的文字，可以保存和打印输入的文本。

六、子电路的创建步骤

子电路是用户自己建立的一种单元电路。将子电路存放在用户器件库中，可以反复调用。利用子电路可使复杂系统的设计模块化、层次化，可增加设计电路的可读性，提高设计效率，缩短电路周期。创建子电路的工作需要以下几个步骤：选择、创建、调用、修改。

（1）子电路的选择。把需要创建的电路放到电子工作平台的电路窗口上，按住鼠标左键拖动来选定电路。被选择电路的部分由周围的方框标示，完成子电路的选择。

（2）子电路的创建。单击 Place/Replace by Subcircuit 命令，在屏幕出现的 Subcircuit Name 对话框中输入子电路名称 sub1，单点 OK，选择电路复制到用户器件库，同时给出子电路图标,完成子电路的创建。

(3)子电路的调用。单击 Place/Subcircuit 命令或使用"Ctrl+B"快捷键操作,输入已创建的子电路名称 sub1,即可使用该子电路。

(4)子电路的修改。双击子电路模块,在出现的对话框中单击"Edit Subcircuit"命令,屏幕显示子电路的电路图,直接修改该电路图。

(5)子电路的输入/输出。为了能对子电路进行外部连接,需要对子电路添加输入/输出端。单击 Place/HB/SB Connecter 命令或使用"Ctrl+I"快捷键操作,屏幕上出现输入/输出符号,将其与子电路的输入/输出信号端进行连接。带有输入/输出符号的子电路才能与外电路连接。

七、虚拟仪器仪表的调用

(1)数字多用表(Multimeter)。可测电流(A)、交直流电压(V)、电阻(Ω)和分贝值 dB,测直流时有正极和负极两个引线端的区别。

(2)函数发生器(Function Generator)。可以产生正弦波、三角波和矩形波,信号频率可在 1Hz~999MHz 范围内调整。信号的幅值以及占空比等参数也可以根据需要进行调节。信号发生器有三个引线端口:负极、正极和公共端。

(3)双通道示波器(Oscilloscope)。其使用方法与使用实际示波器完全相同。可以观察一路或两路信号波形的形状,分析被测周期信号的幅值和频率,具体数值可结合两游标在数据区读取;时间基准可在 s 至 ns 范围内调节。示波器图标有 4 个连接点:A 通道输入、B 通道输入、外触发端 T 和接地端 G,每个通道的"+"对应示波器探头的信号端,"—"对应探头的接地端。图 3-3 所示为示波器图标及其操作界面。

使用时,在示波器连线上单击鼠标右键,弹出快捷菜单,点击 Segment color,可以设置示波器显示波形的颜色。双击示波器图标,可得到虚拟示波器操作界面。

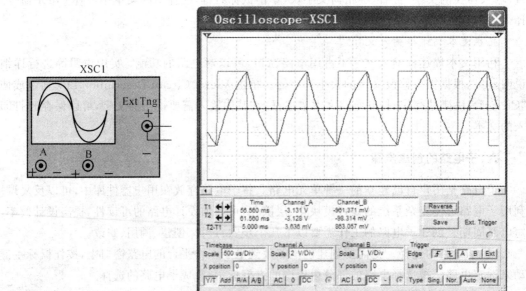

图 3-3 示波器图标及其操作界面

(4)四通道示波器(4 Channel Oscilloscope)。它有 A,B,C,D 4 个通道,其使用方法和参数调整方式与双通道示波器完全一样,只是多了一个通道控制器旋钮,当旋钮拨到某个通道位置,才能对该通道的 Y 轴进行调整。连接时 A,B,C,D 分别与测试点相连,G 端作为公共接地端,T 端是触发端,一般不接。

(5)波特分析仪(Bode Plotter)。它是电路频率特性分析仪,可分析幅频特性和相频特性。IN 端接电路的激励信号,OUT 端接响应信号。双击波特分析仪图标,可得其操作界面,点击 Magnitude 按钮,得到的是幅频特性曲线;点击 Phase 按钮,得到相频特性曲线。在 Horizontal 和 Vertical 坐标轴刻度中有两种选择:对数刻度(Log),线性刻度(Lin),可根据需要进行选择。读取数据时用鼠标拖动波特图上游标,可看到与不同频率对应的输出增益或相位移情况。图 3-4 所示为波特分析仪图标及面板。

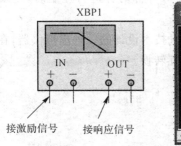

图 3-4　波特分析仪图标及面板

(6)频率计(Frequency Couter)。用来测量信号的频率、周期、相位,脉冲信号的上升沿和下降沿,双击其图标可得到其测试界面。使用过程中应注意根据输入信号的幅值调整频率计的 Sensitivity(灵敏度)和 Trigger Level(触发电平)。

(7)字信号发生器(Word Generater)。它是一个能产生 32 路逻辑信号的数字信号源,可用于对数字逻辑电路的测试,如图 3-5 所示。下方 R 是外触发信号输入端,T 是数据输出控制端。双击图标得到其面板,面板中包含下述 4 个部分的内容。

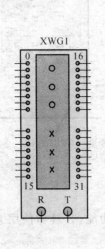
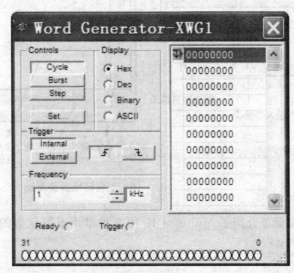

图 3-5　字信号发生器图标及面板

1) 控制方式选择(Controls)。Cycle:以设定的频率从初始地址到最终地址循环产生字信号;Burst:单次循环产生字信号;Step:单步方式,鼠标每单击一次输出一条字信号。

2) 显示方式(Display)。输出窗口字信号的表达方式,有十六进制(Hex)、十进制(Dec)、二进制(Binary)和 ASCII 码。

3) 触发设置(Trigger)。分为内触发(Internal)、外触发(External)。当选择内触发时,字信号的输出直接受输出控制方式控制;当选择外触发时,需在图标的 R 端接入外触发脉冲信号,同时要选择触发的边沿,这样当外触发信号到来时采启动信号输出。

4) 频率设置(Frequency)。用于设置输出字信号的频率。

(8)逻辑分析仪(Logic Analyzer)。可完成 16 路数字信号的时序状态分析,C 为外接时钟端,Q 为时钟控制端,T 为触发控制端。图标左侧 16 个端子是输入信号接线端,外接时钟端 C 必须接一外部时钟,否则逻辑分析仪不能工作。当需要对外部时钟进行控制时,Q 端子必须外接控制信号,若要控制触发字,应在 T 端接控制信号。

(9)逻辑转换器(Logic Converter)。这是利用计算机技术设计的一种虚拟仪器,在现实中不存在这样的实际仪器,它可以实现 6 种逻辑功能的相互转换。

1) 逻辑电路转换成真值表。

2) 真值表转换成逻辑表达式。

3) 真值表转换成最简逻辑表达式。

4) 逻辑表达式转换成真值表。

5) 逻辑表达式转换成逻辑电路。

6) 逻辑表达式转换成"与非"门逻辑电路。

图 3-6 所示是逻辑转换器的图标及面板。

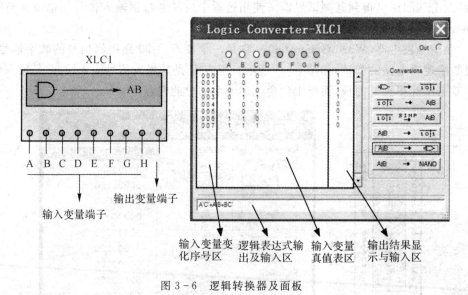

图 3-6　逻辑转换器及面板

以上只是简单介绍了 Multisim 10 中 9 种常用虚拟仪器的功能,其具体使用方法见 3.2 节的有关内容。

3.2　仿真示例及练习

Multisim 10 软件虽然使用简单,但只有通过多次的使用练习才能熟练掌握。本节就以几个具体实验电路仿真为例说明 Multisim 10 的具体使用。

一、示例

1. 示例一:RC 电路暂态分析

在本示例中要做一个 RC 电路特性实验,测量电路中在某一频率下的输出与输入信号的相位差。

(1)放置元器件。启动 Multisim 10,用鼠标单击元器件库按钮,打开基本器件库,将所需要的元器件及测试仪器拖到工作区中央,调整好位置,设置合适参数后连线,如图 3-7 所示。

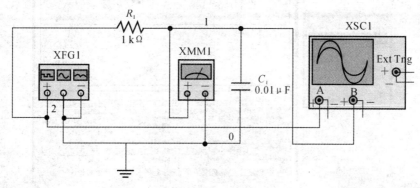

图 3-7　RC 测试电路

设置器件参数时,用鼠标双击该元器件,在弹出的属性对话框中修改有关属性,如修改参数需在 VaLue 选项卡中修改。

用鼠标双击信号源,设置信号源属性,如图 3-8 所示。选择波形为正弦信号,信号参数为频率 20kHz,峰值电压 6V,直流偏移 0V。

用鼠标双击数字多用表,在其面板中设置测量类型及信号类型。

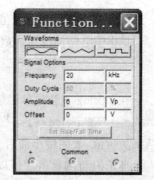

图 3-8　信号源属性参数设置

(2)仿真测试。电路连接好后选择 Simmulate/Run 或 F5 开始仿真。用鼠标双击数字多用表,其面板会显示电路被测部分的电压值;用鼠标双击示波器图标,在其面板中合理设置扫描速度、A 通道和 B 通道电压灵敏度以及信号耦合方式后,会得到清晰的输出、输入信号波形,按仿真暂停(F6)或 Stop 后,得到稳定的波形,如图 3-9 所示。

测量时,可借助示波器波形显示屏幕上的两游标线。用鼠标点住游标 T1,T2 可以左右移动,同时会在示波器数据显示窗口显示游标与波形相交处的电压值以及从起始扫描到该处经历的时间,根据两游标与波形相交点的参数可以很方便读出这两点对应的扫描时间及电压差。

对本示例,要求 RC 电路输出与输入信号的相位差,根据公式

$$\Delta\varphi = \frac{\Delta t}{T} \times 360°$$

只要求出两波形上相邻过零点间的时间 Δt 以及波形一个周期值 T 即可。

如图 3-9 所示，移动两游标于两波形相邻过零点，在数据显示区显示这两点间对应时间 $\Delta t = 7.289\mu s$，同样可测得信号一周期时间为 $T = 50.114\mu s$。将 Δt，T 数据代入上式，经计算得到

$$\Delta\varphi = \frac{\Delta t}{T} \times 360° = \frac{7.289}{50.114} \times 360° = 52.36°$$

从示波器上可以看到输出滞后于输入。

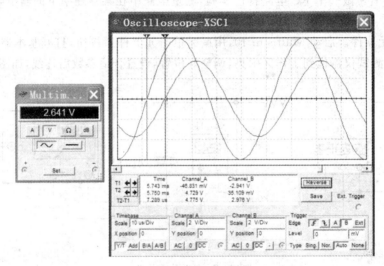

图 3-9　多用表测量值及示波器显示

此测量值可以与理论值相对照。

该 RC 电路的传递函数为

$$H(j\omega) = \frac{1}{1 + j\omega RC}$$

在 20kHz 正弦信号激励下，输出与输入相位差大小的理论值为

$$\Delta\varphi = -RC\arctan 2\pi f = -1 \times 10^3 \times 0.01 \times 10^{-6} \times \arctan 2 \times 3.14 \times 20 \times 10^3 \approx -51.47°$$

结果为负值，表明输出滞后于输入。

理论值与测量值之所以存在差异，主要原因在于 Multisim 软件，因为该软件将示波器游标移动时最小步距（约为 0.228）设计得较大，游标不能十分精确定位，所以产生了误差。但输出、输入波形变化及测量结果已足以说明该电路的频率特性变化规律。

2. 示例二：单级放大电路仿真

在本示例中，将对单级放大电路完成静态和动态性能参数的测量。

(1)打开 Multisim 10 程序，进入工作界面。

(2)打开元件库和电源库以及虚拟仪器库，调用所需的器件和仪器到工作区中央。调用的仪器有双通道示波器、数字多用表、波特分析仪和信号发生器。

(3)通过旋转、拖动等手段对元件、电源和测试仪器进行合理布局。

（4）连线，包括元件连线和仪器连线，如图 3－10 所示。

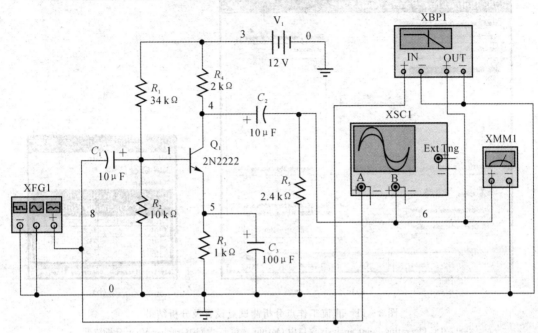

图 3－10　单级放大器仿真电路

（5）设置各元件参数。设置虚拟信号源的信号频率为 1kHz、信号幅度大小为 10mV、信号类型为正弦波。

（6）进行直流工作点分析。

1）执行主菜单 Options/Sheet Properties 命令，在 Circuit 选项卡选定 Net Names 中的 Show All，显示电路各节点标志号。

2）执行 Simulate/Analyses/DC Operating Point analysis，在弹出的 DC Operating Point analysis 窗口中选择 Output 选项卡，在 Variables in circuit 栏中显示的是电路中所有节点标志和电源支路标志，选定要分析的量，通过点击 Add 按钮将该量加到右边 Selected variables for 栏中，然后点击此窗口的 Simulate 按钮进行仿真，随后要分析量的数值按节点标志依次显示在 Grapher View 中，如图 3－11(a)、(b) 所示。

从分析结果看出，节点 4（集电极）电压为 8.035 84V，节点 1（基极）电压为 2.633 11V，节点 5（发射极）电压为 1.994 27V，则三极管的 $U_{BE}=0.640\,84V$，$U_{CE}=6.041\,57V$。这表明电路已处于放大状态，且静态工作点处于放大区的中央，放大电路能获得最大动态输出。

在进行直流工作点分析时，交流电源输出已被软件自动设置为零，电容开路，电感短路。

当然直流工作点还可以在交流电源为条件下，用数字多用表直流挡去测量。

（7）输出、输入波形观测。双击示波器图标，打开仿真开关，调节示波器的扫速、触发方式及 A，B 通道的灵敏度，使信号图像清楚稳定。点击暂停按钮，观察并读取波形有关参数，如图 3－12 所示。由该图可以看出输出信号与输入信号相位接近 180°，根据游标在波形峰值处时所显示的数据（通道 A 的峰值为 8.995mV，通道 B 的峰值为 −713.744mV），可以知道该电路的电压放大倍数约为 79.3，电路工作正常。

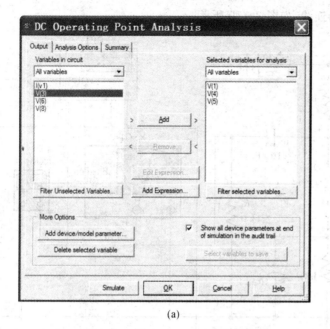

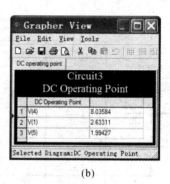

(a)   (b)

图 3-11 直流工作点分析测试点设置及分析结果

(a)DC Operating Point analysis 窗口中 Output 选项卡； (b)Grapher View 分析结果

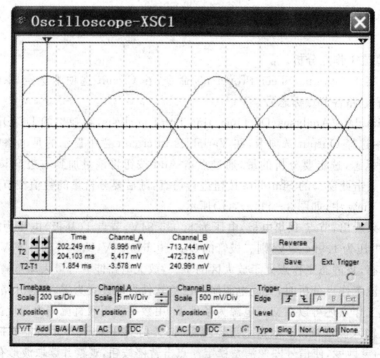

图 3-12 示波器观测到的输出、输入波形

(8)电压放大倍数。用数字多用表交流挡分别测量电路的输出、输入电压,得到输入电压为 $U_i = 7.07V$,输出电压为 $U_o = 531.735V$,故放大倍数为 $A_U = 75.2$,对应的分贝值为

37.52dB。

(9)频率特性测试。双击波特图分析仪,调节纵横坐标 F, I 值,得到清楚的波特图,用鼠标拖动移动标尺,读取中频区电压增益为 37.711dB,与前面由示波器上测得结果相吻合。再拖动移动标尺,在图像的两边分别找出增益比原来下降 3dB(即半功率点)时对应的频率 $f_H \approx 20MHz$, $f_L \approx 126Hz$。图 3-13 显示的是由波特图分析仪得到的幅频特性曲线。

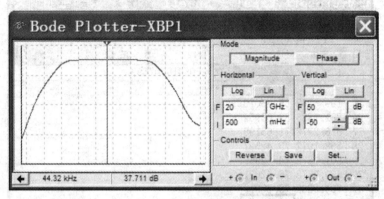

图 3-13 波特图分析仪显示的幅频特性曲线

频率特性测试除了用波特图分析仪测试外,还可以通过对电路作交流分析得到。方法与进行直流工作点分析基本相似,过程不再赘述。分析结果如图 3-14 所示。

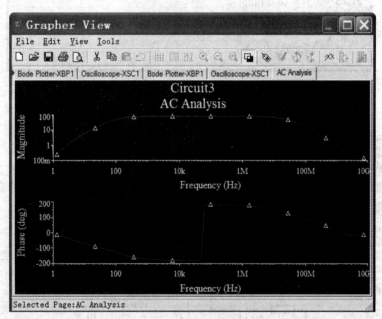

图 3-14 由交流分析得到的频率特性曲线

在图 3-14 的界面中,点击菜单 Tools/Export to Excel,得到频率特性曲线详细的数据,这些数据以 Excel 电子表格的形式呈现,从中可以得到中频区放大倍数、上下限截止频率等数据。如图 3-15 所示。表中 A 列为频率值,对应图 3-14 中的横坐标;B 列为不同频率时的放大倍数(未取对数值),对应图 3-14 中的纵坐标。从该电子表格中可以读到,在 1kHz 时,电路的放大倍数为76.260 54,与前面测得的 $A_U = 75.2$ 非常接近。同时也可以较准确读出放大电路的上、下限截止频率。

通过以上步骤,测量了单级放大电路的静态工作点、放大倍数及增益、频率特性等,还观察输出、输入信号的波形及相位。输入、输出阻抗也可以测量,测量方法在此就不介绍了。

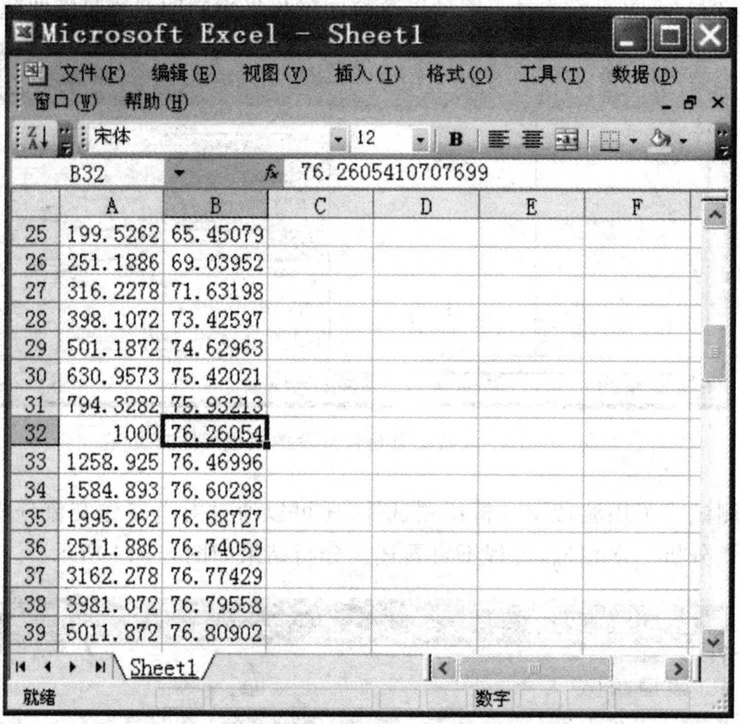

	A	B	C	D	E	F
25	199.5262	65.45079				
26	251.1886	69.03952				
27	316.2278	71.63198				
28	398.1072	73.42597				
29	501.1872	74.62963				
30	630.9573	75.42021				
31	794.3282	75.93213				
32	1000	76.26054				
33	1258.925	76.46996				
34	1584.893	76.60298				
35	1995.262	76.68727				
36	2511.886	76.74059				
37	3162.278	76.77429				
38	3981.072	76.79558				
39	5011.872	76.80902				

图 3-15 交流分析幅频特性曲线数据

二、练习内容

(1)分压式射极偏置电路如图 3-16 所示。已知三极管为 2N2222,输入信号的频率为 0.5kHz。试通过仿真进行直流工作点分析、交流频率分析和瞬态分析,测量静态工作点,中频电压增益、下限截止频率、上限截止频率,以及电路工作信号的最大电压范围。

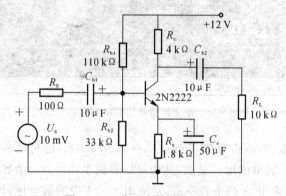

图 3-16 分压式射极偏置电路

(2)在图 3-17 所示电路中,运算放大器均为 μA741,电容初始电压为 0V。

1)设输入信号为一方波,其高低电平分别为 1V,0V,周期为 4ms,求输出电压的波形。

2)改变电路参数,使电路在上述输入信号情况下输出为三角波。

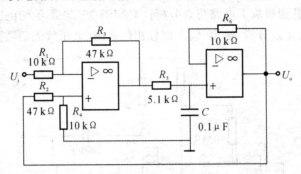

图 3-17　运算放大电路

(3)以图 3-18 为例,研究射极跟随器基本特性,通过仿真测试总结其规律。

1)射极跟随器的静态工作点的设置有何要求?(从输入与输出波形,电源的静态功耗,电路的最大输入、输出等角度考虑)

2)测量输出开路和带负载两种情况下的电压放大倍数。

3)测量输出、输入电阻,并与共射组态、共基组态的输出、输入电阻作比较。

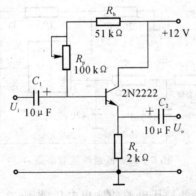

图 3-18　射极跟随器电路

(4)通过仿真测试,研究图 3-19 所示振荡电路在不同条件下所实现的功能。

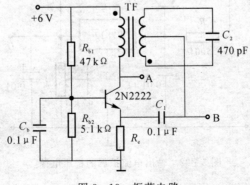

图 3-19　振荡电路

1)当 R_e 分别为 1,2.7,4.7 时,A,B 输出信号为什么? 分析信号产生的原因。

2)通过仿真研究输出信号的频率与哪些元件参数有关。

3)该电路在什么条件下输出为对称三角波?

(5)分压-自偏压共源极放大电路仿真分析。对如图 3-20 所示的电路,在开启电压为 2V 的情况下,进行直流工作点分析、输出/输入信号相位观测、电压放大倍数测量以及动态分析。

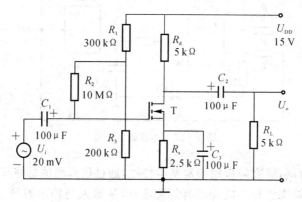

图 3-20 分压-自偏压共源极放大电路

(6)对如图 3-21 所示的滤波器电路,通过仿真测试分析其特性并测量其截止频率。

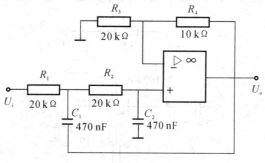

图 3-21 低通滤波器电路

(7)试分析如图 3-22 所示的稳压电源的输出电压范围,在有和无三极管 T_1,R_1 的两种情况下,最大输出电流有何变化(LM7812 在 Voltage Regulator 元件库中)。

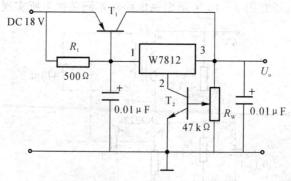

图 3-22 输出电流扩展的稳压电源

❀ 推荐阅读书目及章节

[1]　解月珍,谢元清. 电子电路计算机辅助分析与设计. 北京:北京邮电大学出版社,2004. 第二章.

[2]　钱恭斌、张基宏 . Electronics Workbench——实用通信与电子线路的计算机仿真. 北京:电子工业出版社,2001.

[3]　董玉冰. Multisim 9 在电工电子技术中的应用. 北京:清华大学出版社,2008.

附　　录

附录 1　常用电阻标称值一览表

在电路设计时,常常会遇到计算出来的电阻值与电阻系列标称值不相符的情况,一般都是根据标称值来选用与其相接近的电阻。为方便同学们在电路设计时合理正确选择电阻,使其符合国家标准,同时也为了元件采购和电路装配方便,在此列出了常用的 5% 和 1% 精度电阻的标称值。

一、精度为 5% 的碳膜电阻系列(见附表 1-1)

附表　1-1

R/Ω				R/kΩ				R/MΩ	
1.0	5.6	33	180	1	5.1	30	160	1	5.1
1.1	6.2	36	200	1.1	5.6	33	180	1.1	5.6
1.2	6.8	39	220	1.2	6.2	36	200	1.2	6.2
1.3	7.5	43	240	1.3	6.6	39	220	1.3	6.8
1.5	8.2	47	270	1.5	7.5	43	240	1.5	7.5
1.6	9.1	51	300	1.6	8.2	47	270	1.6	8.2
1.8	10	56	330	1.8	9.1	51	300	1.8	9.1
2.0	11	62	360	2	10	56	330	2	10
2.2	12	68	390	2.2	11	62	360	2.2	15
2.4	13	75	430	2.4	12	68	390	2.4	22
2.7	15	82	470	2.7	13	75	430	2.7	
3.0	16	91	510	3	15	82	470	3	
3.3	18	100	560	3.2	16	91	510	3.3	
3.6	20	110	620	3.3	18	100	560	3.6	
3.9	22	120	680	3.6	20	110	620	3.9	
4.3	24	130	750	3.9	22	120	680	4.3	
4.7	27	150	820	4.3	24	130	750	4.7	
5.1	30	160	910	4.7	27	150	820 910	4.7	

二、精度为1%的金属膜电阻系列(见附表1-2)

附表　1-2

R/Ω				R/kΩ					
10	33	100	332	1	3.32	10.5	34	107	357
10.2	33.2	102	340	1.02	3.4	10.7	34.8	110	360
10.5	34	105	348	1.05	3.48	11	35.7	113	365
10.7	34.8	107	350	1.07	3.57	11.3	36	115	374
11	35.7	110	357	1.1	3.6	11.5	36.5	118	383
11.3	36	113	360	1.13	3.65	11.8	37.4	120	390
11.5	36.5	115	365	1.15	3.74	12	38.3	121	392
11.8	37.4	118	374	1.18	3.83	12.1	39	124	402
12	38.3	120	383	1.2	3.9	12.4	39.2	127	412
12.1	39	121	390	1.21	3.92	12.7	40.2	130	422
12.4	39.2	124	392	1.24	4.02	13	41.2	133	430
12.7	40.2	127	402	1.27	4.12	13.3	42.2	137	432
13	41.2	130	412	1.3	4.22	13.7	43	140	442
13.3	42.2	133	422	1.33	4.32	14	43.2	143	453
13.7	43	137	430	1.37	4.42	14.3	44.2	147	464
14	43.2	140	432	1.4	4.53	14.7	45.3	150	470
14.3	44.2	143	442	1.43	4.64	15	46.4	154	475
14.7	45.3	147	453	1.47	4.7	15.4	47	158	487
15	46.4	150	464	1.5	4.75	15.8	47.5	160	499
15.4	47	154	470	1.54	4.87	16	48.7	162	511
15.8	47.5	158	475	1.58	4.99	16.2	49.9	165	523
16	48.7	160	487	1.6	5.1	16.5	51	169	536
16.2	49.9	162	499	1.62	5.11	16.9	51.1	174	549
16.5	51	165	510	1.65	5.23	17.4	52.3	178	560
16.9	51.1	169	511	1.69	5.36	17.8	53.6	180	562
17.4	52.3	174	523	1.74	5.49	18	54.9	182	576
17.8	53.6	178	536	1.78	5.6	18.2	56	187	590
18	54.9	180	549	1.8	5.62	18.7	56.2	191	604
18.2	56	182	560	1.82	5.76	19.1	57.6	196	619
18.7	56.2	187	562	1.87	5.9	19.6	59	200	620

续表

R/Ω				R/kΩ					
19.1	57.6	191	565	1.91	6.04	20	60.4	205	634
19.6	59	196	578	1.96	6.19	20.5	61.9	210	649
20	60.4	200	590	2	6.2	21	62	215	665
20.5	61.9	205	604	2.05	6.34	21.5	63.4	220	680
21	62	210	619	2.1	6.49	22	64.9	221	681
21.5	63.4	215	620	2.15	6.65	22.1	66.5	226	698
22	64.9	220	634	2.2	6.8	22.6	68	232	15
22.1	66.5	221	649	2.21	6.81	23.2	68.1	237	732
22.6	68	226	665	2.26	6.98	23.7	69.8	240	750
23.2	68.1	232	680	2.32	7.15	24	71.5	243	768
23.7	69.8	237	681	2.37	7.32	24.3	73.2	249	787
24	71.5	240	698	2.4	7.5	24.9	75	255	806
24.3	73.2	243	715	2.43	7.68	25.5	76.8	261	820
24.7	75	249	732	2.49	7.87	26.1	78.7	267	825
24.9	75.5	255	750	2.55	8.06	26.7	80.6	270	845
25.5	76.8	261	768	2.61	8.2	27	82	274	866
26.1	78.7	267	787	2.67	8.25	27.4	82.5	280	887
26.7	80.6	270	806	2.7	8.45	28	84.5	287	909
27	82	274	820	2.74	8.66	28.7	86.6	294	910
27.4	82.5	280	825	2.8	8.8	29.4	88.7	300	931
28	84.5	287	845	2.87	8.87	30	90.9	301	953
28.7	86.6	294	866	2.94	9.09	30.1	91	309	976
29.4	88.7	300	887	3.0	9.1	30.9	93.1	316	1 000
30	90.9	301	909	3.01	9.31	31.6	95.3	324	1 500
30.1	91	309	910	3.09	9.53	32.4	97.6	330	2 200
30.9	93.1	316	931	3.16	9.76	33	100	332	
31.6	95.3	324	953	3.24	10	33.2	102	340	
32.4	97.6	330	976	3.3	10.2	33.6	105	348	

附录2　常用固定电容标称值一览表

常用固定电容标称值一览表见附表2-1。

附表　2-1

电容类别	允许误差	容量范围/μF	标称容量系列/μF
纸介电容、金属化纸介电容、纸膜复合介质电容、低频（有极性）有机薄膜介质电容	$\pm 5\%$ $\pm 10\%$	$1\times10^{-4}\sim1$	1.0,1.5,2.2,3.3,4.7,6.8
	$\pm 20\%$	$1\sim100$	1,2,4,6,8,10,15,20,30,50,60,80,100
高频（无极性）有机薄膜介质电容,瓷介电容、玻璃电容、云母电容	$\pm 5\%$		1.1*,1.2,1.3,1.5,1.6,1.8,2.0,2.4,2.7,3.0,3.3,3.6,3.9,4.3,4.7,5.1,5.6,6.2,6.8,7.5,8.2,9.1
	$\pm 10\%$		1.0*,1.2,1.5,1.8,2.2,2.7,3.3,3.9,4.7,5.6,6.8,8.2
	$\pm 20\%$		1.0*,1.5,2.2,3.3,4.7,6.8
铝、钽、铌、钛电解电容	$\pm 10\%,\pm 20\%$		1.0,1.5,2.2,3.3,4.7,6.8
	$\pm 50\%/-20\%$		
	$\pm 100\%/-10\%$		

注：* 此3栏数字的单位可以是pF,nF,μF。

常用固定电容的耐压系列(单位：V):1.6,4,6.3,10,16,25,32,40,50,63,100,125,160,250,300,400,450,500,630,1 000。

附录3　二极管、三极管引脚识别以及性能判断

一、二极管检测

二极管在使用时,必须对它的正负极性区别清楚,正确使用,否则电路可能无法正常工作。二极管的极性判别和性能检测按下述方法进行：

(1)对标志清楚的二极管而言,通常在其一端用一道很窄的色环表示负极(N区),如IN4007,IN4148等。

(2)对标志不清的二极管可用万用表测试。

1)若测试仪表为指针式万用表,可用万用表的电阻挡"×100"或"×1k"挡测量二极管两端的电阻(发光二极管可用"×1"挡)时,将红黑表笔的位置对调,测两次。在这两次测量中,阻值较小的那一次黑表笔所接的一端为二极管的正极,红表笔所接的为负极。因为,在指针式万用表中,黑表笔接的是内部电路电池的正极,红表笔接电池的负极。而二极管的PN结只有加正向偏压才能导通,此时表现为电阻较小。锗管的正向电阻约为几百欧姆,硅管约为几千欧。

在测试中,若正反向电阻均为 0 或 ∞,表明该管已经击穿或断路。

2)若测试仪表为数字万用表,将功能开关旋到二极管测试挡,用红黑表笔接触其两引脚,若仪表显示为 0 或 ∞,则表明二极管已击穿或断路;若显示数字为 600 左右,则说明这个二极管与红表笔相接的那一端为正极,这个显示的数字为二极管的导通电压,单位是 mV,这也说明该二极管为硅材料;若显示数字为 300 左右,则说明该二极管为锗管,与红表笔相接的那一端为正极。

二、晶体三极管检测

在使用三极管时,首先要注意的是三极管的三个管脚千万不能接错,否则,电路不但不能正常工作,甚至有可能损坏器件;其次,要判断管型(PNP 或 NPN),晶体三极管的两个 PN 结如附图 3-1 所示;再次,要注意三极管的电流放大倍数 β。若 β 值不合适,要么会使电路的放大能力受到影响,要么电路的温度稳定性差。因此,在设计和组装电路前要合理筛选合适的三极管。

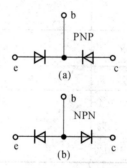

附图 3-1　晶体三极管的两个 PN 结构示意图

引脚判别:三极管的引脚排列没有一个统一的规律,不同的封装、不同的产地都有不同的排列方式。

引脚的判断方法较多,因所用仪器的不同而不同。

对扁平塑封的三极管,如 9011,9012,9013,9014 等,其引脚的排列一般可通过观察直接读出,将三极管正面(印字面)朝向读者,三个引脚从左到右依次就是 e,b,c。如附图 3-2 所示。但也应注意一些特殊排列,特别是国外生产的三极管与国内的有较大差别。最可靠的办法是用仪器、仪表进行测试,常用的是万用表或晶体管图示仪。

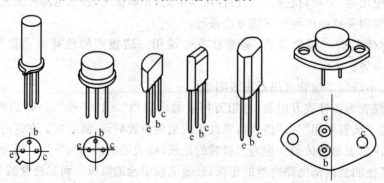

附图 3-2　三极管不同的引脚排列

用指针万用表检测时,首先判断基极。将功能开关打到电阻挡,量程选"×1k"或"×100",用黑表笔接三极管的一个极,红表笔分别接触其余的两个极,测得两个电阻值,作为第一组数据;然后,用黑表笔分别接其他两个极,用同样的方法测得两组数据。比较这三组数据,必有一组数据电阻值均较小,那么,在测量这组数据时,若黑表笔没动,而只是改变红表笔所接的电极,则黑表笔所接的是三极管的P区,也就是基极b,其他两个极接的都是N区,该三极管为NPN管。若红表笔没动,而是黑表笔在动,则红表笔接的是基极,并且是N区,其他两极接的是P区,该三极管是PNP管。

下面,判断集电极和发射极,判断电路如附图3-3所示。在上面判断的基础上,将三极管的两个未知引脚和万用表的红、黑分别用手捏紧,伸出舌尖或一根指头抵在基极(用人体电阻作为三极管的偏置电阻),读取这时的电阻值;将红、黑表笔对调与未知引脚相接,按同样的方法测得另一组电阻值,这两组电阻值必有一大一小。对NPN管,阻值较小的那一次测量中,黑表笔所接的为集电极,红表笔所接的为发射极;对PNP管,阻值较小的那一次测量中,黑表笔所接的为发射极,红表笔所接的为集电极。

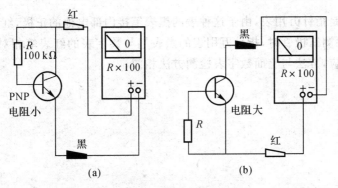

附图3-3　c极和e极的判断

若测量仪表为数字万用表时,先将万用表功能开关旋到二极管测量挡,红表笔接三极管的一个电极后不动,黑表笔分别接其他两个电极,若万用表两次均有数字显示(数字为600左右或300左右),则红表笔所接为基极,该管为NPN管;若两次均没有数字显示,调换表笔(黑表笔接在原来红表笔所接电极上),黑表笔不动,用红表笔分别接其他两个电极,若万用表两次均有数字显示,则黑表笔所接为基极,该管为PNP管;若在测量过程中,一次有数字显示,另一次没有,则说明有数字显示时,黑表笔接的是三极管N区,红表笔接三极管P区,按照同样的办法可以判断出另一电极所接为哪一区,进而可以判断出该三极管是PNP还是NPN,同时还可以知道基极。

在此基础上,将万用表功能开关旋到三极管HFE挡,将三极管插到测试插孔中(因c,e极未知,可假设),测量电流放大倍数,正常情况下$\beta \geq 10$,若测量值在此范围内,则说明假设的集电极、发射极是正确的,否则,说明假设正好相反。

对上述测量所用到的原理,希望同学们从三极管的基本结构和万用表的基本原理去理解,在此不作过多解说。

在上述的介绍中也说明了如何用数字表测量电流放大倍数,用指针万用表只能粗略测电流放大倍数,其测量方法在此不作介绍。

国产圆形铁壳封装三极管的电流放大倍数 HFE 值一般在管顶用色点表示,其色点与 HFE 的对应关系见附表 3-1。

附表 3-1　电流放大倍数 HFE 的值

色点	棕	红	橙	黄	绿	蓝	紫	灰	白	黑
HFE	~15	15~25	25~40	40~55	55~80	80~120	120~180	180~270	270~400	400~

三、三极管好坏的性能检查

在做电子学实验前,一定要检查三极管的好坏。对 NPN 管,如果用的是数字万用表,将功能开关旋到二极管测试挡,红表笔接基极,黑表笔分别接集电极、发射极,测量集电结、发射结的导通电压。若三极管是好的,那么结电压应该是大约 600mV 或 300mV,如果电压是无穷大或零,则说明三极管已经损坏。对 PNP 管,则用黑表笔接触基极,红表笔分别接集电极、发射极进行测量。

若检测用的是指针万用表,由于这种表的黑表笔接内部电池的正极,红表笔接内部电池的负极。因此,在检测三极管时,指针万用表的黑表笔与数字表的红表笔相对应,红表笔与数字表的黑表笔相对应,方法与上面数字表检测方法相同。

参 考 文 献

[1] 童诗白.模拟电子技术基础.2 版.北京:高等教育出版社,1995.

[2] 陈大钦.模拟电子技术基础.2 版.北京:高等教育出版社,2000.

[3] 夏路易,石宗义.电路原理图与电路板设计教程 Protel 99SE.北京:北京希望电子出版社,2002.

[4] 钱恭斌,张基宏.Electronics Workbench——实用通信与电子线路的计算机仿真.北京:电子工业出版社,2001.

[5] Donald A Neamen.电子电路分析与设计.赵桂钦,卜艳萍,译.北京:电子工业出版社,2003.

[6] 毕满清.电子技术实验与课程设计.2 版.北京:机械工业出版社,2001.

参考文献

[1] ……